国家自然科学基金项目(51204177)资助
国家科技支撑计划项目(2013BAK06B05)资助
江苏省自然科学基金项目(BK20151148)资助
中央高校基本科研业务费专项资金(2015XKMS097,2014ZDPY14)资助

矿井动目标精确定位新技术

胡青松　张　申　著

中国矿业大学出版社

内容提要

本书在介绍矿井动目标定位技术基础理论的基础上，系统全面地探讨了矿井普通巷道和工作面场景中的动目标定位原理和方法，主要内容包括：移动信标辅助的定位方法、物联网架构下感知节点辅助的定位方法、工作面定位WSN建模与时间同步机制、基于DOA+TOA/TDOA的工作面定位方法、基于可见光通信的工作面定位方法。本书充分考虑了矿井的实际特点和开采现状，将矿井的环境、设备、人员乃至采掘过程视为一个动态推进的整体，利用矿井的物理特征和不同节点之间的协作，进行运动目标的快速精确定位，力争做到理论和实践的有机结合。

本书可作为高等院校通信与信息系统、计算机应用、自动化、信息处理等专业高年级本科生或研究生的补充教材，也可作为相关研究人员的参考书。

图书在版编目(CIP)数据

矿井动目标精确定位新技术/胡青松，张申著.—徐州：中国矿业大学出版社，2016.12

ISBN 978-7-5646-3000-3

Ⅰ.①矿… Ⅱ.①胡… ②张… Ⅲ.①矿山安全—监测系统 Ⅳ.①TD76

中国版本图书馆CIP数据核字(2015)第318385号

书　　名 矿井动目标精确定位新技术
著　　者 胡青松　张　申
责任编辑 潘俊成
出版发行 中国矿业大学出版社有限责任公司
（江苏省徐州市解放南路　邮编221008）
营销热线 (0516)83885307　83884995
出版服务 (0516)83885767　83884920
网　　址 http://www.cumtp.com　**E-mail**:cumtpvip@cumtp.com
印　　刷 徐州中矿大印发科技有限公司
开　　本 787×960　1/16　**印张** 11.75　**字数** 245千字
版次印次 2016年12月第1版　2016年12月第1次印刷
定　　价 36.00元

前　言

近年来，定位系统的支撑作用得到了管理部门和矿山企业的广泛认可，人员定位系统业已成为矿井必须配备的“六大系统”之一。矿山领域内的专家学者和设备厂家进行了卓有成效的研究和开发，研发成功了一大批实用的动目标定位算法和系统。这些系统的成功运用，大大提高了矿山企业的人员和设备管理效率，增强了突发事件的反应速度和救援质量。

当前，矿山物联网方兴未艾，其核心是以“感知人员、感知设备、感知灾害”为核心的“三大感知”，其中，目标定位对于实时感知人员和设备地点、准确确定灾害源位置至关重要，是“三大感知”的基础和关键，其难点是保证定位的精度和稳定性。我们在国家自然科学基金项目“煤矿工作面动目标精确定位关键技术研究(51204177)”、国家科技支撑计划“矿井动目标监测技术及在用设备智能管控技术平台与装备(基于物联网管控技术)(2013BAK06B05)”、江苏省自然科学基金项目“煤矿巷道自适应环境认知机制与机会通信方法研究(BK20151148)”、中央高校基本科研业务费专项资金项目“矿山物联网可重构感知方法研究(2015XKMS097)”和“煤矿区环境损伤遥感监测与智能识别(2014ZDPY14)”的支持下，围绕这一关键问题，在理论探讨、技术研究、样机开发方面做了大量工作，取得了一系列重要的突破和成果，部分研究成果已经用在实际产品和工程中。

诚然，目前已有大量关于地面环境的目标定位论文和专著问世，并且这些技术也被广泛用于包括军事、野生动物追踪、交通、应急救援等领域，但是这些技术通常无法直接用于矿井环境。在矿井环境，也有相当数量的精确目标定位研究成果，但是几乎没有成体系的著作。有鉴于此，我们将课题组的研究成果集中梳理成册，便于与领域内的专家学者进行交流和探讨，并希望能够为相关研究提供一定参考和借鉴。

本书的研究和撰写历时多年，得到了许多人的关怀和帮助，为表尊敬，将在致谢部分单独感谢。

由于作者水平所限，本书肯定还有许多缺点和不足，特别是随着国家"互联网+"、"云计算"、"大数据"和"智能制造"等战略的推进，大量的新理论和新方法必将大量涌现，本书所介绍的定位技术势必需要进一步研究和改进，恳请读者提出宝贵建议和意见。

作　者

2016年10月

目　录

1 绪论

煤矿中的多数设备处于静止状态，它们在安装之时将会获得自身坐标位置，在后续运行过程中无需重新定位，需要定位的目标一般指的是运动目标，简称动目标，比如矿车、猴车、人员、采煤机等。若无特殊说明，本书的矿井目标定位指的都是矿井动目标定位。矿井动目标定位系统是煤矿生产的重要支撑系统之一，它能够确定井下人员和设备的时空位置，以便进行精确管理和调度，提高生产效率；也能够在出现突发事故的时候快速确定受困人员位置，准确制定救援措施，降低事故带来的损失。本章介绍矿井动目标定位系统的一般结构和本书写作动机，分析矿井定位面临的挑战，并交代全书的内容结构。

1.1 本书写作动机

煤矿是一个涵盖采煤、掘进、机电、运输、通风、排水等多个流程的复杂巨系统，对矿井中的设备和人员进行精确定位是煤矿安全高效生产的重要保障[1]。只有知道了目标的位置信息，才能弄清在什么位置发生了什么事件[2]，帮助煤矿企业合理地调配资源，并在发生矿难之时帮助救灾人员确定受困矿工的具体位置，快速制定营救方案[3,4]。对于工作面而言，精确定位还可以辅助确定支架一次移架的距离、支撑的强度、人员的距离、割煤的高度和深度，起到对生产过程进行调度监控的作用[5]。人员定位对于提高人员调度效率、保障矿工安全十分关键，国家安全生产监督管理总局在《煤矿井下安全避险“六大系统”建设完善基本规范》(安监总煤装[2011]33 号)明确规定，所有煤矿都要在 2013 年 6 月底前，全部完成包括人员定位系统在内的“六大系统”的建设完善工作。除了人员定位外，本书还将讨论矿车、采煤机和液压支架的定位问题。

矿井动目标定位系统一般采用如图 1-1 所示的系统结构[6]。首先，通过某种测距方法测得待定位目标(即移动目标，或称未知节点、待定位节点)与信标节点(或称定位信标、锚节点、定位基站)之间的距离(基于测距的方法，range-based)或获得网络拓扑(非基于测距的方法，range-free)等信息[7]。随后，根据三角法、三边法等方法计算目标位置。求得目标位置后，还可通过最优化理论等方法对估计到的位置作进一步优化，提高定位精度。

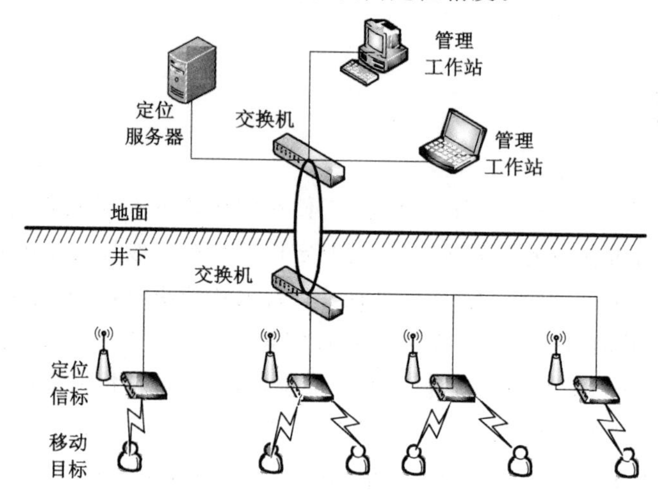

图 1-1　矿井动目标定位系统的组成结构

移动目标的测距信息或拓扑信息一般通过无线方式传输到定位信标，由定位信标将定位所需信息传输到井下交换机，进而通过骨干网络(比如工业以太环网)传输到地面定位服务器[8,9]。从通信角度看，不同的矿井动目标定位手段的主要不同之处主要在于定位信标与移动目标之间的通信方式，目前使用较多的通信技术是 WiFi、RFID(Radio Frequency Identification)、ZigBee 等无线通信技术。

本书的主要写作动机，即是在弄清矿井动目标定位系统定位精度的影响因素情况下，从测距方法、位置估计、优化方法等方面研究矿井动目标定位技术的基本原理，充分利用矿山物联网的最新研究成果，设计符合矿井生产环境和矿井巷道限制的高精度定位方法，为矿井安全生产提供支撑。

1.2　矿井定位的挑战

前面已经谈到通信方式对矿井定位系统的结构具有重要影响，定位信标和移动目标之间通常采用无线通信方式[10]。目前，主要的矿井无线通信方式有透地通信、感应通信、井下小灵通(Personal Handy-phone System，PHS)、CDMA (Code Division Multiple Access)、WiFi 等。泄漏电缆在同轴电缆的外皮开孔或开槽，使得无线电信号能够沿着径向产生漏泄信号[5]。透地通信直接以大地作为信号传播媒介，电磁波在传输过程中会产生较大损耗。感应通信通过架设专用感应线或利用现有电机车架空线、照明线等，进行导波方式的通信，它的信道容量小、电磁干扰大，同时天线体积大，携带不便。CDMA 采用“有线/无线转换器＋基站”的网络结构，工作频率位于 450 MHz，它通话清晰、抗干扰能力强，但是地面主机与井下的远端模块之间通过光缆直接连接，远端模块不能脱网工作，抗灾变能力弱。

在矿井定位系统中使用较多的通信技术是 WiFi、RFID、ZigBee 等无线通信技术。对于基于 WiFi 的系统，定位信标为 AP(Access Point)，移动目标携带遵循 WiFi 标准的定位标签。WiFi 的工作频率为 2.4 GHz，带宽达到 54 Mbps，抗干扰能力强，设备体积小，成本低，移动目标只需要携带标签，即可与 AP 实现定位。此外，这种方式的系统在为移动目标提供定位服务的同时，还可以提供无线宽带服务能力。因此，当井下 AP 与地面交换机断缆的时候，AP 服务区内的移动节点仍然可以彼此通信，抗故障能力较强。

对于基于 RFID 的系统[6, 11, 12]，定位信标为读卡器或兼有读卡器与定位分站功能为一体的设备，它以应答方式工作，实现远距离自动识别和区域定位。为了提高系统可靠性，一个标签通常需要两个甚至两个以上的读卡器覆盖，因此一个标签可能会同时收到多个读卡器的信号[13]。与此相似，多个标签也可同时进入某个读卡器范围，致使一个读卡器收到多个标签的信号。这两种情况都会导致信号的冲突，使得消息发送失败。目前，解决冲突的方法一般采用时分多路的方法，让不同的读卡器在不同的时隙发送数据。

对于基于 ZigBee 的矿井定位系统系统，定位信标除了与遵循 ZigBee 标准的移动目标交换信息以采集定位数据之外，还充当网关，将定位信息进行协议转换后传输到交换机。ZigBee 是一种使用非常广泛的无线传感器网络(Wireless Sensor Networks，WSN)标准，各节点之间可以自组成网，在矿井定位中也有较深入的研究。比如基于三维可视化与 ZigBee 的真三维煤矿人员定位系统[14]，它将所采集到的移动节点数据信息、无线信号强度、读卡器编号等信息传输到地面监控中心，选择出权重最大的 3 个读卡器参与定位计算，将计算出的位置信息通过信息表格或三维可视化的方式展示。又比如基于无线传感器网络的两层式井下人员定位系统[15]，第一层根据分站的位置进行区域定位，第二层利用信号强弱与距离的函数关系判断移动目标的位置。

除了 RSSI(Received Signal Strength Indicator)之外，基于测距的定位通常需要特定的硬件，增加了成本和能耗；多步求精定位、协作定位和优化定位需要与邻居节点进行多次通信,通信开销和计算开销都较大,收敛速度缓慢[16]。因此,如何在精度、能耗、通信和计算开销之间平衡考虑十分重要。此外,测距手段均有误差,而节点的位置计算与距离存在依赖关系,进而带来误差累积。同时,这些误差一般是非线性的,使得误差控制更加困难。

已有的针对地面环境的定位方法要么有预定的参数假设,要么不符合矿井的应用环境,多数不具备直接在矿井中使用的能力。众所周知,煤矿巷道中的横截面形状与尺寸、设备、人员、粉尘和瓦斯等因素都会导致无线信道模型的改变,造成信号的非可靠传输或中断[17],要求用于定位的无线通信技术必须能够适应高粉尘、多分支、有限空间的环境。虽然 GPS(Global Positioning System)技术非常成熟并已广泛用于交通、航海、军事等领域,但它只能用在有卫星覆盖的区域[18],对煤矿井下的目标定位无能为力。在已有的煤矿定位系统所使用的通信技术中[19],红外、超声由于传输距离等限制,使用得很少。主要使用的射频、DC 电磁波需要更多地考虑多径、衰落等问题,虽然也可以测量加速度和速度等惯性量来导航,但是将它用于矿井定位还需要与里程计、多普勒等设备配合。在矿井定位中,需要结合实际环境设计相应的定位方法,以规避巷道环境中各种因素对通信信道的不利影响。

矿井中信号的多径传播将引起信号高度相关和相干,导致信号在时间、频率和空间三个域的扩展[20],严重影响接收信号的处理[21]。在自由空间中,目前已有一些用于解决多径问题的解相干算法,比如空间平滑法、空间差分法、基于信号子空间的方法、基于数据空间样本的矩阵束方法等。不过,自由空间解决多径问题的技术远远不能满足煤矿巷道这类非自由空间的要求,需要寻找更适用于非自由空间的技术方案,比如智能天线的方法。在存在多径干扰和相干平坦衰落的情况下,对智能天线阵列的输出 SINR(Signal to Interference plus Noise Ratio)的累计分布函数 CDF(Cumulative Distribution Function)进行近似分析[22],在概率密度函数已知的条件下,可以得到智能天线的最佳合成器的误码率性能。通过对各天线的输出进行加权求和,就可以将方向图导向到某个方向[20]。调整加权求和的权因子,就可以指向不同的方向。在二维 DOA 估计中,阵元的阵型选择很重要,它决定了估计的精度、计算的复杂度等。同时,多径传播中的衰落系数估计也很重要,这些都是矿井定位中有待研究的问题。

另外,在井下目标定位系统中,不同移动目标间还会存在多址干扰[13]。如果多个目标同时进入某个定位节点的覆盖范围,那么该定位节点将同时收到多个目标的信号,从而导致信号的冲突(比如上文描述的 RFID 定位系统)。解决多址干扰的最简单方法是采用时分多路的方法，让不同目标在不同的时隙发送数据[23]。这种方法虽然容易实现，但是没有冲突监测机制，也没有冲突后的恢复机制。为了保证对矿井中的众多移动目标进行高精度的实时定位，必须在设计定位算法的时候加以充分考虑。

最后，目标的运动会造成定位误差的增大。考虑到跟踪的能量消耗、精度、鲁棒性和反应时间等性能因素，可以在子空间分解更新技术基础上，采用基于前后向空间平滑的自适应 DOA 跟踪算法，对子空间区域内的信号实时更新以便对目标进行追踪锁定。当目标节点远离当前信标节点进入另一个信标节点的覆盖范围时，就进行节点间的信息协作交换[24]，以便对目标进行协作跟踪，解决该问题的关键在于如何选择合适的信标节点参与下一时刻的定位跟踪活动，以及在信标节点间交换跟踪信息的方法。

综上所述，地面定位系统虽然已经比较成熟，但多数无法直接用于煤矿井下，因为矿井环境空间狭长、分支多、高粉尘[25,26]，设备、煤壁、其他移动目标等会产生强干扰[27]，同时由于缺少矫正手段，很容易造成误差累积[28]。虽然已有数十种用于煤矿人员和机车等移动目标的定位系统[29]，比如 KJ133[30]、KJ139[31]、KJ90[32]、KJ222(A)[33,34]、KJ236[35]、KJ69[36]等，但是在定位精度、环境适应性方面还有很大提升空间。特别地，工作面中的目标定位需要顾及通信空间的动态推进特性[37]，因为频繁变化的工作面空间使得通信信道处于时变状态，许多假定物理通信空间不变的定位算法的定位效果不佳甚至失效[38,39]。同时，考虑到人员和机车定位系统已在煤矿中广泛使用，从部署角度看，新方法和新系统应尽量避免或少替换现有设备。因此，研究具有较强环境适应能力的矿井动目标定位方法和系统，具有十分重要的理论意义和应用价值。

1.3 全书内容体系

本书以矿井运动目标(简称动目标)的定位为研究对象，围绕动目标定位基本原理、普通煤矿巷道的动目标定位、煤矿工作面的动目标定位三大部分展开，如图 1-2 所示。

(1) 动目标定位基本原理

从是否需要测量距离角度，可将目标定位方法分成基于测距和非基于测距两类，矿井动目标定位主要使用基于测距的定位方法。从测距方法看，以 RSSI 为主，也有使用 TOA(Time of Arrival)、TDOA(Time Difference of Arrival)、

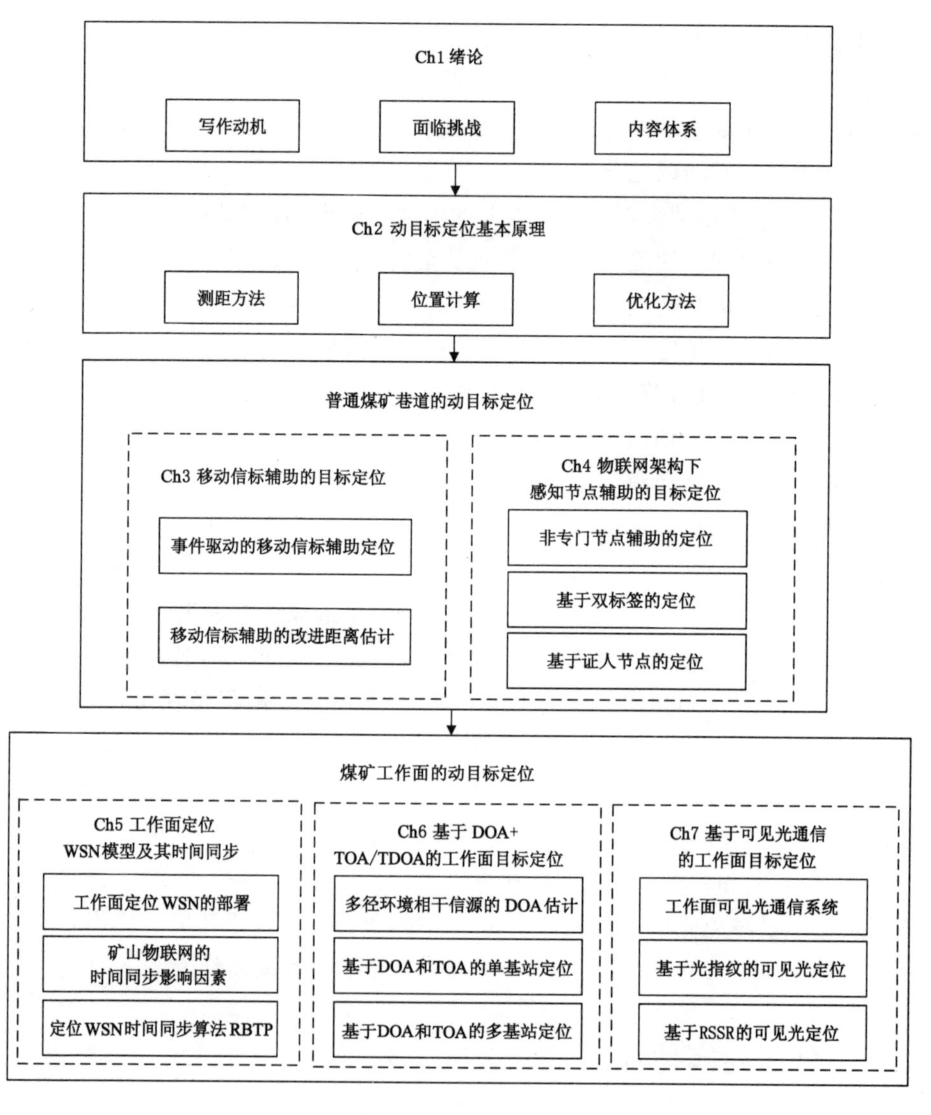

图 1-2　本书内容体系

AOA(Angle of Arrival)以及多种测距手段联合的系统;从定位求解方法看,以基于几何信息的定位为主,辅以指纹定位等方法,并用矿井信号传播环境建模、智能信息处理方法等手段进行优化,以消除 NLOS(Non Line of Sight)干扰,提高定位精度。在第 2 章,将对动目标定位的测距方法、位置计算方法和结果优化进行研究。

(2) 普通煤矿巷道的动目标定位

第3章和第4章研究普通煤矿巷道的动目标定位问题。其中,第3章研究移动信标辅助的目标定位,而第4章研究矿山物联网架构下的新型定位方法。

移动信标可以降低待定位区域对信标节点的数量要求,也可用于对现有定位系统的定位结果进行校正以提高精度,其基本原理是移动信标在移动过程中周期性地广播自己的坐标位置,并将这些位置作为虚拟信标。以前的研究认为煤矿井下无法使用移动信标辅助的定位方法,因为移动信标需要较为精确的位置,而井下节点由于无法使用GPS等设备,实时获取自身位置较为困难。实际上,那些配备有惯导设备或/和激光定位装置的人员(如瓦检员)或/和设备(如猴车)是可以充当移动信标的。尽管移动信标运动过程中会产生误差累积,但是当它经过位置已知的设备的时候可以得到校准。因此,我们将在第3章提出一种面向矿井运动目标定位的移动信标定位方法,其核心是借用移动信标提高测距精度。

作为对比,在第3章还将提出一个事件驱动场景下基于定向天线的目标定位方法,适用于地面煤矿场景,比如露天煤矿发生滑坡事故的场景。它利用虚拟投影的方法,将虚拟信标投影到一条虚拟移动路径上,进而利用扩展定向天线定位方法求解未知节点的坐标。它能够方便快速地确定随机播撒的DAWSN节点的坐标,从而为事件现场其他对象的定位和跟踪服务提供支撑。本方法克服了普通定向天线定位方法只能按照棋盘路径移动的缺陷,能够按照任意曲线路径前进,与灾害现场需要避障前进的实际需求相适应;同时,本方法计算简单,可定位节点比例高。

矿山物联网的发展和普及给矿井目标精确定位提供了全新的机会和思路。为了对煤矿环境、生产设备和生产人员进行实时感知、监测和预警,需要在煤矿井下部署大量不同类型的感知节点。在物联网架构下,这些感知节点之间、感知节点与现有系统之间存在紧密的“物一物相连”关系,它们通过与现有定位系统和地面物联网管控中心的信息交互,完全可以在完成既定感知任务的基础上,为矿井目标的精确定位提供辅助服务。正是在这种思路的指引下,我们在第4章提出一种非专门节点辅助的定位方法,它包括两个阶段:在第一阶段,利用现有定位系统对移动目标进行定位,得到初步定位结果;在第二阶段,移动节点与通信范围内的非专门节点通信,接收其发送的位置信息及信号强度,对得到的初始定位结果进行修正,求得最终定位结果。

矿井运动目标可根据其外形分成两类,即与巷道平行的长条状对象(如矿车、采煤机,本书称为第一类矿井运动目标)、与巷道垂直的长条状对象(如人员,本书称为第二类矿井运动目标)。这些装备和人员完全可以安装两个甚至多个定位标签,利用多个标签之间的空间约束提高定位精度。因此,我们在第3章提出一种基于双标签的定位方法。另外,考虑到现有定位系统虽然存在定位精度不足的缺陷,但是矿井巷道中处于目标节点通信范围的诸多感知节点能够充当“证人节点”,证明目标是否位于定位初值所指定的位置,帮助现有定位系统提高定位精度。为此,我们还将在第4章提出一种基于证人节点的目标定位方法。

(3) 煤矿工作面的动目标定位

第5～7章研究煤矿工作面的动目标定位问题。其中,第5章研究煤矿工作面目标定位的基本思路、定位WSN的部署,以及在工作面定位WSN中的时间同步方法;第6章研究基于智能天线的工作面目标定位,重点探讨基于DOA的定位方法;第7章则研究基于可见光通信的工作面目标定位方法。

与一般定位技术不同,工作面的动目标定位有自己独特的定位场景和需要解决的定位难题。由于所有的节点和设备都会随着煤炭开采的进行而移动,没有坐标位置不变的节点,使得基于信标节点的定位技术无法在工作面中有效使用。其次,采煤机、支架的移动会使得信号传输空间处于连续变化状态,而传统的室外、室内或者煤矿巷道的定位算法均假定定位过程中通信的物理空间不会频繁变化,将其直接用在工作面效果不佳。为此,在第5章提出定位WSN模型并研究它的能耗,分析在该环境中影响时间同步的主要因素,进而提出一种基于TPSN(Timing-sync Protocol for Sensor Networks)和RBS(RBS-Reference Broadcast Synchronization)的精确时间同步算法。该算法采用等级广播为基础的单向广播和双向同步相结合的机制,在MAC层打时间戳,并采用极大似然估计以及最小二乘法同时补偿时钟偏移和频偏,以提高同步精度、降低同步能耗。基于TPSN的网络同步是设计TOA定位算法的基础。

基于AOA/DOA的定位需要利用智能天线或者定向天线的相位差来估计AOA[2],常用的方法有基于子空间方法,或者利用天线形成的波束来覆盖、跟踪目标节点,通过测量波束接收信号的强度、时间差和波束覆盖交叉区域上收到的信号等。为此,第6章针对井下多径环境形成的相干信源对DOA估计的影响,研究前向平滑、前后向平滑和基于Toeplitz算法的DOA估计方法,以解决信号谱估计不能解相关的问题。在此基础上,提出基于角度变化率的DOA+TOA单站定位算法和基于单次反射的DOA+TOA单站定位算法。随后,提出改进的Chan算法和基于加权修正的DOA+TDOA定位算法,将DOA和

TOA估计误差向量引入定位模型中，消除时钟同步带来的测量误差和多径影响。

第7章研究基于可见光通信（Visible Light Communication，VLC）的工作面定位。与地面通信空间相比，煤矿工作面没有太阳光等噪声干扰，照明光源就是信号源，同时黑色的煤壁对可见光的反射能力很弱，可以实现通信、定位和照明的巧妙结合。我们将在该章提出煤矿工作面可见光通信系统的一般结构，它能够与现有工作面照明电缆、煤矿通信光缆等系统有机结合，大大延长通信和定位系统的覆盖面，随后提出基于光指纹的定位方法，它包括离线阶段和在线阶段；离线阶段建立基于接收强度和角度的光指纹数据库，在线阶段则通过指纹匹配的方式进行目标的定位跟踪。最后分析基于RSSR（Recived Signal Strength Ration）的可见光定位方法，并对定位性能进行实验室测试。

2 动目标定位的基本原理

从是否需要测量距离角度,可将目标定位方法分成基于测距和非基于测距两类,矿井动目标定位主要使用基于测距的定位方法。从测距方法看,以 RSSI 为主,也有使用 TOA、TDOA、AOA 以及多种测距手段联合的系统;从定位求解方法看,以基于几何信息的定位为主,辅以指纹定位等方法,并用矿井信号传播环境建模、智能信息处理方法等手段进行优化,以消除 NLOS(Non Line of Sight)干扰,提高定位精度。本章将对这些动目标定位的基本原理进行研究和探讨。

2.1 矿井定位的测距方法

在测量阶段需要选择合适的信号类型[40]。在不同的使用环境,不同类型信号的传播能力不同,比如在潮湿环境,无线电信号就要比声音信号的效果差,因为空气中的水分会吸收和反射高频无线电波,但是对震动声波却影响不大。考虑到多数节点都有无线电硬件,因此射频(radio frequency,RF)传播是最常见的定位信号形式,其强度、相位或频率都可用来估计距离。采用 RF 的定位方法和定位系统非常多,也将是本书主要的研究对象。

声音定位信号可采用超声或可听波,前者如 Active Bats 和 Cricket,后者如狙击兵检测系统以及广义的声源定位。红外 IR(Infrared)信号相对来说衰减较大,适合于待定位节点与信标节点离得较近的场景(如室内定位),典型系统有 Active Badge;然而,室外定位则不太适合使用 IR,因为室外场景中目标节点与信标节点距离一般较大,同时存在太阳光的干扰,使得 IR 信号难以检测。也可采用可见光作为定位信号,比如 Lighthouse 和 Spotlight,但是这些系统只有在有照明的区域才能定位(比如煤矿巷道),并且需要专用的光源。脉冲超宽带 IR－UWB 的距离分辨率比其他系统高得多,其脉冲宽度为纳秒级,理论定位精度可达厘米级甚至毫米级,因此在 IEEE802.15.4a 中被用做定位首选技术[41]。

选定定位信号类型之后,需要选择合适的测距方法。如前所述,矿井中使用最多的测距方法是 RSSI、TOA、TDOA 和 AOA 等。RSSI 通过信号强度与信号传播距离的统计关系计算节点之间的距离，由于多数无线节点都有 RSSI 测量能力，因此不用为测量距离专门增加硬件；TOA 定位需要节点之间具有严格的时间同步，实施起来较为困难；AOA 与移动目标和信标之间的距离相关，距离较远时，很小的 AOA 误差就会导致较大的定位误差。TOA 和 TDOA 一般比 AOA 的定位精度高，但是它们都需要至少 3 个基站参与，而 AOA 只需要 2 个基站。不过，在矿井这样的特殊区域，基站的数目要求可以降低，后续章节将会详细探讨。

2.1.1 RSSI

RSSI 容易受到噪声、多径、干扰等因素的影响[42]。基于 RSSI 的定位关键在于建立将 RSSI 值精确转换成空间位置的关系模型，目前使用最广泛的是对数距离损耗模型[43,44]：

$$P^{dBm}=P_0^{dBm}-10\eta\log_{10}\left(\frac{d}{d_0}\right)+\chi \tag{2-1}$$

其中，P^{dBm} 是收发节点之间以 dB 为单位的功率路径损耗；P_0^{dBm} 是参考距离 d_0 处测量到的功率，通常 $d_0=1$ m；χ 为阴影效应导致的零均值高斯随机变量；η 是路径衰落指数。通过该模型，即可测得移动目标与定位信标之间的距离 d。

考虑任意两个节点 i,j，利用对数距离路径损耗模型：

$$P^{ij}=P_0-10\eta\log_{10}\left(\frac{d_{ij}}{d_0}\right)+\sigma_{SH}=\bar{P}^{ij}+X_\sigma \tag{2-2}$$

其中，P^{ij} 是节点 i,j 之间以 dB 为单位的功率路径损耗；X_σ 是一个零均值高斯随机变量，其标准差为 σ_{SH}。因此，噪声场景下的功率测量值服从如下分布：

$$P^{ij}\sim N(\bar{P}^{ij},\sigma_{SH}) \tag{2-3}$$

其单位为分贝，对应于以瓦特为单位的功率损耗的对数正态分布。因此，节点 i,j 之间的估计距离 d_{ij} 为：

$$d_{ij}=d_0\cdot 10^{\frac{P_0(d_0)-P^{ij}}{10\cdot\eta}} \tag{2-4}$$

假定网络中随机部署的节点集为 $S=\{s_1,s_2,\cdots,s_N\}$，节点 s_i 的真实位置为 $\boldsymbol{z}_i=[z_{x_i},z_{y_i}]^{\mathrm{T}}$，估计位置为 $\boldsymbol{p}_i=[p_{x_i},p_{y_i}]^{\mathrm{T}}$，信标节点集为 $\boldsymbol{A}=\{a_1,a_2,\cdots,a_M\}$，信标节点 a_k 的真实位置为 $\boldsymbol{q}_k=[q_{x_k},q_{y_k}]^{\mathrm{T}}$。

节点 i,j 之间的估计距离为：

$$r_{ij}=r_{ji}=d_{ij}+e_{ij} \tag{2-5}$$

其中，$d_{ij}=\| z_i-z_j \|$，$\| \cdot \|$是欧式距离；e_{ij}为环境噪声、传播失真和测距技术引入的误差。

节点i与信标a_k之间的距离为：

$$R_{ik}=R_{ki}=d_{ik}+e_{ik} \tag{2-6}$$

其中，$d_{ik}=\| \boldsymbol{z}_i-\boldsymbol{q}_k \|$。

节点在邻域γ内的邻居节点为：

$$\boldsymbol{S}_i=\{j \mid \| \boldsymbol{z}_i-\boldsymbol{z}_j \|<\gamma\} \tag{2-7}$$

与此相似，节点在邻域ρ内的邻居信标为：

$$\boldsymbol{A}_i=\{k \mid \| \boldsymbol{z}_i-\boldsymbol{q}_k \|<\rho\} \tag{2-8}$$

定位问题就是求解下式：

$$\min_{\boldsymbol{L}} \sum_{i\in S}\left(\sum_{j\in S_i} \left| \| \boldsymbol{p}_i-\boldsymbol{p}_j \| - r_{ij} \right| + \sum_{k\in A_i} \left| \| \boldsymbol{p}_i-\boldsymbol{q}_k \| - R_{ik} \right| \right) \tag{2-9}$$

其中，$\boldsymbol{L}=\{\boldsymbol{p}_1,\boldsymbol{p}_2,\cdots,\boldsymbol{p}_N\}$是需要最小化的位置集合。式(2-9)的求解是一个非凸非线性问题，在全局中求解是一个NP难题。

射频不规则性是RSSI测距不准的重要原因之一[45]，它是设备和传输媒介两种因素导致的。设备因素包括天线类型、发送功率、天线增益、接收机灵敏度、接受阈值、信噪比；传输介质因素包括媒体类型、背景噪声以及其他环境因素，比如传输媒介温度、障碍物等。射频不规则性可以用RIM(Radio Irregularity Model，射频不规则模型)表示，定义为单位角度的方向变化导致的最大接收信号强度变化百分比。

也有学者针对矿井的实际情况提出了更为精确的测距模型。分析和实测表明，矿井中对能量传递测距模型准确性影响最大的是巷道中的金属结构，而巷道截面面积和形状以及巷道围岩介质对测距模型的影响则不太大。井下存在大量的周期性环状金属结构，比如爆破用雷管引线、金属支柱等，它们等效于环形天线，对电磁能量具有较强的吸附作用。因此，可以引入电磁衰减指数对能量传递测距模型进行改进[46]，用以反映金属结构的几何尺寸和介电常数对测距模型的影响，从而得出衰减指数与电磁波工作频率的近似关系式，建立节点间距离与信标节点发射功率、工作频率的能量传递测距模型。

信标节点在测距的时候向目标节点发射测距信号，目标节点所接收到的信号功率为[47]：

$$P_{RX}=\frac{c^2 G_{RX}}{4\pi f_0^2}\times\frac{P_{TX}G_{RX}\sigma}{(4\pi)^2 d_n^4}=\frac{c^2 G_{RX}^2 P_{TX}\sigma}{(4\pi)^3 d_n^4 f_0^2} \tag{2-10}$$

其中，G_{RX} 为信标节点天线增益；P_{TX} 为信标节点发射功率；σ 为目标节点天线散射截面；c 为光速；f_0 为信标节点的工作频率；d_n 为信标节点与目标节点的距离。

若电磁波辐射区域存在金属结构，电磁波会损耗部分能量，经金属吸收后传到目标节点的电磁波辐射能量为：

$$P_{RS}=\frac{c^2 P_{TX}\left[G_{RX}^2\sigma-(4\pi)^2 d_n^4 D(\theta,\varphi)\mathrm{e}^{-2\alpha_{Eh}d_n}\right]}{(4\pi)^3 d_n^4 f_0^2} \tag{2-11}$$

其中，α_{Eh} 为环状金属结构的衰减指数；$D(\theta,\varphi)$ 为天线的方向性系数；d_n 为沿金属结构方向的衰减距离。由于能量衰减在较长时间内持续存在，因此 d_n 近似为目标节点与信标节点间的距离。将式(2-11)进行泰勒展开，得到测距模型为：

$$\ln d_n^4 = \ln(c^2 P_{TX} G_{RX}^2 \sigma) - \ln[(4\pi)^3 P_{RS} f_0^2] - \sum_{n=0}^{\infty}(-1)^n \frac{\left[\dfrac{c^2 P_{TX} D(\theta,\varphi)\mathrm{e}^{-2\alpha_{Eh}d_n}}{4\pi P_{RS} f_0^2}\right]^{n+1}}{n+1} \tag{2-12}$$

这种改进模型对频率的敏感性较强，对高频信号的吸收明显，利用该模型测距的时候，应根据功率设计合适的工作频率。

2.1.2 TOA

TOA 测距利用了移动目标到信标节点间距离 d 与信号传播时间 t 成正比的规律。由于无线信号在空气中的传播速度为光速 c，于是有 $d=c\times t$。假定发射信号为 $s(t)$，在高斯白噪声干扰的多径衰落信号模型下，接收信号可以表示为[48]：

$$r(t)=\sum_{l=1}^{L_p}\alpha_l s(t-\tau_l)+n(t) \tag{2-13}$$

其中，L_p 为多径数目；α_l 为多径复增益；τ_l 是各路径的时间延迟；$n(t)$ 为零均值的高斯白噪声。

如果能够测得到达 3 个或多个信标节点与目标节点之间的信号传播时间，就可以利用 $d=c\times t$ 计算出两者之间的估计距离，得到以信标节点为圆心、估计距离为半径的 3 个或多个圆，这些圆的交点即是目标节点的位置。

TOA 定位要求接收信号的移动信标知晓信号的传输开始时刻[49]，同时对时间同步精度要求很高，因为 $c=3.0\times10^8$ m/s，1 ns 的时间误差就将导致 0.3 m 的测距误差，而现有的网络时间同步技术甚至很难达到 10 ns 的同步级别。

TOA 测距的主要影响因素是设备时延、计时器频率偏移、处理器的处理时延等，为了精确定位，必须对这些因素加以抑制。孙继平和李晨鑫提出了一种基于 WiFi 和计时误差抑制的 TOA 定位方法[50]，通过双路 WiFi 和一路光纤信道，在计算中对计时误差加以抵消。在计算距离的时候需要注意，光在真空中传播速度约为 3.0×10^8 m/s，而在其余介质中光速会大为降低，比如，在光纤中速率约为 2.0×10^8 m/s，而铜线中的电信号传播速度约为 2.3×10^8 m/s。

2.1.3 TDOA

由于 TOA 要求定位信标与目标之间具有精确的时间同步，导致其适用性大大降低，使得人们更多采用基于信号到达时间差（TDOA）的方法。TDOA 有两种实现方法[51]：一种是分别测出移动目标在不同信标的到达时间，然后求差值得到 TDOA 值，这种方法虽然容易实现，但是与 TOA 一样，仍然要求所有节点之间的精确同步；另外一种方法是多个信标节点收到同一移动目标的信号后，提取信号互相关函数的峰值或高阶累积量和循环谱获得时延差，这种方式不需要移动目标与信标节点的时间同步，只需实现信标节点间的同步即可，而信标节点的同步实现起来容易得多。

信号到达锚节点的时间差的计算被称为时延差估计，时延差估计算法有幅值差异法、互相关算法、广义互相关算法等。时延差可以通过比较两个信号的幅值差异来获得。这种“同步”两个信号的方法是使幅值差异函数 MDF（Magnitude Difference Function）最小，它的计算量复杂，难以实时应用。而互相关算法是通过寻找原信号与接收信号互相关函数的最大值来获得时延差，由于可以通过 FFT 快速计算，因此互相关法适合于实时应用。广义互相关算法通过对互功率谱进行加权处理（比如采用 RTOH 加权函数、SCOT 加权函数、Hannan-Thompson 加权函数），使处理后互相关函数的峰值更加尖锐，它具有一定的抗噪声性能，不具有信号选择性；当信号与噪声相关时，需要较长的数字信号序列才能有较好的分辨率。

令(x,y)为待定位节点坐标，(x_i,y_i)为第 i 个信标节点的坐标，$t_{ij}=t_i-t_j$ 为信号到达信标节点 i 和信标节点 j 所用时间差，$r_{ij}=r_i-r_j$ 为待定位节点与信标节点 i 和信标节点 j 之间的距离差，则 TDOA 方程可以表示为[52]：

$$t_{ij}=t_i-t_j=(r_i-r_j)/c \tag{2-14}$$

若以信标节点 1 为参考，则根据：

$$\begin{cases} r_i = \sqrt{(x_i - x)^2 + (y_i - y)^2} \\ r_{i1} = ct_{i1} = r_i - r_1 \end{cases} \tag{2-15}$$

令 $K_i = x_i^2 + y_i^2$，得：

$$\begin{aligned} & r_{i1}^2 + 2r_{i1}r_1 + r_1^2 = K_i - 2x_i x - 2y_i y + x^2 + y^2 \\ & r_1^2 = K_1 - 2x_1 x - 2y_1 y + x^2 + y^2 \end{aligned} \tag{2-16}$$

因此有：

$$-2x(x_i - x_1) - 2y(y_i - y_1) = r_{i1}^2 + 2r_{i1}r_1 - K_i + K_1 \tag{2-17}$$

这是一对以(x_1, y_1)和(x_i, y_i)为焦点的双曲线(图 2-1)，其中的一条经过目标节点。若信标节点数目为 n，且：

$$\boldsymbol{A} = \begin{bmatrix} x_{21} & y_{21} & r_{21} \\ \vdots & \vdots & \vdots \\ x_{n1} & y_{n1} & r_{n1} \end{bmatrix}, \boldsymbol{r} = \begin{bmatrix} x \\ y \\ r_1 \end{bmatrix}, \boldsymbol{H} = \frac{1}{2} \begin{bmatrix} K_2 & K_1 & r_{21}^2 \\ \vdots & \vdots & \vdots \\ K_n & K_1 & r_{n1}^2 \end{bmatrix}$$

则可以得到用于 TDOA 定位的双曲线定位模型为：

$$\boldsymbol{Ar} = \boldsymbol{H} \tag{2-18}$$

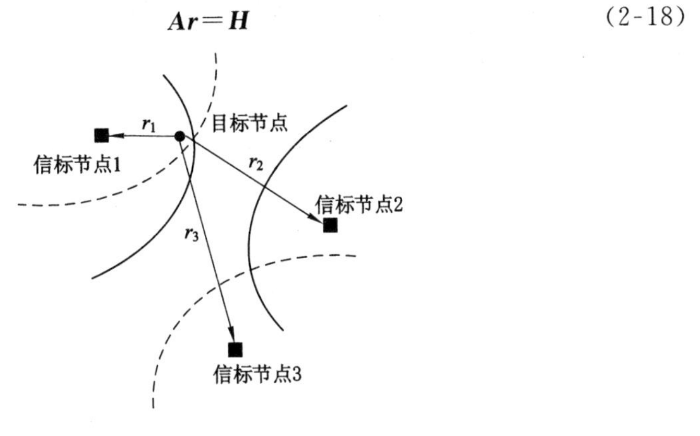

图 2-1 双曲线定位模型

2.1.4 DOA/AOA

DOA/AOA 通过测定波达方向获取移动目标与信标节点之间的角度信息。利用智能天线的信号功率估值和到达方向，就可以得到移动用户终端的方位[53]，即 DOA 信息。如图 2-2 所示[54]，利用安装在信标节点上的智能天线估计未知节点与信标节点之间的角度 α 和 β，过两个信标节点且满足角度关系的直线的交点，即是目标节点的位置。

传统的 DOA 估计主要基于波束形成和零波陷导引的概念，通过波束形成

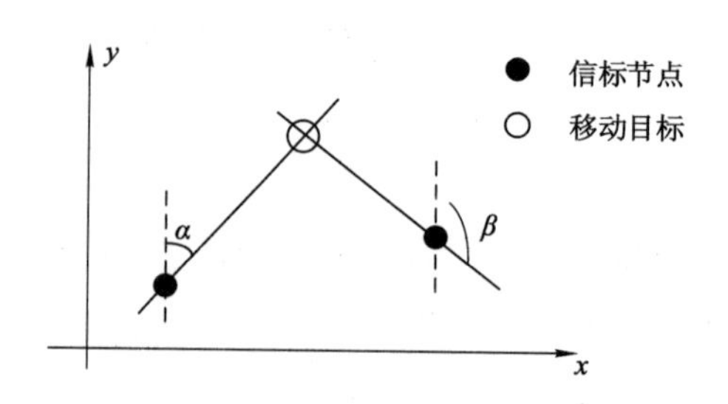

图 2-2 通过角度关系确定目标位置

技术调整天线波束的主瓣发射方向，再搜寻接收信号输出功率的峰值，使主瓣与接收信号的波达方向相一致，在整个过程中，无需计算和统计接收信号矢量与噪声矢量的模型，方法虽然简单，但需要设计安装大量的天线阵元。以延迟相加算法为例，它是一种基于傅立叶变换的波束形成器结构，如图 2-3 所示，通过估计接收信号的子相关矩阵，将各个阵元接收到的不同信号线型相加，分析加权信号的导向矢量和功率谱，同时搜寻空间谱的最大峰值方向，即为信号的波达方向。

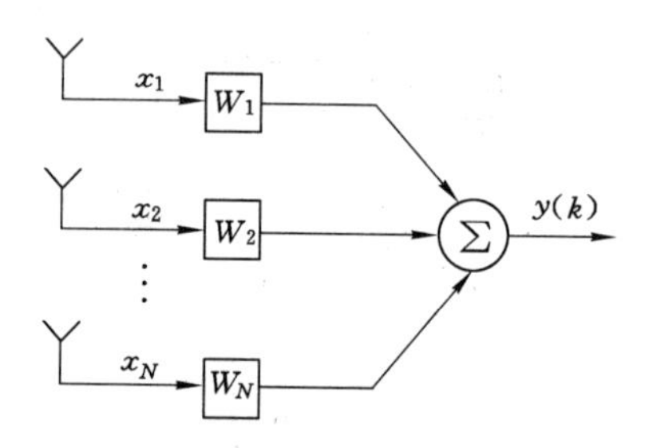

图 2-3 延迟相加波束形成器

目前已有许多 AOA 和 DOA 方面的研究成果，典型的如 SSLE(Sectoral Sweeper based Location Estimation)算法[55]，它需要两个循环，同时需用距离估计算法和角度估计算法的配合才能确定节点的位置，运算量较大。王玥和谢涛设计了一个基于 DSP 实验平台的智能天线定位系统[53,56]，它并没有考虑矿井中的特殊限制。王峰等人提出了一个基于 TDOA 和 AOA 的煤矿井下三维定位算法[57]，目的是用 AOA 弥补单纯使用 TDOA 算法容易受到多径效应影响的缺陷。

2.2 矿井目标的位置计算

移动性一方面增加了定位的难度，另一方面可以为定位提供额外信息[54,58]。目标的位置计算，就是利用测得的距离、角度等数据和其他信息确定目标节点的近似位置。位置计算的常见方法有三边法、三角法等。如果测量数据中有噪声，可用极大似然估计法，它仅需测距信息，无需位置的先验信息，而序列贝叶斯估计则同时需要测量数据和先验信息。统计方法可以处理节点运动的不确定性，如蒙特卡洛定位(Monte-Carlo Localization，MCL)法。

2.2.1 三边定位法

三边定位方法原理如图 2-4 所示[54,59]，A、B、C 为定位区域中三个坐标已知的信标节点，其坐标为(x_i,y_i)，$i=1,2,3$，D 为目标节点，坐标为(x,y)。

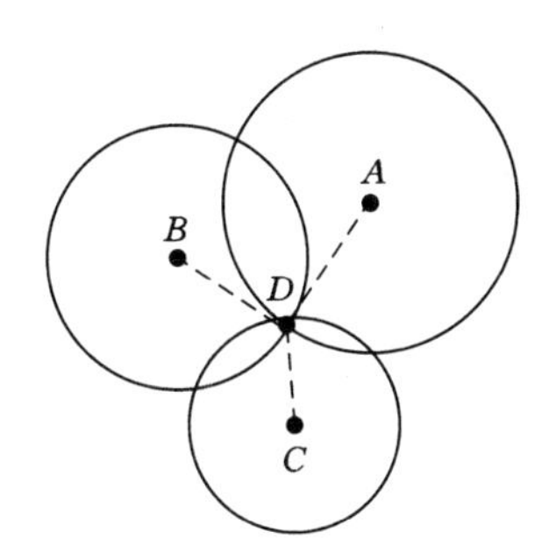

图 2-4 三边定位法

设节点 D 与 A、B、C 的距离为 d_i，$i=1,2,3$，那么有：

$$\begin{cases}\sqrt{(x-x_1)^2+(y-y_1)^2}=d_1\\\sqrt{(x-x_2)^2+(y-y_2)^2}=d_2\\\sqrt{(x-x_3)^2+(y-y_3)^2}=d_3\end{cases}\tag{2-19}$$

于是可得目标节点 D 的坐标为：

$$\begin{pmatrix}x\\y\end{pmatrix}=\begin{pmatrix}2(x_1-x_3)2(y_1-y_3)\\2(x_2-x_3)2(y_2-y_3)\end{pmatrix}^{-1}\times\begin{pmatrix}x_1^2-x_3^2+y_1^2-y_3^2+d_3^2-d_1^2\\x_2^2-x_3^2+y_2^2-y_3^2+d_3^2-d_2^2\end{pmatrix}\tag{2-20}$$

2.2.2 三角定位法

三角定位法定位原理如图 2-5 所示。目标节点 D 相对于信标节点 A、B、C 的角度分别为 $\angle ADB$、$\angle ADC$ 和 $\angle BDC$。与图 2-4 相同，A、B、C 为定位区域中三个坐标已知的信标节点，其坐标为 (x_i, y_i)，$i=1,2,3$。如果弧 AC 在 $\triangle ABC$ 内，锚节点 A、C 和 $\angle ADC$ 可以确定唯一的一个圆，其圆心为 $O_1(x_{O1}, y_{O1})$，半径为 r_1，$\alpha=\angle AO_1C$。

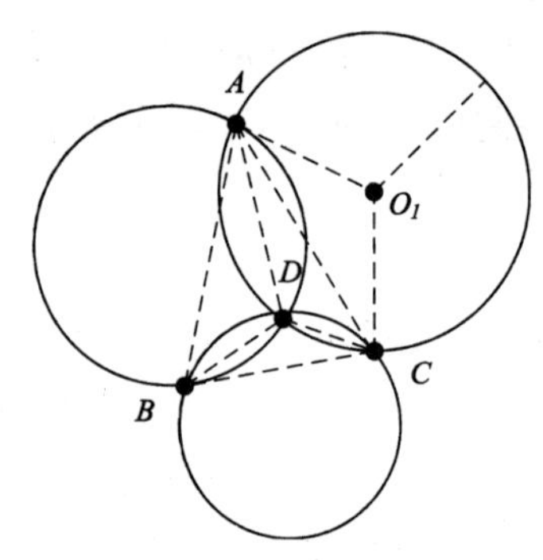

图 2-5　三角测量法

根据图 2-5 的几何关系可得：

$$\begin{cases}\sqrt{(x_{O1}-x_1)^2+(y_{O1}-y_1)^2}=r_1\\ \sqrt{(x_{O1}-x_2)^2+(y_{O1}-y_2)^2}=r_1\\ (x_1-x_3)^2+(y_1-y_3)^2=2r_1^2-2r_1^2\cos\alpha\end{cases}\tag{2-21}$$

据此可计算出圆心 O_1 的坐标和半径 r_1。同样方法也可得另外两圆的圆心坐标和半径，从而将三角定位问题转化为三边定位问题。

2.2.3 极大似然估计法

极大似然估计法的原理如图 2-4 所示，已知 n 个信标节点的坐标 (x_i, y_i)，$i=1,2,\cdots,n$，它们到未知节点 D 的距离分别为 r_i，假设 D 的坐标为 (x, y)。

根据距离公式，有：

$$\begin{cases}(x-x_1)^2+(y-y_1)^2=r_1^2\\ (x-x_2)^2+(y-y_2)^2=r_2^2\\ \quad\cdots\cdots\\ (x-x_n)^2+(y-y_n)^2=r_n^2\end{cases}\tag{2-22}$$

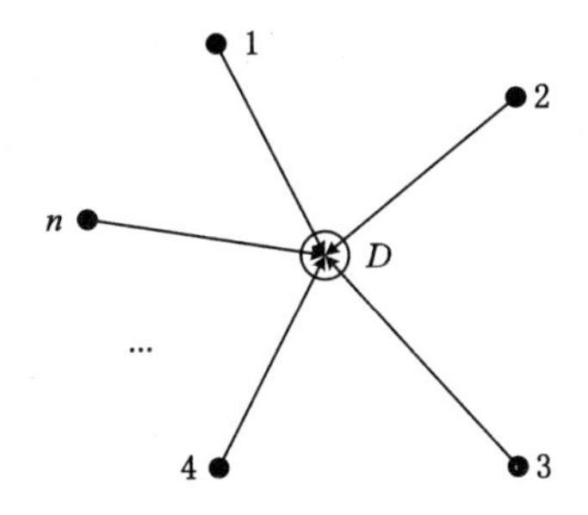

图 2-6　极大似然估计法

将式(2-22)的前 $n-1$ 项分别与第 n 项相减并用矩阵的形式表示，得：

$$\boldsymbol{AX}=\boldsymbol{b} \tag{2-23}$$

其中：

$$\boldsymbol{A}=\begin{bmatrix} 2(x_1-x_n) & 2(y_1-y_n) \\ 2(x_2-x_n) & 2(y_2-y_n) \\ \vdots & \vdots \\ 2(x_{n-1}-x_n) & 2(y_{n-1}-y_n) \end{bmatrix},\boldsymbol{b}=\begin{bmatrix} x_1^2-x_n^2+y_1^2-y_n^2+\rho_n^2-\rho_1^2 \\ x_2^2-x_n^2+y_2^2-y_n^2+\rho_n^2-\rho_2^2 \\ \vdots \\ x_{n-1}^2-x_n^2+y_{n-1}^2-y_n^2+\rho_n^2-\rho_{n-1}^2 \end{bmatrix},\boldsymbol{X}=\begin{bmatrix} x \\ y \end{bmatrix}$$

使用标准的最小均方差估计方法得节点 D 的坐标为：

$$\hat{\boldsymbol{X}}=(\boldsymbol{A}^{\mathrm{T}}\boldsymbol{A})^{-1}\boldsymbol{A}^{\mathrm{T}}\boldsymbol{b} \tag{2-24}$$

极大似然估计虽然可以获得近似 CRLB(Cramér-Rao Low Bound，克拉美-罗下限)的定位结果，但是它的费用函数是非线性和非凸的，其数值解严重依赖于初始值[44]，如果初始值离全局最小较远，可能会收敛于一个局部最小或者鞍状点[60]。当陷入局部最优的时候，对目标函数 Gauss-Newton 或 L-M 的线性近似可能会失效。即使 Gauss-Newton 或 L-M 不失效，它的解可能也不精确，因为可能收敛到了局部最小值，或在 Taylor 级数中忽略了高阶部分。半正定规划（Semi-definite Programming，SDP）将 MLE（Maximum Likelihood Estimate，极大似然估计）转化为凸优化问题，其费用函数没有局部最小值，能够保证收敛到全局最小，但是它得到的结果是次优的。

2.2.4　多维尺度法

多维尺度法(Multidimentional Scaling，MDS)是多元统计学中的一种信息可视化方法，它能充分利用各节点间的关联信息[61,62]，实现节点位置坐标的计算。MDS 算法有 Torgerson 法、Shepard-kruskal 法和 Takane 法等多种，其中

Torgerson 法属于度量方法，而 Shepard-kruskal 法和 Takane 法则属于非度量方法。由于在矿井中实现准确测距较为困难，且成本较高，如果将节点间的 RSSI 值直接转换成距离，再运用度量 MDS 算法，会因为 RSSI 测量误差较大而导致定位精度下降。相比较而言，非度量 MDS 算法只要求节点间的连接关系和欧式距离具有单调性即可，具有较大的容错性，更适合于煤矿井下恶劣环境。

将链路质量矩阵 $\boldsymbol{W}$ 作为相似性矩阵，二维矿井中的节点 i 的相对坐标为 $\boldsymbol{R}_i=(R_{i1},R_{i2})$，绝对坐标为 $\mathbf{A}_i=(A_{i1},A_{i2})$，非度量 MDS 算法的步骤如下：

① 节点坐标初始化。初始化的方式一般有随机方式和经典 MDS 方式两种，并令初始化迭代次数 $k=0$，初始化坐标为(R_{i1}^0,R_{i2}^0)。

② 计算各节点间的欧式距离：

$$d_{i,j}^k=\sqrt{\sum_{t=1}^{2}(R_{i,t}^k-R_{j,t}^k)^2} \tag{2-25}$$

③ 确定矩阵$(\hat{d}_{i,j}^k)_{n\times n}$。对相似性矩阵 $\boldsymbol{W}$ 和$(d_{i,j}^k)_{n\times n}$，通过下面的逐步单调回归过程确定矩阵$(\hat{d}_{i,j}^k)_{n\times n}$，即对 $\forall\, i,j,u,v$，有：

$$\hat{d}_{i,j}^k=\begin{cases}(d_{i,j}^k+d_{u,v}^k)/2 & w_{i,j}<w_{u,v} \text{ and } d_{i,j}^k>d_{u,v}^k\\ d_{i,j}^k & w_{i,j}<w_{u,v} \text{ and } d_{i,j}^k\leqslant d_{u,v}^k\end{cases} \tag{2-26}$$

$$\hat{d}_{u,v}^k=\begin{cases}(d_{i,j}^k+d_{u,v}^k)/2 & w_{i,j}<w_{u,v} \text{ and } d_{i,j}^k>d_{u,v}^k\\ d_{u,v}^k & w_{i,j}<w_{u,v} \text{ and } d_{i,j}^k\leqslant d_{u,v}^k\end{cases} \tag{2-27}$$

④ 计算胁强系数 S。若 $S<\varepsilon$（ε 为预设阈值），则结束，否则转到第⑤步。其中，Takane 法的胁强系数计算方法为：

$$S=\sqrt{\frac{\sum_{i=1}^{n-1}\sum_{j=i+1}^{n}(d_{i,j}^2-\hat{d}_{i,j}^2)^2}{\sum_{i=1}^{n-1}\sum_{j=i+1}^{n}d_{i,j}^4}} \tag{2-28}$$

⑤ 令 $k=k+1$，计算节点的新坐标(R_{i1}^k,R_{i2}^k)：

$$R_{i,t}^k=R_{i,t}^{k-1}+\frac{\alpha}{n-1}\sum_{\substack{i=1\\ j\neq i}}^{n}\left(1-\frac{\hat{d}_{i,j}^{k-1}}{d_{i,j}^{k-1}}\right)(R_{i,t}^k-R_{i,t}^{k-1}),t=1,2 \tag{2-29}$$

其中，α 为迭代的步长。本步骤结束后，转到第 2 步继续执行。

考虑到矿井的特殊难题，裴忠民等人提出以 LQI（Link Quality Indicator，链路质量指示）为节点间相似性度量指标的三阶段定位方法[62]。LQI 比 RSSI 值的动态范围大，分辨率高，更能反映信号受到环境噪声的干扰情况。在区域定位阶段，利用分簇的思想将整个 WSN 网络分成区域，由簇头节点发起区域定位并构建节点间的 LQI 矩阵；在 MDS 度量阶段，利用 Dijkstra 算法把 LQI 矩阵转化为相似性矩阵，利用非度量 MDS 算法，在知道 3 个参考节点绝对坐标的情况下，得到所有节点的二维坐标；最后是定位求精阶段，它启动 CC2431 节点的自定位，并对区域定位、MDS 定位和自定位所得到的位置信息进行融合，得到最终的精确位置信息。

2.2.5　最小二乘法

极大似然法利用方程相减的方法消去式(2-22)的二次项，这种单纯的坐标相减会对已知的坐标信息有一定损失[54]。若利用泰勒展开的方式进行线性化，该问题可以得到一定程度的缓解。令：

$$f(x,y)=\sqrt{(x-x_i)^2+(y-y_i)^2} \tag{2-30}$$

对 $f(x,y)$ 在 (x_0,y_0) 点进行泰勒展开，得[63]：

$$\begin{aligned}f(x,y)&=f(x_0+h,y_0+k)\\&=\sqrt{(x_0-x_i)^2+(y_0-y_i)^2}+\frac{(x_0-x_i)}{\sqrt{(x_0-x_i)^2+(y_0-y_i)^2}}h+\\&\quad\frac{(y_0-y_i)}{\sqrt{(x_0-x_i)^2+(y_0-y_i)^2}}k\end{aligned} \tag{2-31}$$

将式(2-31)代入式(2-22)，得：

$$\begin{cases}\dfrac{(x_0-x_1)}{\sqrt{(x_0-x_1)^2+(y_0-y_1)^2}}h+\dfrac{(y_0-y_1)}{\sqrt{(x_0-x_1)^2+(y_0-y_1)^2}}k=d_1-\sqrt{(x_0-x_1)^2+(y_0-y_1)^2}\\\dfrac{(x_0-x_2)}{\sqrt{(x_0-x_2)^2+(y_0-y_2)^2}}h+\dfrac{(y_0-y_2)}{\sqrt{(x_0-x_2)^2+(y_0-y_2)^2}}k=d_2-\sqrt{(x_0-x_2)^2+(y_0-y_2)^2}\\\qquad\vdots\qquad\qquad\qquad\qquad\vdots\qquad\qquad\qquad\qquad\vdots\\\dfrac{(x_0-x_n)}{\sqrt{(x_0-x_n)^2+(y_0-y_n)^2}}h+\dfrac{(y_0-y_n)}{\sqrt{(x_0-x_n)^2+(y_0-y_n)^2}}k=d_n-\sqrt{(x_0-x_n)^2+(y_0-y_n)^2}\end{cases} \tag{2-32}$$

令 (x_0,y_0) 的初始值为各信标的中点，采用最小二乘法解此方程组，得到 h，k 之后，判断是否成立，若成立，则停止计算；否则，将 (x_0,y_0) 的步长增加 $(h/2,h/2)$ 再代入式(2-32)重新计算，直到满足式(2-33)为止，求得的 (x_0,y_0) 即是目标节点的坐标。

$$\sqrt{h^2+k^2}<\varepsilon_{th} \tag{2-33}$$

考虑到节点间的距离误差因节点相距的远近而不同，并且节点的估计位置与真实位置相比存在一定误差，若根据每个节点的位置精度和距离精度为每个节点赋予不同的权值，即对式(2-32)添加不同的加权系数，可得到加权最小二乘法，从而提高定位精度[64]。加权最小二乘法的应用非常广泛，比如Chan算法利用两步加权最小二乘法进行定位估计。

2.2.6 指纹膜定位法

指纹膜定位也是非常重要的一类位置解算方法。所谓位置指纹(Location Fingerprint)，指的是特定位置与某个可测物理刺激(一般采用RSSI)之间的关系[49]。

指纹膜定位一般包括离线阶段和定位阶段。在离线阶段，将整个网络划分成足够小的区域(其位置为$\{\boldsymbol{x}_j\}$)，用一个移动终端沿着这些区域移动，在每个参考点采集多个信标节点的信号强度样本$\{\rho_i(\boldsymbol{x}_j)\}$，建立覆盖区域的信号覆盖图(也称信号空间)，用以构建信号强度与位置映射的指纹库。在定位阶段，对目标接收到的各个信标的信号进行实时采集，计算传输采样数据，在信号覆盖模型的基础上，通过应用特定的信号空间搜索匹配算法，选择最匹配的位置作为它目前的位置。匹配的一个简单准则是使得欧氏距离最小：

$$\hat{x} = \arg\min\left\{\sum_{i=1}^{n}(r_i - \rho_i(\boldsymbol{x}_j))\right\}^2 \tag{2-34}$$

指纹膜定位法主要有确定性方法和概率法两类。确定性方法在离线阶段测量并保存一定采样时间内接收信号强度的平均值或最大值等信息，而不是各个信号样本信号强度大小的概率，在定位阶段采用欧氏距离来衡量两个信号强度之间的匹配性。概率法测量并保存信号的概率，利用贝叶斯法则推断位置，即：

$$\hat{x}_{\mathrm{MLE}} = \arg\max\{p(r_1,\cdots,r_n|\boldsymbol{x}_j)\} \tag{2-35}$$

这等价于寻找位置$\boldsymbol{x}_j$，使得下式最大：

$$p(\boldsymbol{x}_j|r_1,\cdots,r_n) = \frac{p(r_1,\cdots,r_n|\boldsymbol{x}_j)p(\boldsymbol{x}_j)}{p(r_1,\cdots,r_n)} \tag{2-36}$$

指纹膜法的离线阶段比较耗时，同时只有记录过数据的区域方可得到定位结果。另外，当环境改变后，定位精度将会大大下降。在这种方法中，定位阶段记录RSSI数据也非常麻烦和费时，可将信号强度作为该矩阵的元素，利用模式识别的方法降低离线准备的工作量。

2.2.7 煤矿巷道特征定位法

除了上述这些经典的位置计算方法之外，煤矿巷道为定位带来了许多有利的几何特征，这里选取有代表性的三例[65-67]。先介绍刘晓阳提出的基于距离约束的煤矿井下目标定位方法[65]，其基本原理如图 2-7 所示。由于：

$$\frac{AC}{BC}=\frac{\sqrt{AD^2+CD^2}}{\sqrt{BD^2+CD^2}} \tag{2-37}$$

当 A、B 相隔很远（比如 50 m），那么 CD 相对 AD 和 BD 的长度可以忽略。

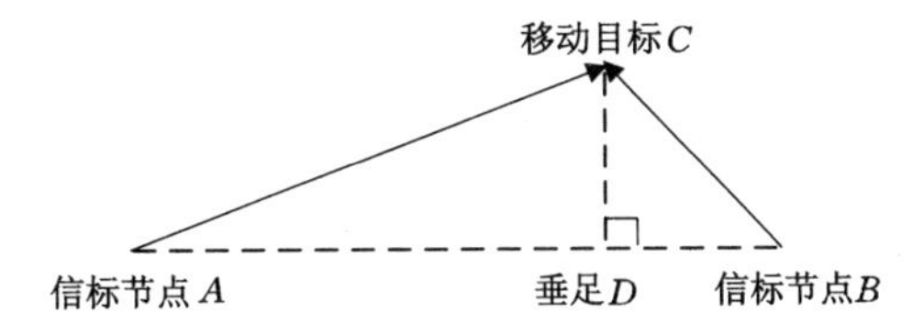

图 2-7 两个信标节点定位一个移动目标

在这种距离约束的思路下，分别在巷道两个侧壁安装信标节点，将巷道分成一个个矩形区块，每个矩形块由 4 个信标节点确定，如图 2-8 所示，图中将 E 点作为坐标原点、EG 作为 x 轴，EF 作为 y 轴。

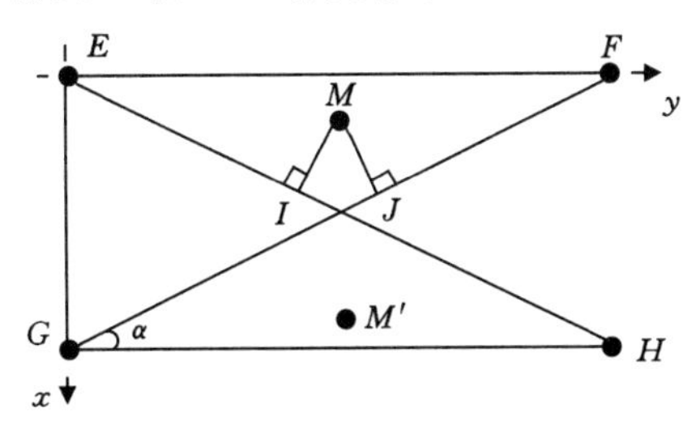

图 2-8 基于距离约束的目标节点位置计算

令线段 FG 的长度为 l'，$\lambda_1=-\frac{l'/2-EI}{|l'/2-EI|}$，$\lambda_2=-\frac{l'/2-FG}{|l'/2-FG|}$，$a=\left|\frac{l'}{2}-EI\right|$，$b=\left|\frac{l'}{2}-FJ\right|$，$I_x=\lambda_1 a\sin\alpha+\frac{l'}{2}\sin\alpha$，$I_y=\lambda_1 a\cos\alpha+\frac{l'}{2}\cos\alpha$，$J_x=\lambda_2 b\sin\alpha+\frac{l'}{2}\sin\alpha$，$J_y=-\lambda_2 b\cos\alpha+\frac{l'}{2}\cos\alpha$。对于向量 $\overrightarrow{EI}=(I_x,I_y)$，$\overrightarrow{MI}=(I_x-M_x,I_y-M_y)$，$\overrightarrow{GJ}=(J_x-l'\sin\alpha,J_y)$，$\overrightarrow{MJ}=(J_x-M_x,J_y-M_y)$，由于 $\overrightarrow{EI}$ 和 $\overrightarrow{MI}$ 垂直，$\overrightarrow{GJ}$ 和 $\overrightarrow{MJ}$ 垂直，因此有 $\overrightarrow{EI}\cdot\overrightarrow{MI}=0$，$\overrightarrow{GJ}\cdot\overrightarrow{MJ}=0$，也就是：

$$\begin{cases} I_x(I_x-M_x)+I_y(I_y-M_y)=0 \\ (J_x-l'\sin\alpha)(J_x-M_x)+J_y(J_y-M_y)=0 \end{cases} \tag{2-38}$$

将测距过程中测得的数据代入式(2-38)，即可解得移动节点的坐标。但是，这种方法在移动节点靠近信标的时候定位精度较差，特别是横向定位精度很差，其原因是此时 CD 的长度已经不能忽略。

田子健等人则提出了一种联合电磁波及超声波测距、利用巷道特征进行目标位置求解的方法，它利用基于超声波的渡越时间(Time of Flight，TOF)测量巷道横向距离和底板距离，利用 RSSI 的方法测量纵向距离，从而确定移动节点的二维坐标。

如图 2-9 所示，在巷道顶板沿中线安装信标节点，假设离目标节点 B 最近的信标节点为 A，F 为巷道中点，H、G、I 均是巷道壁上的点，过点 B 作与巷道底板平行的平面，BC 和 DE 分别是 AB 在移动节点平面和巷道底板上的投影。由于 A 沿顶板中线部署，因此 CF 是目标节点所在平面中线。

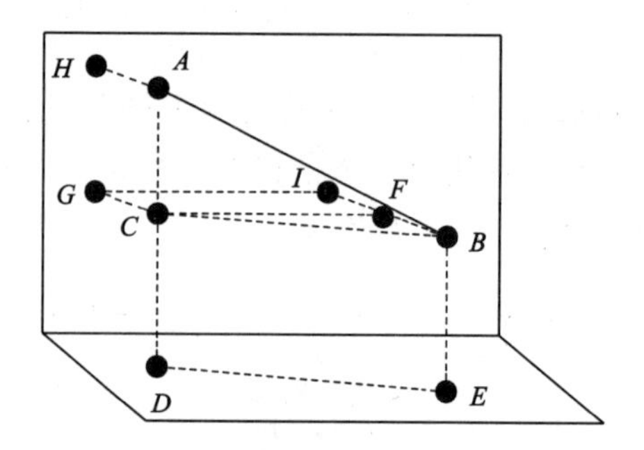

图 2-9　电磁波与超声波联合定位立体示意图

令 l 表示长度，那么：

$$l_{CF}=\sqrt{l_{BC}^2-l_{BF}^2}=\sqrt{l_{AB}^2-(l_{AD}-l_{BE})^2-(l_{BI}-l_{AH})^2}$$

令巷道宽度为 m，它是已知条件，显然 $l_{AH}=m/2$。于是，移动节点的坐标为：

$$\left(m-l_{BI},\ y+(-1)^k\times\sqrt{l_{AB}^2-(l_{AD}-l_{BE})^2-(l_{BI}-m/2)^2}\right) \tag{2-39}$$

其中，l_{BI} 为移动目标与侧壁的距离，目标节点向该侧壁发射超声波信号，通过测量回波与发射波的时间差，即可计算出该距离；l_{AB} 为信标节点与目标节点之间的距离，通过向信标节点 A 发射电磁波信号，利用 RSSI 测距法就能测量出来；l_{AD} 为巷道高度，为已知量；l_{BE} 为目标节点到巷道底板的距离，通过向底板发射超声波测得。

郭继坤等人则提出一种基于双 Mach-Zehnder 干涉仪结构的矿井定位系统[66]，它将光缆埋在巷道下，当发生矿难时，被困人员挖开巷道，直接敲击光缆产生震动信号，实现对人员的定位。该定位系统的光缆中包括三条单模光纤，其中两条光纤构成传感器的两个传感臂，另外一条光纤传输信号。

双 Mach-Zehnder 干涉仪结构的矿井定位系统的原理如图 2-10 所示，光源 LD 发出的信号经过耦合器 C_1 时被分成两束。传感光缆检测到敲击的震动信号后，沿着方向 1 经耦合器 C_3 分光后在耦合器 C_4 处产生干涉，该干涉信号经信号传输光纤 F_3 传输到耦合器 C_5，由探测器 D_2 检测到该信号，设为 y_1；同理，探测器 D_1 可以检测到沿着方向 2 的干涉信号 y_2。计算 y_1、y_2 到达各检测器的时间差 $\Delta\tau$ 即可实现定位，即：

$$x=\frac{c\Delta\tau}{2n} \tag{2-40}$$

其中，c 为光速；n 为光纤的折射率，它们均是已知量。

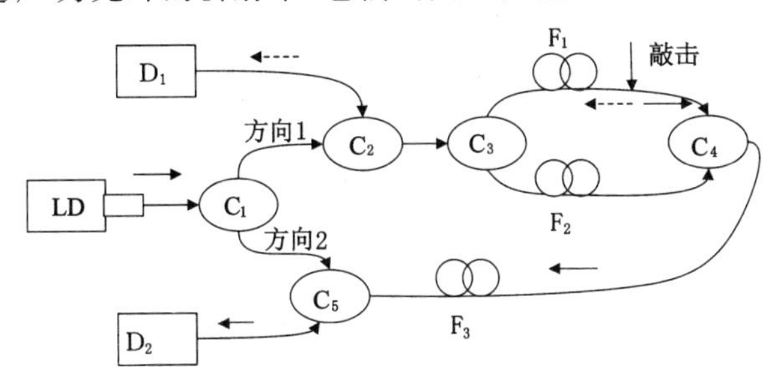

图 2-10 双 Mach-Zehnder 干涉定位原理图

2.3 目标定位结果的优化

2.3.1 NLOS 的识别与抑制

由于矿井中的多径现象非常严重，接收节点收到的是一系列反射、衍射信号的叠加。由于非视距（Non Line of Sight，NLOS）信号的传播路径比视距传播（Line of Sight，LOS）的传播路径长，因此传播时间也更长，从而带来一个正的时延偏差，给基于时间的定位方法带来较大误差，称为 NLOS 误差[7]。巷道中的 NLOS 时延包括突发部分和固定部分[68]，对定位影响较大的是突发

NLOS 时延。此外，NLOS 也导致距离测量和角度测量误差，对其他定位方法也带来极大影响。

在没有 NLOS 误差信息的情况下，是不可能得到精确的位置估计的。识别和抑制 NLOS 误差，是矿井定位的重要研究课题之一。可以用卡尔曼滤波等方法来消除突发 NLOS 所带来的误差；在此基础上用基于历史和卡尔曼阈值的最近邻居指纹的方法进行定位，抑制固定 NLOS 时延引起的误差。

NLOS 可以用传统的指数模型[69]和幅度模型[70]建模，这两种模型可以统一表述为额外路径长度 $\lambda(x)$ 的函数[71]：

$$f(\lambda(x))=\beta_a \exp\left(-\frac{\lambda(x)}{\sigma_a}\right) \tag{2-41}$$

其中，β_a 和 σ_a 是与信标节点和目标节点有关的衰减参数，额外路径长度 $\lambda(x)$ 定义为（图2-11）：

$$\lambda(x)=d_{\mathrm{TX}}(\boldsymbol{x})+d_{\mathrm{RX}}(\boldsymbol{x})-d \tag{2-42}$$

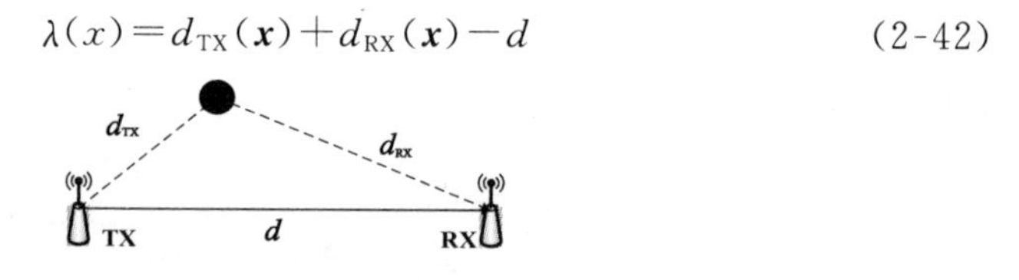

图 2-11　NLOS 目标反射引起的多径效应

NLOS 的抑制方法主要有三大类[51]：① 识别出哪些信号来自于视距传播，哪些来自于非视距传播，只用视距传播的测量值进行位置估计。不过，如果只有 NLOS 信号而没有 LOS 信号，这种方法将失效。同时，由于没有准确的数学模型，非视距识别很难正确进行。比如田子建等人提出的基于非视距鉴别加权拟合的方法[72]，通过比较视距情况下距离测量值的概率密度函数与非视距情况下概率密度函数的接近度来进行非视距识别。② 视距重构：力争将非视距部分的误差消去。③ 加权：对不同的信号来源设定不同的加权因子，使得 LOS 测量值对应具有较大的加权因子，而 NLOS 的测量值则具有较小的加权因子。还是以田子建等人提出的基于非视距鉴别加权拟合的方法为例，他们所使用的加权因子反映了非视距和视距信标节点在位置估计中所占的比重。

另外一类优化方法是提出针对性的测距增强方法和改进定位算法，比如韩东升等人提出了一种基于 RSSI 的加权质心矿井定位算法[73]，其核心包括两点（图 2-12）：一是在每次定位之前先通过 RSSI 值计算当时的路径衰落指数，二是根据不同参考点到移动节点的距离比值，利用加权质心的方法求解移动节点的位置。

如图 2-12 所示，路径衰落指数的计算方法为：

$$n=\frac{\mathrm{RSSI}_{23}-\mathrm{RSSI}_{24}}{10\lg(d_{24}/d_{23})} \tag{2-43}$$

n 值将在计算距离 d_1、d_2、d_3、d_4 的时候用到。令 $a=d_3/d_2$，$b=d_3/d_4$，移动节点的坐标为：

$$\begin{cases} x=\dfrac{x_3+a^k x_2+b^k x_4}{1+a^k+b^k} \\ y=\dfrac{y_3+a^k y_2+b^k y_4}{1+a^k+b^k} \end{cases} \tag{2-44}$$

其中，k 为加权因子，在实际应用中，可以通过调整加权因子以获得更好的定位效果。

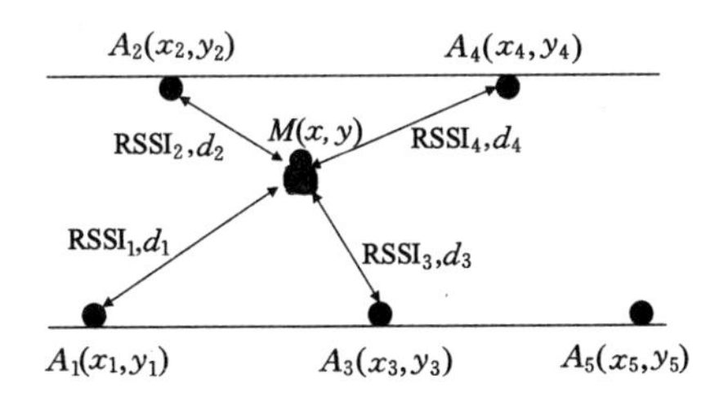

图 2-12　基于 *RSSI* 的加权质心定位

崔丽珍等人则通过动态线性插值的方法求得不同位置处的路径衰减因子[74]，而不是各个位置都采用相同的衰减因子，使得衰减因子随环境动态变化，并通过基于贝叶斯框架的加权核函数算法来避免确定性模型带来的误差。贝叶斯估计以迭代的方式得到更高精度的位置估计，对 NLOS 具有鲁棒性，能适用于不同原理的测距（如 TOA、RSSI）方法。贝叶斯方法包括预测阶段和纠正阶段，在预测阶段，根据以前的数据得到一个先验估计位置，而不用考虑测量值：

$$p^{-}(\boldsymbol{x}_t)=\int p(\boldsymbol{x}_t \mid x_{t-1})p(\boldsymbol{x}_{t-1})\mathrm{d}\boldsymbol{x} \tag{2-45}$$

其中，$p(\boldsymbol{x}_t|\boldsymbol{x}_{t-1})$ 为运动模型，据此可以估计出下一个时刻目标所处的位置。

在纠正阶段，使用贝叶斯准则将估计的位置与在 $t-1$ 到 t 之间的测量值 $\boldsymbol{r}_t$ 进行匹配：

$$p(\boldsymbol{x}_t)=a_t p(\boldsymbol{r}_t|\boldsymbol{x}_{t-1})p^{-}(\boldsymbol{x}_{t-1}) \tag{2-46}$$

其中，a_t 是归一化常量，目的是使得所有可能位置处的概率分布的积分为 1。

2.3.2 Kalman 滤波

Kalman 滤波由匈牙利数学家 Udolf Emil Kalman 在 1960 年首次提出，用于实现对动态系统的状态序列进行线性最小化方差误差估计[75]，为非平稳随机过程的处理提供了很好的方法。它将被估计的随机变量作为系统的状态，利用系统状态方程来描述状态的转移过程。Kalman 滤波利用了以前所有的观测数据，但是每次计算的时候只需得到前一时刻的估计值和当前的观测值，而不必存储历史数据，降低了对计算机的存储需求。当测得新的数据之后，根据新的数据和前一时刻的估计值，借助于系统本身的状态转移方程，按照递推公式递推出新的状态估计值。

Kalman 滤波主要体现为 5 个方程[76]。设系统的状态方程为：

$$\boldsymbol{X}(k)=\boldsymbol{A}(k-1)\boldsymbol{X}(k-1)+\boldsymbol{B}(k-1)\boldsymbol{U}(k-1)+\boldsymbol{W}(k-1) \tag{2-47}$$

其中，$\boldsymbol{A}(k-1)$ 为状态转移矩阵；$\boldsymbol{X}(k-1)$ 为状态向量；$\boldsymbol{B}(k-1)$ 为输入控制项矩阵；$\boldsymbol{U}(k-1)$ 为输入或控制信号；$\boldsymbol{W}(k-1)$ 为零均值、白色高斯过程噪声序列，其协方差为 $\boldsymbol{Q}(k-1)$。

系统的测量方程为：

$$\boldsymbol{Z}(k)=\boldsymbol{C}(k)\boldsymbol{X}(k)+\boldsymbol{V}(k) \tag{2-48}$$

其中，$\boldsymbol{C}(k)$ 为测量矩阵；$\boldsymbol{V}(k)$ 是协方差为 $\boldsymbol{R}(k)$ 的零均值、白色高斯测量噪声；输出项 $\boldsymbol{Z}(k)$ 可以是实际测量的值。

用 $\hat{\boldsymbol{X}}(k)$ 表示 k 时刻对随机信号 $\boldsymbol{X}(k)$ 的最优线性滤波估计值，$\hat{\boldsymbol{X}}(k+1|k)$ 表示在 k 时刻对 $k+1$ 时刻的信号 $\boldsymbol{X}(k+1)$ 的最优线性预测估计，那么 Kalman 滤波器的迭代过程可以表示为：

① 状态的一步预测方程：

$$\hat{\boldsymbol{X}}(k|k-1)=\boldsymbol{A}(k-1)\boldsymbol{X}(k-1|k-1)+\boldsymbol{B}(k-1)\boldsymbol{U}(k-1) \tag{2-49}$$

② 协方差的异步预测方程：

$$\boldsymbol{P}(k|k-1)=\boldsymbol{A}(k-1)\boldsymbol{P}(k|k-1)\boldsymbol{A}^{\mathrm{T}}(k-1)+\boldsymbol{Q}(k-1) \tag{2-50}$$

③ 滤波增益方程：

$$\boldsymbol{K}(k)=\boldsymbol{P}(k|k-1)\boldsymbol{C}^{\mathrm{T}}(k)[\boldsymbol{C}(k)\boldsymbol{P}(k|k-1)\boldsymbol{C}^{\mathrm{T}}(k)+\boldsymbol{R}(k)]^{-1} \tag{2-51}$$

④ 滤波估计方程：

$$\hat{\boldsymbol{X}}(k|k)=\hat{\boldsymbol{X}}(k|k-1)+\boldsymbol{K}(k)[\boldsymbol{Z}(k)-\boldsymbol{C}(k)\hat{\boldsymbol{X}}(k|k-1)] \tag{2-52}$$

⑤ 滤波协方差更新方程：

$$\boldsymbol{P}(k|k)=[\boldsymbol{I}-\boldsymbol{K}(k)\boldsymbol{C}(k)]\boldsymbol{P}(k|k-1) \tag{2-53}$$

上述的式(2-49)～式(2-53)构成了 Kalman 滤波的迭代公式。若系统是非时变的，则系数矩阵 $\boldsymbol{A}$、$\boldsymbol{B}$、$\boldsymbol{C}$ 都是常数矩阵。由于估计 k 时刻的状态真值 $\boldsymbol{X}(k|k)$的时候结合了状态方程计算的预测值 $\hat{\boldsymbol{X}}(k|k-1)$和 k 时刻的实际测量值 $\boldsymbol{Z}(k)$，因此降低了估计误差，实现了测量值的修正。

滤波协方差更新方程还有下面几种变种：

变种 1：

$$\boldsymbol{P}(k|k)=\boldsymbol{P}(k|k-1)-\boldsymbol{K}(k)\boldsymbol{C}(k)\boldsymbol{P}(k|k-1) \tag{2-54}$$

式(2-54)与式(2-53)相同，适用于增益为最优 Kalman 增益的场景。

变种 2：

$$\boldsymbol{P}(k|k)=\boldsymbol{P}(k|k-1)-\boldsymbol{K}(k)\boldsymbol{S}(k)\boldsymbol{K}^{\mathrm{T}}(k) \tag{2-55}$$

其中，$\boldsymbol{S}(k)=\boldsymbol{C}(k)\boldsymbol{P}(k|k-1)\boldsymbol{C}^{\mathrm{T}}(k)+\boldsymbol{R}(k)$为测量的预测协方差(或新息协方差)，用于衡量新息的不确定性，$\boldsymbol{S}(k)$越小，测量值越精确。

变种 3：

$$\boldsymbol{P}(k|k)=[\boldsymbol{I}-\boldsymbol{K}(k)\boldsymbol{C}(k)]\boldsymbol{P}(k|k-1)[\boldsymbol{I}-\boldsymbol{K}(k)\boldsymbol{C}(k)]^{\mathrm{T}}-\boldsymbol{K}(k)\boldsymbol{R}(k)\boldsymbol{K}^{\mathrm{T}}(k) \tag{2-56}$$

式(2-56)可保证协方差矩阵 $\boldsymbol{P}$ 的对称性和正定性，如果精度总是很低而导致数值稳定性问题，或特意使用了非最优 Kalman 增益，应使用式(2-56)进行迭代计算。

2.3.3 粒子滤波

Kalman 滤波是线性系统中常用的方法，不过煤矿巷道这种多干扰环境更适合使用非线性的粒子滤波[77]。处理非线性系统的权宜之计是扩展 Kalman 滤波，其主要思想是进行局部线性近似[78]。更优的方法是粒子滤波，它针对非线性非高斯系统设计[79]，通过抽取若干个采样点来逼近状态的后验概率密度函数，通过蒙特卡罗法实现递归贝叶斯滤波，其实质是在动态系统前向模型中利用奖惩机制估计状态值。

现以图 2-13 说明粒子滤波的原理[79]。假定目标在 $k-1$ 时刻的后验概率分布粒子集为$\{x_{k-1}^{(i)},w_{k-1}^{(i)}\}_{i=1}^{N}$，那么基本粒子滤波的实现过程为：

(1) 重要性采样

从重要性函数 $q(x_k|x_{k-1},z_k)=p(x_k|x_{k-1})$中采样 N 个新粒子 $x_k^{(i)}$。

(2) 利用当前观测值更新粒子的权值

在获得当前测量值之后，利用下式重新计算每个粒子$\{\tilde{x}_k^{(i)}\}_{i=1}^N$：

$$w_k^{(i)} = w_{k-1}^{(i)} \times p(z_k \mid x_k^{(i)}) \tag{2-57}$$

随后进行粒子归一化，即：

$$\tilde{w}_k^{(i)} = \frac{w_k^{(i)}}{\sum_{j=1}^{N} w_k^{(j)}} \tag{2-58}$$

(3) 重新采样粒子

首先计算 $N_{\mathrm{eff}} = \dfrac{1}{\sum_{j=1}^{N} (\tilde{w}_k^{(j)})^2}$，若 $N_{\mathrm{eff}} < N_{th}$，就从粒子集$\{x_k^{(i)}, w_k^{(i)}\}_{i=1}^N$中采样新的粒子，得到新的粒子集$\{x_k^{(i)}, 1/N\}$，否则不进行重采样。

(4) 求得状态估计

$$\hat{x}_k = \sum_{i=1}^{N} \tilde{w}_k^{(i)} \times x_k^{(i)} \tag{2-59}$$

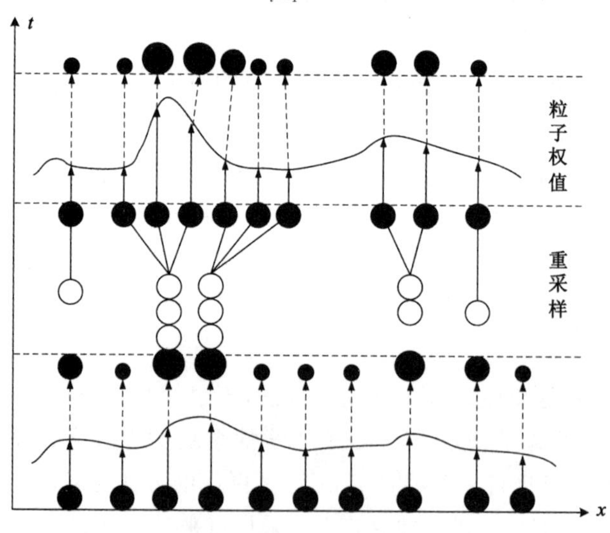

图 2-13　粒子滤波示意图

粒子滤波算法不受系统状态的线性高斯假设条件的制约，是解决非高斯分布非线性动态系统状态估计问题的有效途径。粒子滤波面临的主要问题是粒子退化和样本匮乏，另外还有对初始概率密度敏感以及重要性函数选取等问题，已有许多文献进行过探讨。

2.3.4 其他优化方法

由于 GIS(Geographic Information System,地理信息系统)具有矿井巷道的全局空间信息,因此可以利用 GIS 来辅助定位,特别是当信标节点数目不足的时候可以用来提高精度或者消除定位结果的多义性。比如,田丰等人依据测量数据,对 GIS 中的图层和图元进行操作,实现在移动信标数目不足情况下的定位跟踪和无信标节点情况的区域估计[80]。

刘志高等人利用网络拓扑控制的思想[81],将井下巷道网络表示为水平、结点、节点、弧段等构成的拓扑结构,其中结点为同一水平巷道的交叉口或同一水平巷道与上下山的交叉口。节点为一条弧端内的离散点,又称为导线点,它是结点的特殊形式。在此基础上,设计出包括测点代价和测点之间线缆代价的优化目标函数,对定位系统的拓扑进行优化。他们将矿井全局定位系统的数据模型分为 3 个层次[82],即巷道网络数据模型、测量网络数据模型、人员信息数据模型。在巷道网络数据模型中,将巷道网络看成一个无向带权图,上位机通过调用水平表、节点表、结点表和弧段表构建巷道的三维拓扑结构。测量网络是获取井下人员原始定位信息的基础,由网关、参考节点和移动节点组成,每个水平子网又被分成多个定位单元,以方便对定位信息进行管理。人员信息数据模型包括基本信息、实时获取信息和历史信息。

除了普通煤矿巷道的目标定位之外,考虑到煤矿工作面的特殊性,有不少学者提出了针对性的定位方法,本书也将进行重点研究。在工作面中,采煤机在牵引装置的牵引下,沿刮板输送机的中部槽做往复运动,进行割煤操作;刮板输送机沿煤层走向安放,通过推移千斤顶与液压支架相连,由液压支架负责推移;液压支架及时支护采煤机采空过后的顶板[83]。其中,对采煤机等目标进行定位对于实现无人采煤具有重要意义。

工作面的目标定位方法主要有红外对射法、超声波反射法、齿轮计数法、无线传感器网络法等,它们各有优劣。红外对射法通过红外对射信号进行定位,但是在红外节点的分布区间存在定位盲区;超声波反射法利用超声波的反射回波进行定位,不过工作面长度增加易导致信号失信严重;齿轮计数法对采煤机的行走齿轮进行计数来定位,存在累计误差;无线传感器网络定位通过无线节点之间的无线电信号传输实现定位,受环境干扰大。而捷联惯性导航系统(Strapdown Inertial Navigation System,SINS)利用陀螺仪和加速度计等器件对待定位目标的角速度和加速度进行实时测量,结合目标的初始惯性信息,通过高速积分获得目标的姿态、速度和位置等信息。

当然，还有许多其他矿井动目标定位方法，比如基于视觉的方法就是一大类，它们通过识别矿工或矿车的特征（如矿灯帽[84]、步态[85]、轮廓[86]、速度[87]）实现目标的定位和跟踪，由于不是本书的研究对象，在此不再赘述。

3 移动信标辅助的目标定位

移动信标可以降低待定位区域对信标节点的数量要求，也可用于对现有定位系统的定位结果进行校正，其基本原理是移动信标在移动过程中周期性的广播自己的坐标位置，并将这些位置作为虚拟信标。以前的研究认为煤矿井下无法使用移动信标辅助的定位方法，因为移动信标需要较为精确的位置，而井下节点由于无法使用 GPS 等设备，实时获取自身位置较为困难。然而，那些配备有惯导设备或/和激光定位装置的人员（如瓦检员）或/和设备（如猴车）是可以充当移动信标的。尽管惯导设备在移动信标运动过程中会产生误差累积，但是当它经过位置已知的设备的时候可以得到校准。本章提出一个适用于煤矿地面环境的事件驱动场景下基于定向天线的目标定位方法，它能够方便快速地确定随机播撒的 DAWSN（Wireless Sensor Networks for Disaster Assistance）节点的坐标，从而为事件现场其他对象的定位和跟踪服务提供支撑[88]。另外提出一种面向矿井运动目标定位的移动信标定位方法，其核心是借用移动信标提高测距精度[121]。

3.1 移动信标定位的基本原理

为了实现目标的连续定位，通常需要在待定位区域中部署定位网络，并部署一定比例的信标节点。一般而言，信标节点越多，定位精度越高。不过，信标的增多将导致部署成本的大幅上升[89]。然而，一旦完成对未知节点的定位，信标节点除了充当普通节点进行数据传输外别无用途，因此大量部署信标节点甚为浪费。为此，可以使用一个在网络中移动的设备作为移动信标，它在移动过程中周期性地广播自己的坐标位置，这些位置称为虚拟信标[90,91]，见图 3-1[54]所示。

基于移动信标节点的目标定位大大削减了定位系统中需要的固定信标节点数量，节省了整个系统的成本。定位过程中每个未知节点至少需要收到 3 个或 3 个以上不在同一直线上的虚拟信标信号方可实现定位。要求移动信标节点在网络覆盖区域内随机或按设定规律运动，因此要对移动信标的移动模型、

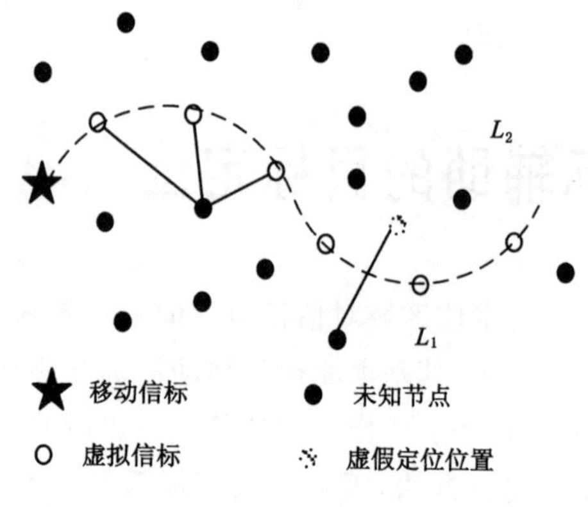

图 3-1 基于移动信标的目标定位

移动时机、信标间隔、最优路径等进行合理规划[16]。

根据移动目标及其所处的环境状况，可将移动信标的路径规划分为静态环境下的路径规划、动态环境下的路径规划和动态不确定环境下的路径规划 3 种[54]。静态环境下路径规划中的对象在整个定位过程中保持静止状态，即位置不发生改变；而动态环境下路径规划指的是移动信标所经过的环境是动态变化的，但是这种变化是已知的；动态不确定环境下的路径规划面临的环境是未知的和动态变化的，必须根据环境变化实时调整路径规划机制。本章的研究重点不是移动信标的路径规划，而是基于虚拟信标的未知节点定位方法，在未加说明的情况下，定位方法可以采用任何满足现场条件的移动路径规划方法（比如 SCAN、DOUBLE－SCAN 和 HILBERT[92]），但是最好不要使用静态路径规划方法，因为静态规划方法假定节点均匀分布，而生产或事故现场的积水、凹凸不平的地面情况，或者随机抛洒的节点部署方式，都会导致均匀分布的假设不再成立[93]。

在这种基于移动信标的目标定位方法中，移动信标能否根据现场情况避障前进、保证计算的简单性对于定位方法的成功运用具有决定性作用。因为，与普通 WSN 相比，事件驱动的定位现场一般会有巨石（相比虚拟节点的体积而言）或其他障碍物挡路，造成节点之间没有 LOS（Line Of Sight）路径，带来通信范围内节点数量的变化、传输信道的衰落，使得定位精度降低甚至定位失败[16,93]。特别地，事故发生时定位现场的道路或煤矿巷道常常被毁坏，而且现场环境还会随着时间的推移而变化，利用静态的方法为移动节点规划移动路径不再可行，因此要求移动信标能够根据现场情况自主选择移动路径。

3.2 事件驱动的移动信标辅助定位

3.2.1 DAWSN 模型

这里探讨的事故驱动的定位方法适用于煤矿地面场景，比如露天煤矿发生滑坡事故。灾害事件发生后，要尽快组织抢险救灾队伍抢救伤员，实现精确定位是实施快速救援的前提；同时要对灾害区域进行连续观测，以便随时掌握灾害的时空演变情况，及时做出正确的救灾决策，降低次生灾害带来的损失[94]。因此灾害事件现场具有多重定位需求：首先，需要对伤员实时定位，以便及时救援和治疗；其次，需要对观测到的事件进行定位，以便知晓事件发生位置；第三，需要对救灾人员和救灾车辆进行定位，以便实现救灾资源的合理调度。

事件发生处及其附近区域可以分成 4 个区(图 3-2)[95]：事件发生区、临时救治区、转移待命区、医院。事件发生区是直接发生事件的区域，该区域的伤员需要及时救援；临时救治区一般是靠近事件发生区的区域，救援人员采用担架等工具将伤员转移到此处进行简单处理；转移待命区的救护车辆或者应急直升机将处理后的伤员运送到附近的医院，以便进行全面检查和治疗。如果临时救治区足够开阔，可以容纳救护车辆和救援直升机，则可将临时救治区和转移待命区设置在同一区域。

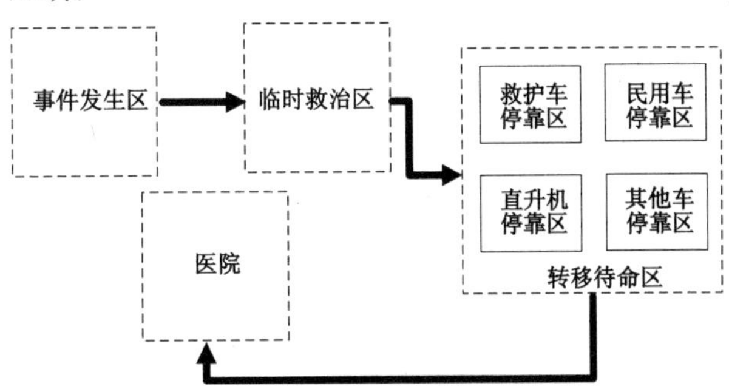

图 3-2 事件驱动场景下的地域分区

等待救援的伤员，其伤势一般比较严重，或者被困现场不能动弹，伤势较轻的伤员会自己想办法撤离而不是坐以待毙，因此伤员在事件发生区是静止的。伤员从事件发生区运送到临时救治区以及从临时救治区到转移待命区的过程中，需要定位的目标则处于连续运动过程中，在临时救治区接受临时救治的时候，目标也处于静止状态或者相对静止状态。

为方便起见，此处将用于救灾目的的 WSN 称为救灾无线传感器网络[96,97]。要利用 DAWSN 来对其他对象进行定位，首先必须知道 DAWSN 节点的坐标，也就是 DAWSN 节点必须完成对自己的定位，简称自定位。基于以下两个事实，这里只需考虑事件发生区、临时救治区以及从事件发生区到临时救治区之间的临时救援路线这三个区域的节点自定位问题：① 从临时救治区到转移待命区的过程与从事件发生区到临时救治区的过程相似；② 从转移待命区到医院过程中，救护车辆或者运输工具一般配备有 GPS 等定位设备，不需要额外定位。

在事件发生区内，尽管原来可能有用于观测灾害事件的无线传感器网络，不过部分甚至多数节点都已因为灾害事件而损毁，剩下的能够工作的节点（用 $Node_m$ 表示）也极有可能因为灾害事件而偏离原位置，不能用灾变之前的位置作为灾变之后的位置，也就是它们的位置是未知的。

为了构建 DAWSN，派出直升机在事件发生区、临时救治区拟选区域（图 3-3），以及这两个区域之间的可能救援路线周围播撒无线传感器网络节点，称为 $Node_s$。随后，在临时救治区部署应急通信指挥车，它一方面作为整个救灾现场的临时调度指挥中心，另一方面为现场与外界搭建通信平台。这些播撒的节点 $Node_s$、应急通信指挥车和残余的节点 $Node_m$ 一起，构成救灾无线传感器网络 DAWSN，如图 3-4 所示。除了应急通信指挥车之外，所有 DAWSN 节点的坐标都是未知的，是需要定位的目标对象，称为 DAWSN 节点或未知节点。

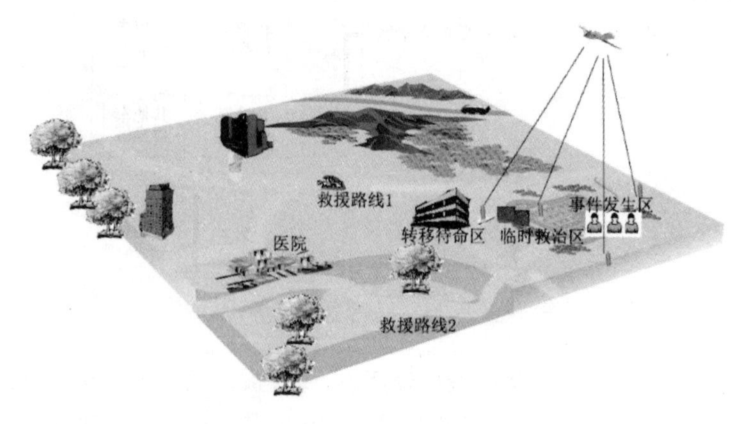

图 3-3　事件发生区及其临近区域

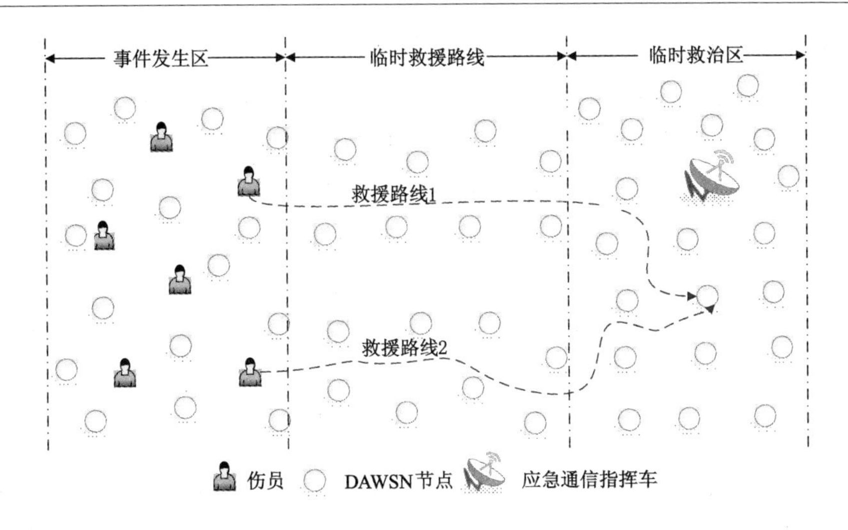

图 3-4 DAWSN 模型

网络部署完毕后，使用一个救灾机器人(或者低空小型救灾飞行器)作为移动信标在 DAWSN 区域移动，移动过程中周期性地广播自身坐标，形成一系列虚拟信标[98]。这里假定：① 移动信标的能量不受限制，以保证移动信标对网络进行充分遍历；② 具有较强的计算能力，并且配备有 GPS 模块，保证移动信标能够实时感知自己的真实位置；③ DAWSN 节点的覆盖范围是以自己所在位置为圆心、信号传输距离 r 为半径的圆形区域。

3.2.2 扩展定向天线目标定位方法

文献[38]提出了一种为移动信标配备定向天线进行目标定位的方法，其最大特点是既不需要测距，也不要繁杂的计算过程，在此称为经典定向天线定位方法。其基本思路是为移动信标配备 4 个定向天线 D_1、D_2、D_3、D_4，其中，D_1、D_3 与横轴平行，D_2、D_4 与纵轴平行，见图 3-5 所示。

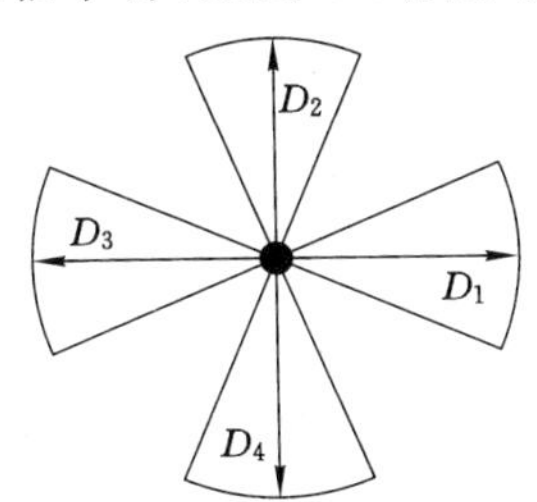

图 3-5 移动信标的天线配置

移动信标按照棋盘路径匀速运动，运动期间周期性地发射自己的位置坐标，所形成的虚拟信标等距地位于移动路径上。当它沿着纵轴方向移动的时候，未知节点从收到的多个虚拟信标 y 值中选取中值作为自身的 y 值；沿着横轴方向移动的时候，采用类似的方法求取 x 值，即：

$$\begin{cases} x=\begin{cases} x_{(N_x+1)/2} & \text{如果 } N_x \text{ 为奇数} \\ \frac{1}{2}(x_{N_x}+x_{(N_x+1)}) & \text{如果 } N_x \text{ 为偶数} \end{cases} \\ y=\begin{cases} y_{(N_y+1)/2} & \text{如果 } N_y \text{ 为奇数} \\ \frac{1}{2}(y_{N_y}+y_{(N_y+1)}) & \text{如果 } N_y \text{ 为偶数} \end{cases} \end{cases} \tag{3-1}$$

其中，(x,y)为节点的坐标，N_x，N_y 分别为移动信标在横向移动和纵向移动的时候所留下的虚拟信标数目。式(3-1)的含义非常直观：如果虚拟信标个数为奇数，取最中间的虚拟信标的坐标作为未知节点的横/纵坐标；如果虚拟信标个数为偶数，则取最中间两个虚拟信标的坐标的平均值作为未知节点的横/纵坐标。

经典定向天线定位方法尽管简单直观，但是它要求移动信标必须按照棋盘路径移动，也就是移动信标要么横向移动，要么纵向移动，从而保证公式(3-1)的有效性。但是 DAWSN 的现场环境决定了在横向或者纵向不一定有可行的移动路径，按照经典的定向天线定位方法可能无法求得 DAWSN 节点坐标。

为了解决经典定向天线定位法只能按照棋盘路径移动的缺陷，这里将经典定向天线定位方法扩展到移动路径可以为任意斜率的直线的情况，称为扩展定向天线定位方法，见图 3-6 所示。在详细探讨扩展定向天线定位方法之前，需要特别注意基于定向天线的目标定位方法的如下特点：

① 同等发射功率的定向天线，其发射距离比全天线向远。由于移动信标配备的是定向天线，而 DAWSN 节点配备的一般是全向天线，因此移动信标的发射距离比 DAWSN 节点大，移动信标可以位于 DAWSN 节点的覆盖圆外。

② 由于定向天线的波束宽度限制，移动信标即使位于 DAWSN 节点的覆盖圆内，但是定向天线的波束如果没有覆盖 DAWSN 节点，DAWSN 节点也无法知道移动信标的位置，从而得不到虚拟信标。因此，由第一个和最后一个虚拟信标相连所构成的直线段，不能近似为 DAWSN 覆盖圆的弦，不能按照文献[91]的方法求解 DAWSN 节点的位置。

③ 定向天线的波束宽度不同，同样的移动路径情况下，所得到的虚拟信标

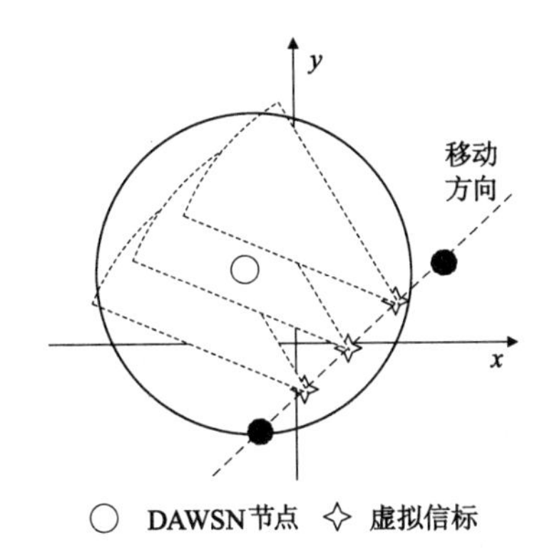

图 3-6 移动信标按照任意直线路径移动

数量可能不同。

④ 移动信标的 4 个定向天线，D_1 和 D_3 天线与移动方向平行，D_2 和 D_4 天线与移动方向垂直。实际上，经典方法中也遵循这样的规律。在实践中，将 4 个天线按照图 3-5 的方式固定在节点上以后，移动信标按照斜线前进，它的 4 个天线必然按照该斜率旋转了同样角度，因此这个条件自然能够得到满足。

将 DAWSN 节点进入移动信标的覆盖范围到再次离开这一段时间，称为 DAWSN 节点进入一次移动信标的通信范围。在经典定向天线定位方法中，未知节点至少需要两次进入移动信标的通信范围：一次水平方向进入，用以求解未知节点的横坐标；另一次垂直方向进入，用以求解未知节点的纵坐标。与此类似，扩展方法中也需要至少进入两次，分别用于求解横坐标和纵坐标。

以第 j 次进入为例。假定未知节点侦听到的第一个虚拟信标为 B_1^j，最后一个虚拟信标为 $B_{N_B}^j$，其中 N_B 为虚拟信标数量。从移动路径 $Path_j$ 上取一个点 C_j，其坐标为：

$$\begin{cases} x_C^j = \begin{cases} x_{(B_{NB}+1)/2}^j & \text{如果 } N_B \text{ 为奇数} \\ \dfrac{1}{2}(x_{B_{NB}/2}^j + x_{(B_{NB}+1)/2}^j) & \text{如果 } N_B \text{ 为偶数} \end{cases} \\ y_C^j = \begin{cases} y_{(B_{NB}+1)/2}^j & \text{如果 } N_B \text{ 为奇数} \\ \dfrac{1}{2}(y_{B_{NB}/2}^j + y_{(B_{NB}+1)/2}^j) & \text{如果 } N_B \text{ 为偶数} \end{cases} \end{cases} \tag{3-2}$$

其中，(x_{Bi}^j, y_{Bi}^j)是第 i 虚拟信标 B_i 的坐标。

过 C_j 引一条与 $Path_j$ 垂直的直线 $VLine_j$，用类似的方法从第 $i(i\neq j)$次进入的移动路径上选取一点 C_i 引一条与 $Path_i$ 垂直的直线 $VLine_i$，那么 $VLine_i$，

$VLine_j$ 将相交于一点(图3-7),取该交点为未知节点的估计位置。可以看出,文献[91]基于弦求交的方法和文献[38]的经典定向天线定位法可以看成是本方法的特例。

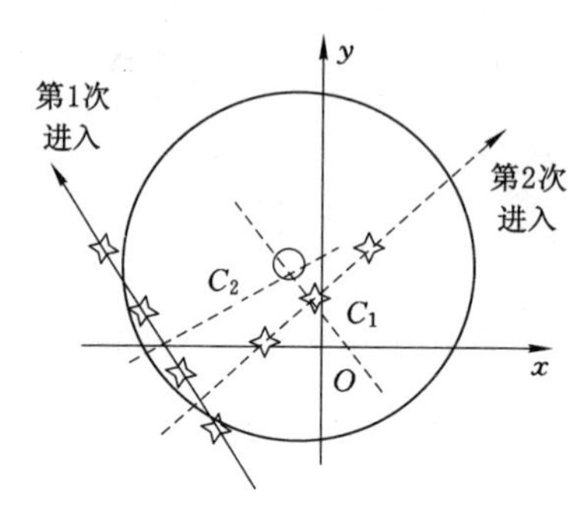

图 3-7　扩展定向天线定位图示

下面求解 $VLine_i$、$VLine_j$ 的交点坐标。在移动路径 $Path_j$ 上任取两点,即可求得移动路径的方程,在此不妨取第一个虚拟信标 $B_1^j(x_{B_1}^j, y_{B_1}^j)$ 和最后一个虚拟信标 $B_{N_B}^j(x_{B_{NB}}^j, y_{B_{NB}}^j)$,得:

$$y=\frac{y_{B_{NB}}^j-y_{B_1}^j}{x_{B_{NB}}^j-x_{B_1}^j}\cdot(x-x_{B_1}^j)+y_{B_1}^j \tag{3-3}$$

其中,$y_{B_{NB}}^j\neq y_{B_1}^j$,$x_{B_{NB}}^j\neq x_{B_1}^j$。当 $y_{B_{NB}}^j=y_{B_1}^j$ 或 $x_{B_{NB}}^j=x_{B_1}^j$ 的时候可以直接用经典定向天线定位法求解,下同。

令 $k_j=\frac{y_{B_{NB}}^j-y_{B_1}^j}{x_{B_{NB}}^j-x_{B_1}^j}$,根据 $Path_j$ 与 $VLine_j$ 的垂直关系,可以假设垂线 $VLine_j$ 的方程为:

$$y=-\frac{1}{k_j}\cdot x+b$$

将 C_j 的坐标(x_C^j, y_C^j)代入上式,可以得最终的 $VLine_j$ 方程为:

$$y=-\frac{1}{k_j}\cdot x+\frac{1}{k_j}x_C^j+y_C^j$$

因此 $VLine_i$、$VLine_j$ 的交点坐标(即未知节点的估计位置)为:

$$\begin{cases}x=\dfrac{k_ik_j}{k_i-k_j}(X_C^j-X_C^i)\\[2ex] y=\dfrac{k_j}{k_j-k_i}(X_C^j-X_C^i)+X_C^i\end{cases} \tag{3-4}$$

其中,$X_C^j=\frac{1}{k_j}x_C^j+y_C^j$;$X_C^i=\frac{1}{k_i}x_C^i+y_C^i$。

3.2.3　曲线移动路径下的定向天线定位

灾害事件现场由于道路被毁、障碍物众多，移动信标基本不太可能按照直线路径前进，而是在避障过程中形成如图 3-8(a)所示的曲线移动路径。显然，这样的曲线路径，无论是经典的定向天线目标定位方法，还是扩展方法均无法完成定位，因此本节将虚拟信标的移动路径进一步扩展为任意曲线路径的情况。

在进一步探讨之前，需要特别注意以下特点：

① 移动信标可能位于 DAWSN 节点的覆盖圆之外（当然也可能位于圆上或圆内）。

② 移动信标的 4 个定向天线，D_1 和 D_3 天线与曲线的瞬时切线方向平行，D_2 和 D_4 天线与曲线的瞬时切线方向垂直。

③ 覆盖 DAWSN 节点的波束可能来自于不同定向天线（共 4 个），比如图 3-8(a)中，1、2 虚拟信标来自于 D_2 天线，3、4 虚拟信标则来自于 D_3 天线。

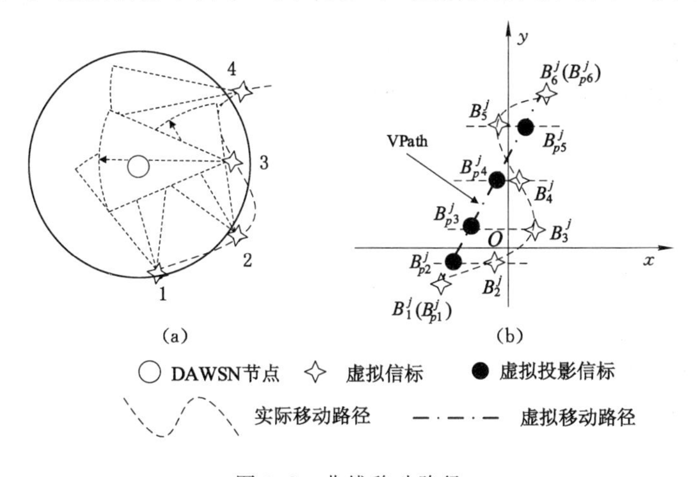

图 3-8　曲线移动路径

(a) 移动信标按照曲线路径移动；(b) 将虚拟信标“虚拟投影”到虚拟移动路径

不妨假定形成了 6 个虚拟信标，见图 3-8(b)所示。以第一个虚拟信标 $B_1^j(x_{B_1}^j, y_{B_1}^j)$、最后一个虚拟信标 $B_{N_B}^j(x_{B_{NB}}^j, y_{B_{NB}}^j)$ 为端点，在图中画一条直线段 $B_1^j B_{N_B}^j$，称为移动信标的虚拟移动路径 $VPath$。随后，除 B_1^j 和 $B_{N_B}^j$ 之外，过虚拟信标 $B_i^j(i=2,\cdots,N_{B-1})$ 各画一条与 x 轴平行的辅助线 L_{pi}^j，这些辅助线与 $VPath$ 形成一系列交点，称为虚拟信标在 $VPath$ 上的虚拟投影信标，用 $B_{pi}^j(i=$

2,…,N_{B-1})表示。显然,B^j_{p1}、$B^j_{pN_B}$可以视为分别与B^j_1、$B^j_{N_B}$重合。上述过程,称为任意曲线移动路径场景下虚拟信标的虚拟投影过程。

从图3-8(b)可以看出,只需确定虚拟投影信标B^j_{pi}的坐标值,即可用前文的扩展定位方法对未知节点进行定位,而B^j_{pi}正好是辅助线L^j_{pi}和直线$B^j_1B^j_{N_B}$的交点。由于虚拟信标B^j_1和$B^j_{N_B}$的坐标($x^j_{B_1}$,$y^j_{B_1}$),($x^j_{B_{NB}}$,$y^j_{B_{NB}}$)都是已知的,因此$B^j_1B^j_{N_B}$的方程可用式(3-3)表示。

另外,根据虚拟投影过程中虚拟投影信标与虚拟信标的关系[图3-8(b)],可知$y^j_{pi}=y^j_{B_i}$,于是直线L^j_{pi}的方程为:

$$y=y^j_{B_i} \tag{3-5}$$

因此,联合式(3-5)和式(3-3),即可求得虚拟投影信标B_{pi}的坐标:

$$\begin{cases} x^j_{pi}=\dfrac{1}{k_j}\cdot(y^j_{B_i}-y^j_{B_1})+x^j_{B_1} \\ y^j_{pi}=y^j_{B_i} \end{cases} \tag{3-6}$$

需要注意的是,上述方法是按照与x轴平行的方法进行虚拟投影的,适合于直线$B^j_1B^j_{N_B}$的斜率$|k_j|\geqslant 1$的场景。当$|k_j|<1$时,按照与y轴平行的方法虚拟投影更合适,以防止虚拟投影信标被压缩到一条较短的直线段上,此时的虚拟投影信标B_{pi}的坐标为:

$$\begin{cases} x^j_{pi}=x^j_{B_i} \\ y^j_{pi}=k_j\cdot(x^j_{B_i}-x^j_{B_1})+y^j_{B_1} \end{cases} \tag{3-7}$$

下面结合图3-9,将事件驱动场景中基于定向天线的目标定位算法完整描述如下:

步骤1:移动信标在事件现场避障(曲线)前进,期间周期性地发送自身坐标,形成虚拟信标。

步骤2:未知节点收到第一个虚拟信标B_1之后,持续保存此次进入的虚拟信标B_i。

步骤3:根据$k_j=\dfrac{y^j_{B_{NB}}-y^j_{B_1}}{x^j_{B_{NB}}-x^j_{B_1}}$计算直线$B_1B_{N_B}$的斜率,随后计算虚拟投影信标$B_{pi}$的坐标($x^j_{pi}$,$y^j_{pi}$)。如果$|k_j|\geqslant 1$,利用式(3-6)计算;如果$|k_j|<1$,则用式(3-7)计算。

步骤4:任取两条虚拟投影路径的虚拟投影信标,比如第i条和第j条,分别代入式(3-2),求得垂线在两条虚拟投影路径的垂足C_i(x^i_C,y^i_C)和C_j(x^j_C,y^j_C)。

步骤 5:将 $k_i,k_j,X_C^j=\frac{1}{k_j}x_C^j+y_C^j,X_C^i=\frac{1}{k_i}x_C^i+y_C^i$ 代入式(3-4),求得未知节点的坐标。

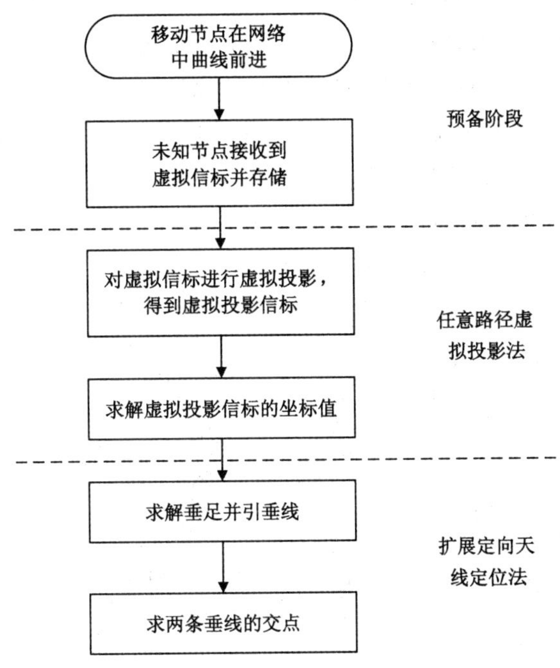

图 3-9 事件驱动场景中基于定向天线的目标定位流程

3.2.4 定位性能分析

本节通过仿真的手段评估移动信标的移动速率、定向天线的波束宽度、定向天线的发射距离、网络中未知节点数目对定位误差和可定位节点比例的影响,并与文献[38]的方法对比。定位误差,指的是节点估计位置与真实位置之间的欧氏距离,定位误差越大则定位精度越低;可定位节点比例(Positionable Node Ratio,PNR),指的是定位误差小于某个阈值的未知节点数目与网络中未知节点总数之比。

(1) 仿真设置

移动信标广播位置信息的频率(即产生虚拟信标的频率)为 1 次/s,因此其运动速率即是虚拟信标的间距。若无特殊说明,仿真网络大小为 100 m×100 m,20 个未知节点随机部署在网络中,坐标原点位于网络左下角,向上和向左为正。为了保证结果的可靠性,在每种仿真条件下分别运行 50 次求其平均值。

移动信标的移动路径通过下述方法生成:先将整个网络从下到上、从左到右分成一个个正方形方格(最顶端和最右端的格子可能不是正方形,其长和宽可能比发射距离小);移动信标从网络左下角开始从下到上逐格移动,到达顶端后向右移动一格,然后从上到下逐格移动到底端,向右移动一格以后,再从下到上移动。依此类推,直到走完所有方格。移动信标在方格之间的移动路径采用随机曲线,而不是直线,所形成的路径见图 3-10。为了研究障碍物对定位性能的影响,在仿真网络中放置 3 个 10 m×10 m 的正方形障碍物,这些障碍物左下角的坐标分别为(20,20),(50,40) 和 (70,70)。

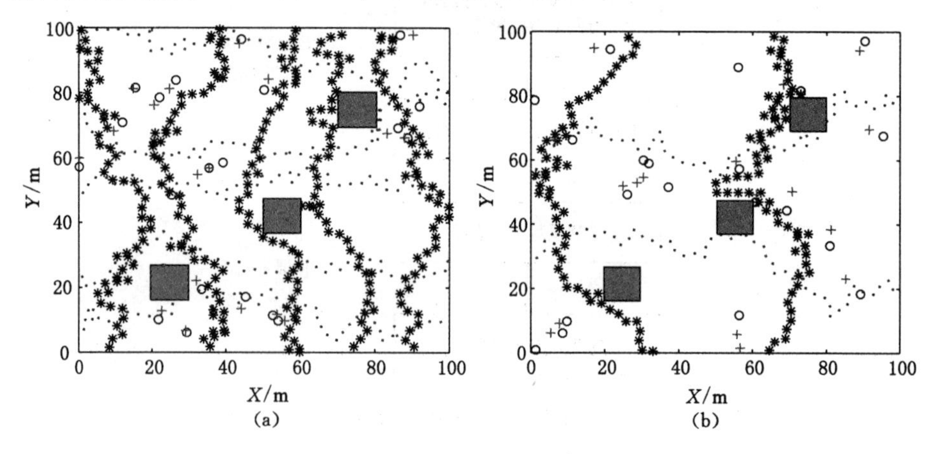

图 3-10　移动路径生成方法

(a) 发射距离 20 m;(b) 发射距离 40 m

值得注意的是,网络最终被分成方格的个数与移动信标的发射距离紧密相关,发射距离越大,移动信标的覆盖范围越宽,最终的方格数目越少。比如,在图 3-10 中,图(a)和图(b)对应的发射距离分别为 20 m 和 40 m,显然图(a)的移动路径比图(b)多得多。此外,移动信标的每一步行走路径是随机的,可以避过障碍物。按照这样的路径生成方法,50 次运行中每一次的运动路径都是不同的。

令定向天线的波束宽度为 θ。由于 4 个定向天线的波束宽度是相等的,因此 $\theta \in (0,\pi/2]$。当 $\theta=\pi/2$ 的时候,虚拟信标的 4 个定向天线等同于 1 个全向天线。

(2) 波束宽度对定位误差的影响

波束宽度决定了定向天线的发射距离，也决定了覆盖的宽度，进而决定了对未知节点的覆盖能力。波束宽度越宽，虚拟信标越多，定位精度越高。

图 3-11 给出了定向天线的波束宽度对定位误差的影响，其中，移动信标的移动速度为 1 m/s，图中的三角形、菱形、正方形和圆形图标分别代表移动信标的发射距离为 40 m，30 m，20 m 和 10 m。本节提出的方法在图中称为“任意路径方法”，文献[38]的方法则称为“传统定向天线方法”，分别用实现和虚线表示。可以看出，任意路径方法比传统定向天线方法的定位精度高得多；发射距离越大，这种优势越明显。

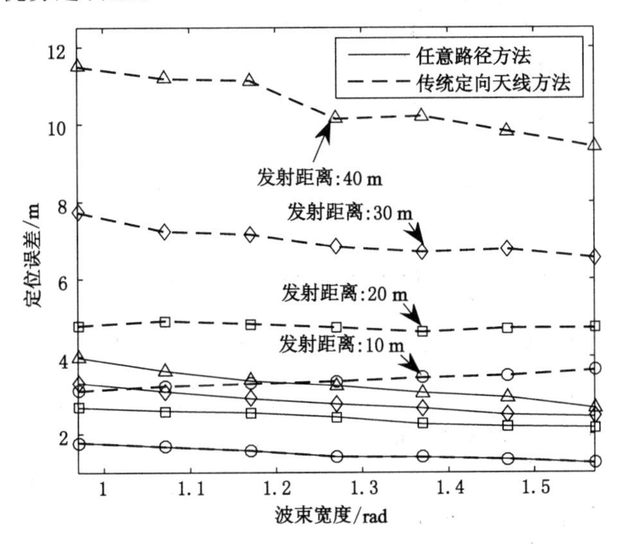

图 3-11　波束宽度对定位误差的影响

从图 3-11 还可以看出，定位误差随着波束宽度的增加而降低，全向天线的定位精度最高。其原因在于，波束宽度越宽，移动信标所能覆盖的区域越广，移动信标能够留下更多虚拟信标，更多的虚拟信标有助于提高定位精度。但是，这并不能说明全向天线比定向天线的定位效果好，因为：① 当定向天线的发射距离较小(比如 7 m)的时候，波束宽度对定位误差的影响很小；② 同等发射功率下，全向天线的发射距离比定向天线小，导致可定位节点比例降低，这将在“可定位节点比例的变化规律”中详述。

(3) 运动速率和发射距离对定位误差的影响

移动信标的运动速率决定了虚拟信标的产生频率和虚拟信标之间的间距，运动速率越低，虚拟信标越多、间距越小，对提高定位精度越有利。从图 3-12 能够看出，移动速率对定位误差的影响非常显著，移动速率越高，定位精度越低。

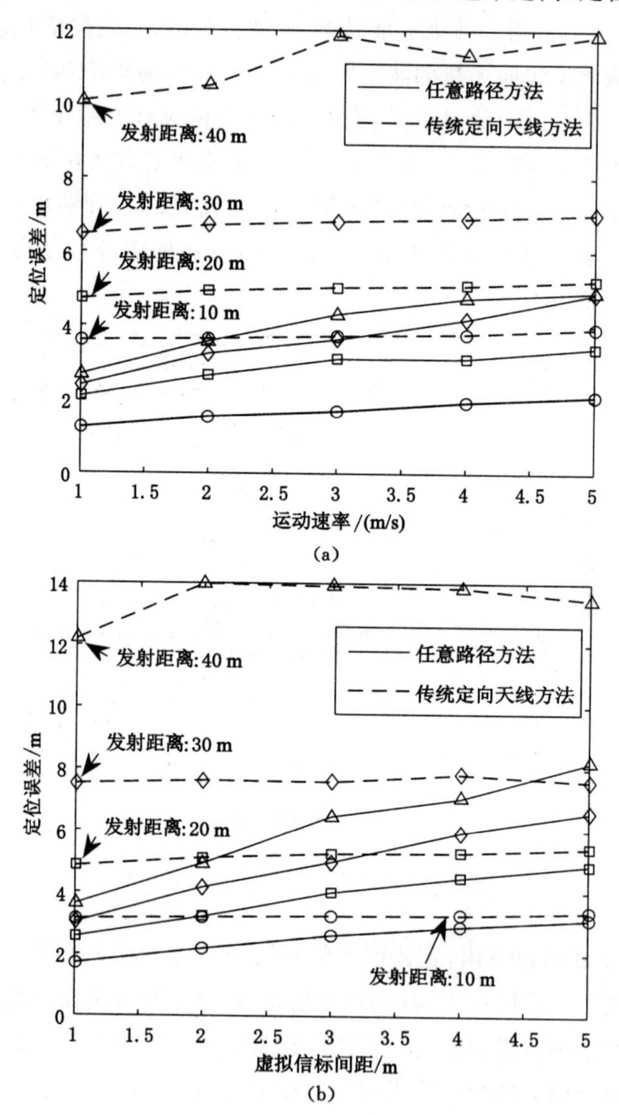

图 3-12 运动速率、发射距离对定位误差的影响

(a) 全向天线($\theta=\pi/2$)；(b) 定向天线($\theta=\pi/3$)

发射距离反映了虚拟信标所能覆盖的未知节点的最远距离，对定位精度和可定位节点比例都有很大的影响。从图 3-12 可知，任意路径方法比传统定向天线方法的定位精度高得多；虚拟信标的数量随着移动信标运动速率的增加而逐

步减小，定位精度随之降低。

从图 3-11 和图 3-12 可知，移动信标的发射距离对定位精度的影响很大，发射距离越大，未知节点的定位精度越低，特别是那些虽然处于定移动信标的定向天线覆盖范围但是又与移动信标相距较远的未知节点更是如此。不过，发射距离的增加会使得移动信标遍历网络的时间缩短，加速网络中未知节点的自定位进程。当然，通过提高运动速率，或者将整个网络分成多个子区域从而在这些子区域各用一个移动信标同时发起自定位过程，也能加快网络的自定位过程。由于任意路径方法考虑了灾害场景下的特殊需求，40 m 的发射距离几乎能够达到传统定向天线方法下 10 m 发射距离时的定位精度(图 3-11)。因此，在同等定位精度要求下，任意路径方法能够更快地完成自定位过程，或者在同样的定位时间要求下达到更高的定位精度。

(4) 未知节点数目对定位误差的影响

在网络大小固定不变的情况下，未知节点数目 n 从侧面反映了未知节点与虚拟信标之间的距离。为了研究未知节点数目的影响，将移动信标的运动速率设定为 1 m/s 进行一系列仿真实验，每次实验中的节点数目不同，从 20 个未知节点开始，每一次实验增加 20 个未知节点，一直到 200 个为止，结果见图 3-13 所示。

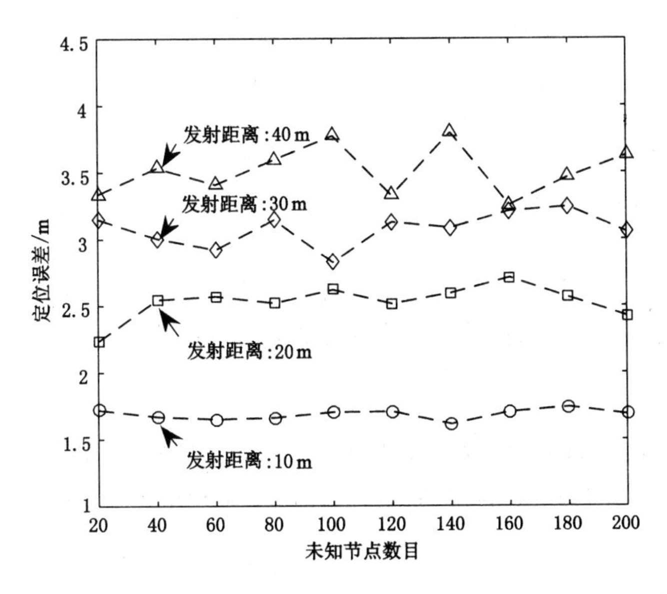

图 3-13 未知节点数目对定位误差的影响($\theta=\pi/3$)

从图 3-13 可以看出，所有定位误差都为发射距离的 10%左右，定位精度完全能够满足救灾需要；同时未知节点的数目变化对定位误差的影响很小，因此具有抗节点数目变化的鲁棒性，其原因是：在定向天线基本能够覆盖方格内的未知节点后，再在方格内增加未知节点并不会显著改变未知节点的被覆盖关系，这与“实现稳定定位后，再增大发射距离将不再能够显著提升定位精度”是一体两面。

(5) 可定位节点比例的变化规律

可定位节点比例指的是在一定误差阈值下，网络中能够定位的未知节点占未知节点总数的比例。该比例越高，越能实现网络中未知节点的充分定位。可定位节点比例用网络节点的累积定位误差分布图来反映，图 3-14 给出了未知节点数目为 20 的结果。

从图 3-14(a)可以看出，当移动速率为 4 m/s 的时候，如果要求定位误差小于 2 m，可定位节点比例低于 30%；而同等要求下，1 m/s 的运动速率则可以达到 65%左右的可定位比例。如果要到达全定位(可定位节点比例为 100%)，1 m/s 只需要不到 5 m 的定位误差阈值，而 4 m/s 则需要 10 m 以上的定位误差阈值。因此，运动速率越高，可定位节点比例越低。

从图 3-14(b)可以看出，移动信标的发射距离越大(发送功率不变，减小波束宽度)，曲线越陡峭，这说明可定位节点比例随着发射距离的增加而快速增加。如果要实现全定位，10 m 的发射距离所需要的定位误差阈值达到了 5 m，而 40 m 发射距离下需要的定位误差阈值大于 10 m。因此，定向天线的波束宽度增大的时候，虽然能够提高覆盖范围内的未知节点的定位精度，但是不能覆盖相距较远的未知节点，导致可定位节点比例降低。因此，波束宽度并不是越宽越好。

下面从理论上来说明这个问题。不失一般性，假定网络中的路径衰减指数为 2，发射功率 P_t 需要满足如下条件方能保证接收端的正确接收和解码[99]：

$$P_t \geqslant \frac{8P_o\pi^2}{\lambda^2} \cdot d^2 \cdot [1-\cos(\theta/2)] \tag{3-8}$$

其中，λ 为传输信号的波长；d 为虚拟信标和未知节点之间的距离；P_o 为未知节点能够正确接收和解码的接收功率阈值。对式(3-8)取等号，可得：

$$d=\sqrt{\frac{\xi}{1-\cos(\theta/2)}} \tag{3-9}$$

其中，$\xi=\frac{\lambda^2 P_t}{8P_o\pi^2}$。在发送功率 P_t 固定不变的情况下，ξ 为常数。考虑到 $\theta\in$

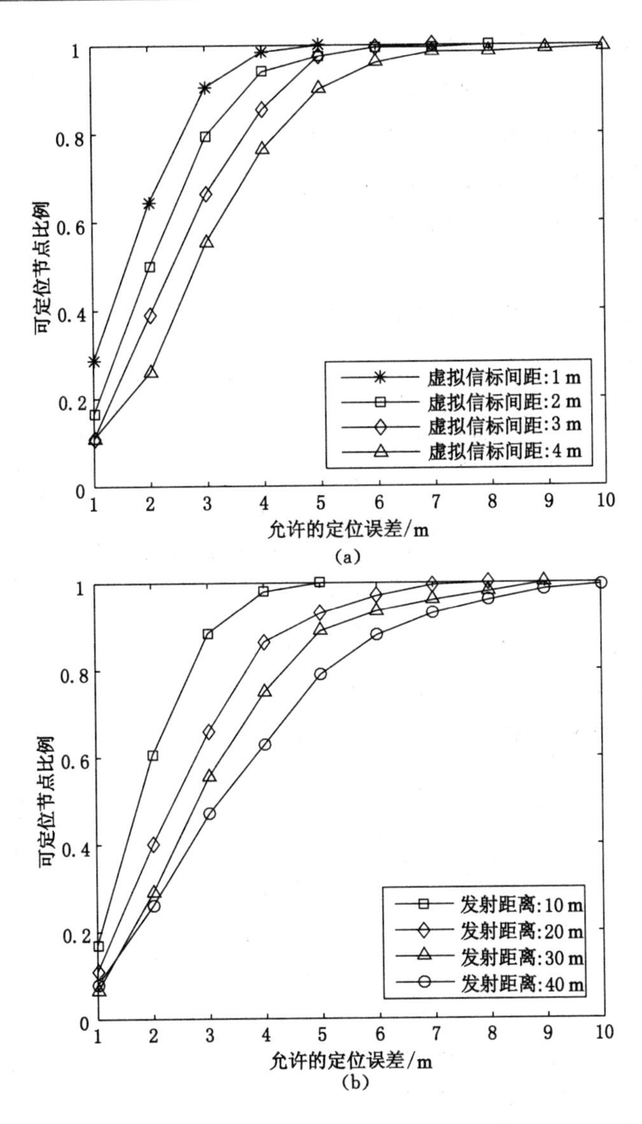

图 3-14 可定位节点比例的变化规律

(a) 不同移动速率下的可定位节点比例;(b) 不同发射半径下的可定位节点比例

(0,π/2],根据式(3-9)可知,在发送功率相等的情况下,d 是 θ 的递减函数。

因此,波束宽度越宽,发射距离越小,定位精度越高,但是可定位节点比例越低,波束宽度不是越宽越好。同时,由于波束宽度越小,覆盖范围内未知节点的定位精度越低,因此,波束宽度也不是越小越好。在实践中,应该在定位精度和可定位节点比例之间折中考虑,选择合适的波束宽度。

(6) 虚拟信标误差对定位误差的影响

前面的所有仿真实验都是在假定虚拟信标的位置是精确的条件下完成的，实际上，根据 GPS 等手段获得的移动信标坐标值或多或少都会有些误差，据此得到的虚拟信标坐标值并不完全精确。

为了仿真虚拟信标误差的影响，给虚拟信标的 x 和 y 坐标各添加一个属于 [1 m,5 m] 区间的随机扰动。图 3-15 给出了仿真结果，其中图(a)和图(c)的发射距离为 10 m，图(b)和图(d)的运动速率为 1 m/s。

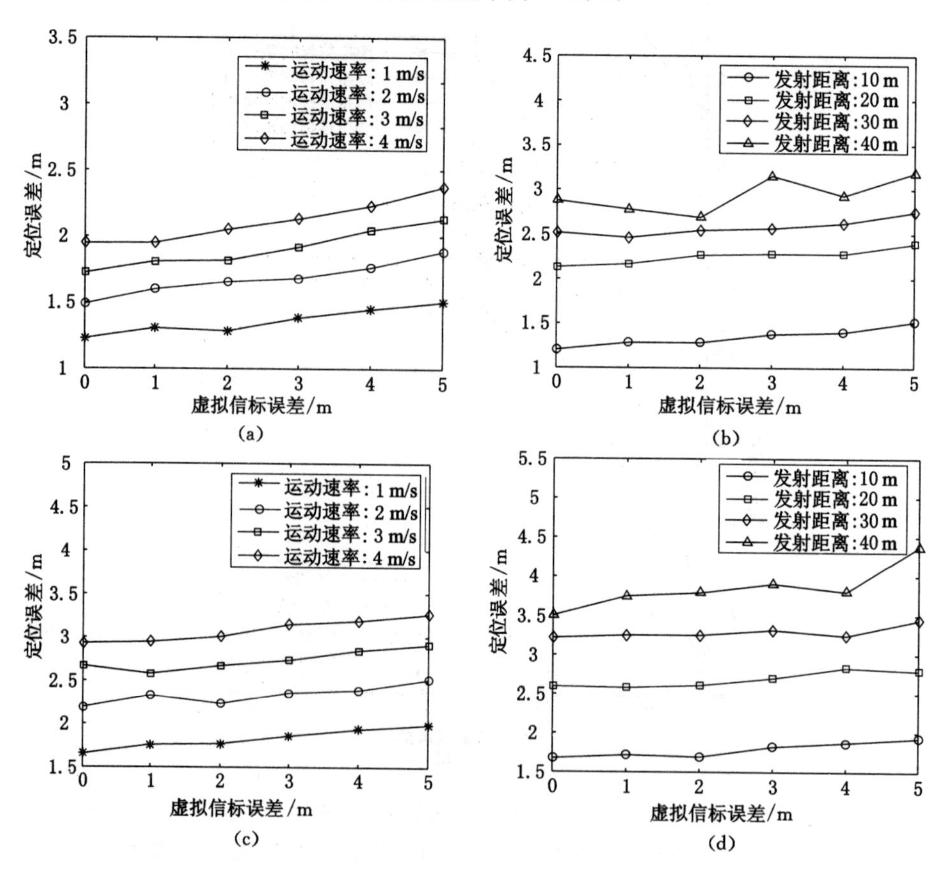

图 3-15 虚拟信标位置误差对定位误差的影响

(a) 全向天线下移动速率的影响($\theta=\pi/2$)；(b) 全向天线下发射距离的影响($\theta=\pi/3$)；
(c) 定向天线($\theta=\pi/3$)下移动速率的影响；(d) 定向天线($\theta=\pi/3$)下发射距离的影响

从图 3-15 可以看出：① 无论运动速率如何，定位误差总是随着虚拟信标误差的增大而增大，但是增长率较小；② 与没有虚拟信标误差(虚拟信标误差为

0)的时候相比，有虚拟信标误差的时候定位性能所受到的影响较小，说明所提出的方法对虚拟信标误差具有一定的容忍能力。

3.3 移动信标辅助的改进距离估计

3.3.1 移动信标辅助的矿井定位系统模型

与 3.2 的方法不同，本节提出的方法适用于矿井巷道而非煤矿地面场景的目标定位。正如第 2 章所述，目标定位的基本原理是根据各种测距方法(基于测距的定位)或网络连通性等(非测距定位)，得到未知节点与信标节点之间的位置关系，进而利用三角法、三边法等定位算法估计未知节点的位置。基于测距的定位方法由于定位精度比非测距的定位方法高，是矿井目标定位技术研究的热点[68]，距离测量的好坏对基于测距的定位方法具有决定性影响。由于受到信号传播环境复杂[71]、测距原理缺陷[60]等因素的限制，目前的定位系统的测距精度普遍不高，限制了系统的定位精度。

提高定位精度可以从信号传播模型建模、精确测距方法设计、定位结果优化等方面入手[19]，或者综合运用这些手段。考虑到人员和机车定位系统已在煤矿中广泛使用，新方法和新系统应尽量避免或少替换现有设备。为此，提出一种移动节点辅助的矿井运动目标距离估计方法(Enhanced Distance Estimation Method for Coal Mine Assisted by Mobile Beacons，MBDisEst)。其中，移动信标由少部分配备惯导设备或/和激光定位装置的人员(如瓦检员)或/和设备(如猴车)充当，它们可以在运动过程中实时获得自身位置构成虚拟信标，对现有定位系统的定位结果进行矫正。这里提出的方法只需要添加少量的设备，即可增强现有定位系统的定位精度，部署简单方便，升级成本低。

尽管惯导设备在移动信标运动过程中会产生误差累积，但是它经过位置已知的设备的时候可以得到校准。比如，当移动信标经过 RFID(Radio Frequency Identification)定位系统[6]的读卡器、WSN(Wireless Sensor Networks)定位系统[62]的信标节点或 WiFi(Wireless Fidelity)定位系统[50]的 AP(Access Point)的时候，就可以利用这些固定节点的坐标校准惯导设备的坐标。不失一般性，假定现有矿井定位系统为 WiFi 系统，由固定安装在巷道中的 AP(定位基站，假定沿巷道顶板中线部署)和目标所携带定位标签(未知节点)构成，如图 3-16 所示。

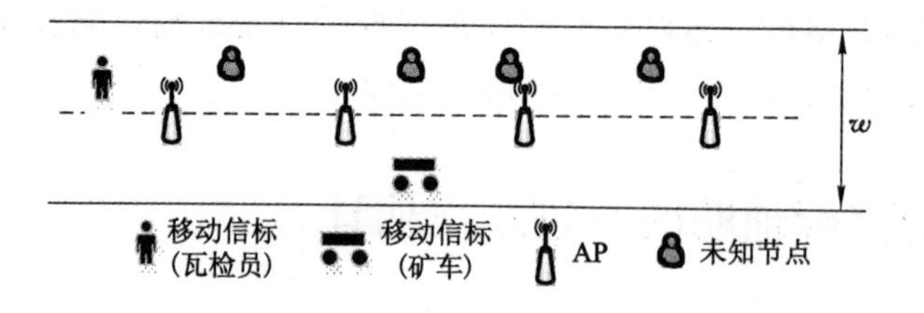

图 3-16　移动节点辅助的矿井定位系统示意图

瓦检员和部分矿车安装惯导设备或/和激光定位装置，它们可以在初始位置获得精确的位置信息，并可以通过激光定位装置或定位基站对累计误差进行周期性矫正。这些人员和矿车作为移动信标，在运动过程中周期性广播(假定周期为 T)自己的位置信息，未知节点接收该信息并将每一个位置视为一个虚拟信标。

不失一般性，这里仅以一个移动信标为例介绍算法原理，多个移动信标的情况分析方法类似。假定巷道宽度为 w，移动信标的通信距离为 r，在巷道内作匀速直线运动，速度为 v，见图 3-17 所示。显然，虚拟信标的覆盖圆直径必须大于 w 才能实现对巷道的全覆盖，即 $w<2r$。

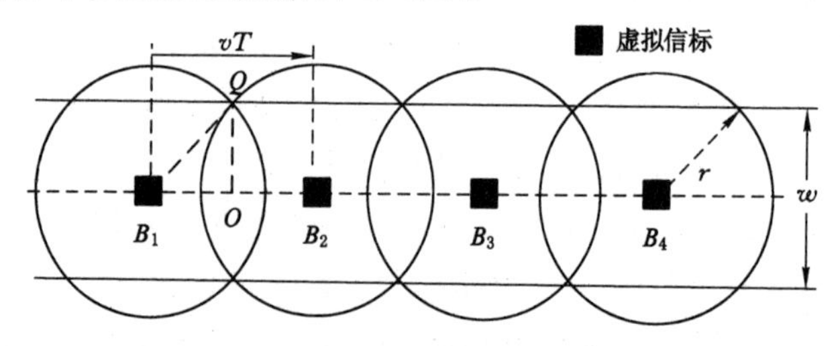

图 3-17　移动信标运动过程中形成虚拟信标

移动信标的位置信息广播间隔 T 必须要满足一定条件，才能保证虚拟信标对巷道的全覆盖。考虑图 3-17 中的直角三角形$\triangle B_1OQ$，其中 Q 为相邻虚拟信标覆盖圆的交点，O 为 Q 在移动信标运动轨迹上的投影。为了实现全覆盖，必须满足$\sqrt{r^2-\left(\frac{vT}{2}\right)^2}\geqslant\frac{w}{2}$，即：

$$T\leqslant\sqrt{4r^2-w^2}/v \tag{3-10}$$

前文已经说明 $w<2r$，因此上式左边开方条件能够满足。

相对矿井巷道长度而言，巷道宽度较窄，未知节点在矿井巷道宽度维(图 3-18 中的纵坐标)上的意义不大，因此只探讨长度维(图 3-18 中的横坐标)上的位置变化。未知节点 N_u 必须处于移动信标覆盖范围之内方可接收到位置广播消息。对于矿井目标而言，未知节点必须具有 2 个或 2 个以上的虚拟信标信息，方可实现定位，这里假定未知节点 N_u 处于 N 个虚拟信标的范围内，即可以收到 N 个虚拟信标的信号，如图 3-18 所示[100]。

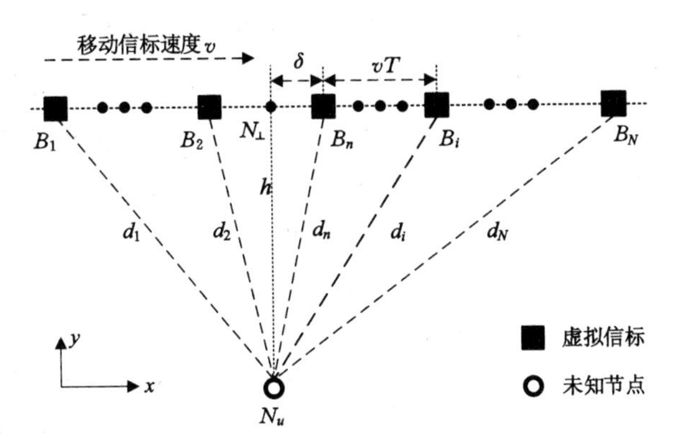

图 3-18　基于虚拟信标的距离估计模型

未知节点到 N 个虚拟信标之间的测量距离的平方为 $\boldsymbol{r}=[r_1^2,r_2^2,\cdots,r_N^2]^{\mathrm{T}}$，真实距离的平方为 $\boldsymbol{d}=[d_1^2,d_2^2,\cdots,d_N^2]^{\mathrm{T}}$，距离估计就是在已知 $\boldsymbol{r}$ 的情况下求解真实距离的估计值 $\hat{\boldsymbol{d}}$。

3.3.2　静止目标节点的距离估计

先考虑未知节点处于静止状态的距离估计方法，见图 3-18 所示，其中 $N_\perp$ 是 N_u 到移动信标运动轨迹上的垂足，它们之间的距离为 $|N_uN_\perp|=h$；对于 $N_\perp$ 右方的虚拟信标（即 $n<i\leqslant N$，左方的虚拟信标计算方法相似），距离 $N_\perp$ 最近的虚拟信标 B_n 与 $N_\perp$ 的距离为 δ。显然，虚拟信标 B_i 与垂足 $N_\perp$ 的距离为 $z_i=|vT(i-n)+\delta|$，因此：

$$d_i^2=h^2+[vT*(i-n)+\delta]^2=\rho_0+\rho_1 i+\rho_2 i^2 \tag{3-11}$$

其中：

$$\rho_0=h^2+(\delta-nvT)^2,\rho_1=2vT(\delta-nvT),\rho_2=v^2T^2 \tag{3-12}$$

将式(3-11)写成矩阵的形式为：

$$\boldsymbol{d}=\boldsymbol{Cv} \tag{3-13}$$

其中：

$$C=\begin{bmatrix}1 & 1 & 1^2\\ 1 & 2 & 2^2\\ \vdots & \vdots & \vdots\\ 1 & N & N^2\end{bmatrix},\boldsymbol{v}=[\rho_0,\rho_1,\rho_2]^{\mathrm{T}}$$

无论哪种测距方法，或多或少都会存在测距误差，比如 TOA 定位要求收发节点之间具有精准的时间同步，如果存在同步误差，就会引起测距误差。因此，测量距离为 $r_i=d_i+\varepsilon_i$，ε_i 表示未知节点到虚拟信标 B_i 之间的测距误差，服从均值为 0、方差为 σ_i^2 的正态分布。因此，顾及到测距误差的距离测量矩阵为：

$$\boldsymbol{r}=\boldsymbol{C}\boldsymbol{v}+\boldsymbol{\varepsilon} \tag{3-14}$$

当 ε_i 较小的时候，$r_i^2-d_i^2=2d_i\varepsilon_i+\varepsilon_i^2\approx 2d_i\varepsilon_i$，因此将误差矩阵定义为[101]：

$$\boldsymbol{\varepsilon}=[2d_1\varepsilon_1,2d_2\varepsilon_2,\cdots,2d_N\varepsilon_N]^{\mathrm{T}} \tag{3-15}$$

用加权最小二乘法(Weighted Least Square，WLS)估计出 $\boldsymbol{v}$ 的值，为：

$$\hat{\boldsymbol{v}}=\arg\min\{(\boldsymbol{C}\hat{\boldsymbol{v}}-\boldsymbol{d})^{\mathrm{T}}\boldsymbol{\Psi}^{-1}(\boldsymbol{C}\hat{\boldsymbol{v}}-\boldsymbol{d})\}=(\boldsymbol{C}^{\mathrm{T}}\boldsymbol{\Psi}^{-1}\boldsymbol{C})^{-1}\boldsymbol{C}^{\mathrm{T}}\boldsymbol{\Psi}^{-1}\boldsymbol{d} \tag{3-16}$$

其中，$\boldsymbol{\Psi}$ 定义为：

$$\boldsymbol{\Psi}=\mathrm{E}[\boldsymbol{\varepsilon}\boldsymbol{\varepsilon}^{\mathrm{T}}]=\mathrm{diag}((2d_1\sigma_1)^2,(2d_2\sigma_2)^2,\cdots,(2d_N\sigma_N)^2) \tag{3-17}$$

在实际计算过程中，由于 d_i 值是未知的，因此用 r_i 代替。因此，估计距离为：

$$\hat{\boldsymbol{d}}=[\hat{d}_1^2,\hat{d}_2^2,\cdots,\hat{d}_N^2]=(\boldsymbol{C}\hat{\boldsymbol{v}})^{1/2} \tag{3-18}$$

不考虑多径影响，测量噪声服从零均值的高斯分布，式(3-14)中 $\boldsymbol{r}$ 的概率密度函数可以写为：

$$f(\boldsymbol{r}|\boldsymbol{v})=\frac{1}{(2\pi)^{\frac{N}{2}}\boldsymbol{\Psi}^{\frac{1}{2}}}\exp\left\{-\frac{1}{2}(\boldsymbol{r}-\boldsymbol{C}\boldsymbol{v})^{\mathrm{T}}\boldsymbol{\Psi}^{-1}(\boldsymbol{r}-\boldsymbol{C}\boldsymbol{v})\right\}$$

CRLB(Cramer-Rao Lower Bound)描述了无偏估计的方差的下界，CRLB 矩阵定义为 Fisher 信息矩阵 $\boldsymbol{J}_v$ 的逆。由于：

$$\boldsymbol{J}_v=\mathrm{E}\left\{\frac{\partial\ln f(\boldsymbol{r}|\boldsymbol{v})}{\partial\boldsymbol{v}}\left(\frac{\partial\ln f(\boldsymbol{r}|\boldsymbol{v})}{\partial\boldsymbol{v}}\right)^{\mathrm{T}}\right\}=\mathrm{E}\{\boldsymbol{C}^{\mathrm{T}}\boldsymbol{\Psi}^{-1}(\boldsymbol{r}-\boldsymbol{C}\boldsymbol{v})[\boldsymbol{C}^{\mathrm{T}}\boldsymbol{\Psi}^{-1}(\boldsymbol{r}-\boldsymbol{C}\boldsymbol{v})]^{\mathrm{T}}\}$$
$$=\boldsymbol{C}^{\mathrm{T}}\boldsymbol{\Psi}^{-1}\mathrm{E}\{(\boldsymbol{r}-\boldsymbol{C}\boldsymbol{v})(\boldsymbol{r}-\boldsymbol{C}\boldsymbol{v})^{\mathrm{T}}\}\boldsymbol{\Psi}^{-1}\boldsymbol{C}=\boldsymbol{C}^{\mathrm{T}}\boldsymbol{\Psi}^{-1}\boldsymbol{C} \tag{3-19}$$

于是 CRLB 矩阵表达式如下：

$$\boldsymbol{J}_v^{-1}=(\boldsymbol{C}^{\mathrm{T}}\boldsymbol{\Psi}^{-1}\boldsymbol{C})^{-1} \tag{3-20}$$

3.3.3 运动目标节点的距离估计

假定未知节点从位置 P_1 开始，以速度 v' 沿 x 正向做匀速直线运动，第 $(i-1)T$ 时刻运动到 P_i，见图 3-19 所示。前文已经假设移动信标的运动速度

为 v，这里进一步假定移动信标与未知节点的运动方向相同，运动方向相反的情况分析方法类似，不再赘述。未知节点必须具有 2 个或 2 个以上的虚拟信标信息，方可实现定位。

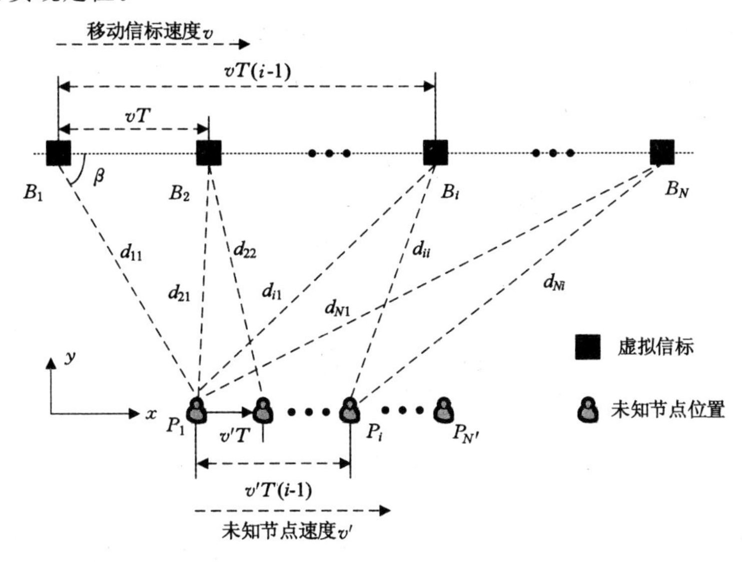

图 3-19　未知节点运动状态下的距离估计模型

在图 3-19 中，虚拟信标 B_i 与未知节点位置 P_i 的距离为 d_{ii}。由于只有处于 B_1 范围内的未知节点位置处才能收到移动信标的位置广播信息，而 P_1 可能位于 B_i 覆盖范围之外，因此图 3-19 中的 d_{11}、d_{21} 可以通过直接测量，而 d_{i1} 可能无法获得，这是本节需要解决的问题。估计出 d_{i1} 后，相当于让目标节点重新进入了 B_i 的覆盖范围，从而增加了目标节点所能获得的虚拟信标个数，这对提高定位精度是有利的。

为了方便研究，将虚拟信标 B_1、B_i 与未知节点位置 P_1、P_i 之间的几何关系单独绘制在图 3-20 中，以排除其他节点和线条的影响。在图 3-20 中，过点 P_1 作一条平行于 B_iP_i 的辅助线，与移动信标轨迹（即直线 B_1B_i）相交于点 M，因此有 $d_{i1}=d_{ii}$。由于 $|B_1B_i|=vT\times(i-1)$，$|B_1M|=|v-v'|T\times(i-1)$，在三角形 $\triangle MP_1B_1$ 以及 $\triangle B_iP_1B_1$ 中分别利用余弦定理可以得到如下关系式：

$$\cos\beta=\frac{[vT\times(i-1)]^2+d_{11}^2-d_{i1}^2}{2vT\times(i-1)d_{11}}=\frac{[|v-v'|T\times(i-1)]^2+d_{11}^2-d_{ii}^2}{2|v-v'|T\times(i-1)d_{11}} \tag{3-21}$$

可以计算出未知节点初始位置 P_1 与虚拟信标 B_i 之间的距离：

$$d_{i1}=\sqrt{(v^2-v|v-v'|)T^2\times(i-1)^2+d_{11}^2+\frac{v(d_{ii}^2-d_{11}^2)}{|v-v'|}} \tag{3-22}$$

其中，v、v'、T、i、d_{11}、d_{ii} 均是已知量。若未知节点保持静止（$v'=0$），P_1 与 P_i 重叠，直线段 B_iP_i 和 B_iP_1 退化成同一条线段，因此有 $d_{i1}=d_{ii}$。将 $v'=0$ 代入式(3-22)，也有 $d_{i1}=d_{ii}$，因此，本节的方法能够将静止状态和运动状态统一到同一个框架下。

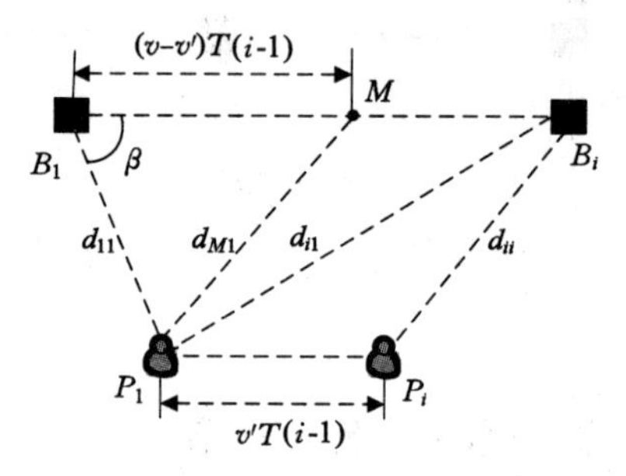

图 3-20 运动状态下距离估计简化模型

利用式(3-22)估计出的距离 $\hat{d}_{i1}$ 与真实距离之间的误差为 ε_i，即 $\hat{d}_{i1}=d_{i1}+\varepsilon_i$，其中 ε_i 服从均值为 0、方差为 σ_i^2 的高斯分布。当 ε_i 较小的时候，有：

$$\hat{d}_{i1}^2=d_{i1}^2+2d_{i1}\varepsilon_i+\varepsilon_i^2\approx d_{i1}^2+2d_{i1}\varepsilon_i \tag{3-23}$$

虚拟信标与未知节点初始位置 P_1 的真实距离的平方的矩阵形式为 $\boldsymbol{d}_1=[d_{11}^2,d_{21}^2,\cdots,d_{i1}^2]^{\mathrm{T}}$，估计距离的平方的矩阵形式为 $\hat{\boldsymbol{d}}_1=[\hat{d}_{11}^2,\hat{d}_{21}^2,\cdots,\hat{d}_{i1}^2]^{\mathrm{T}}$，于是可将式(3-23)写成：

$$\hat{\boldsymbol{d}}_1=\boldsymbol{C}\boldsymbol{v}+\boldsymbol{\varepsilon}$$

其中：

$$\boldsymbol{C}=\begin{bmatrix}1 & 1 & 1^2\\ 1 & 2 & 2^2\\ \vdots & \vdots & \vdots\\ 1 & N & N^2\end{bmatrix},\boldsymbol{v}=[\rho_0,\rho_1,\rho_2]^{\mathrm{T}},\boldsymbol{\varepsilon}=[2d_{11}\varepsilon_1,2d_{21}\varepsilon_2,\cdots,2d_{N1}\varepsilon_N]^{\mathrm{T}} \tag{3-24}$$

利用 WLS 估计算法可以求得矩阵 $\boldsymbol{v}$ 的估计值为：

$$\hat{\boldsymbol{v}}=(\boldsymbol{C}^{\mathrm{T}}\boldsymbol{\Psi}^{-1}\boldsymbol{C})^{-1}\boldsymbol{C}^{\mathrm{T}}\boldsymbol{\Psi}^{-1}\hat{\boldsymbol{d}}_1 \tag{3-25}$$

此时的 $\boldsymbol{\Psi}$ 为：

$$\boldsymbol{\Psi}=\mathrm{E}[\boldsymbol{\varepsilon\varepsilon}^{\mathrm{T}}]=\mathrm{diag}[(2d_{11}\sigma_1)^2,(2d_{21}\sigma_2)^2,\cdots,(2d_{N1}\sigma_N)^2] \tag{3-26}$$

注意：图 3-18 中只有一个未知节点位置，相当于在图 3-19 和图 3-20 中将未知节点保持静止而只考虑位置 P_1，即图 3-18 中的 d_i 等同于图 3-19 和图 3-20 中的 d_{i1}，因此式(3-26)和式(3-17)是统一的。在实际计算过程中，由于 d_{i1} 值是未知的，因此用 r_{i1} 代替。因此，估计距离为：

$$\hat{\boldsymbol{d}}_1=[\hat{d}_{11}^2,\hat{d}_{21}^2,\cdots,\hat{d}_{i1}^2]^{\mathrm{T}}=(\boldsymbol{C}\hat{\boldsymbol{v}})^{1/2} \tag{3-27}$$

3.3.4 定位性能分析

本节通过仿真实验验证所提出的距离估计方法 MBDisEst 的性能(以均方根误差表征)，并研究距离估计算法对定位精度的影响。若无特殊说明，仿真所用的巷道为宽 5 m、长 200 m 的长直巷道，移动信标的通信半径为 50 m，初始坐标为(0,0)，以 5 m/s 的速度沿直线运动到(200,0)处，每隔 1 s 广播一次信标信息，因此虚拟信标间距为 5 m。每个实验运行 1 000 次，取它们的平均值作为实验结果。

(1) 静止目标的距离估计

未知节点处于静止状态。同时用有 MBDisEst 辅助的 TOA 测距法和无 MBDisEst 辅助的 TOA 测距法进行距离估计，并与下界 CRLB 进行比较，见图 3-21 所示。从图中可以看出，基于 MBDisEst 的距离估计算法求得的距离与实

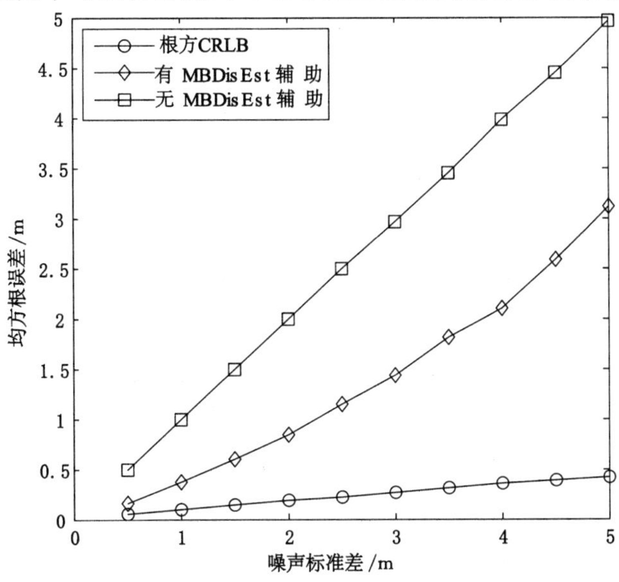

图 3-21 静止目标的距离估计误差

际距离的均方根误差小于基于 TOA 测量值求得的距离，其误差更接近于克拉美罗下界。因此，这里提出的改进测距方法可以有效降低测距误差，为实现精确定位提供依据。

(2) 运动目标的距离估计

目标节点处于运动状态，运动速度为 0.5 m/s，实验结果见图 3-22。可以看出，MBDisEst 对运动目标依然具有较好的测距性能，表明基于 MBDisEst 的运动目标定位算法也可以获得较高的定位精度。

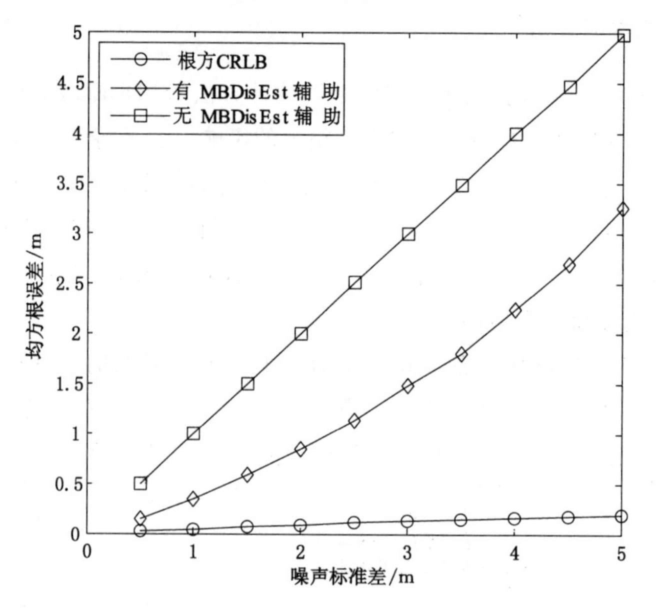

图 3-22 运动节点的距离估计误差

(3) 移动信标速度对距离估计精度的影响

目标节点的运动速度依然为 0.5 m/s。移动信标分别以 2 m/s、4 m/s、6 m/s、8 m/s 和 10 m/s 的速度沿直线运动到(200,0)处。另外，分别将移动信标的通信半径为设置为 30 m 和 50 m，考查移动信标通信半径对测距精度的影响，实验结果见图 3-23。

从图 3-23 可以看出，测距误差随着移动信标速度的增大而增大，因为移动速度的增加导致虚拟信标间距增大，目标节点能够接收到的虚拟信标数目减少，从而致使距离估计的误差增加。另外，测距误差随着移动信标通信半径的增加而减小，因为增加移动信标的通信半径相当于增加了能够覆盖目标节点的

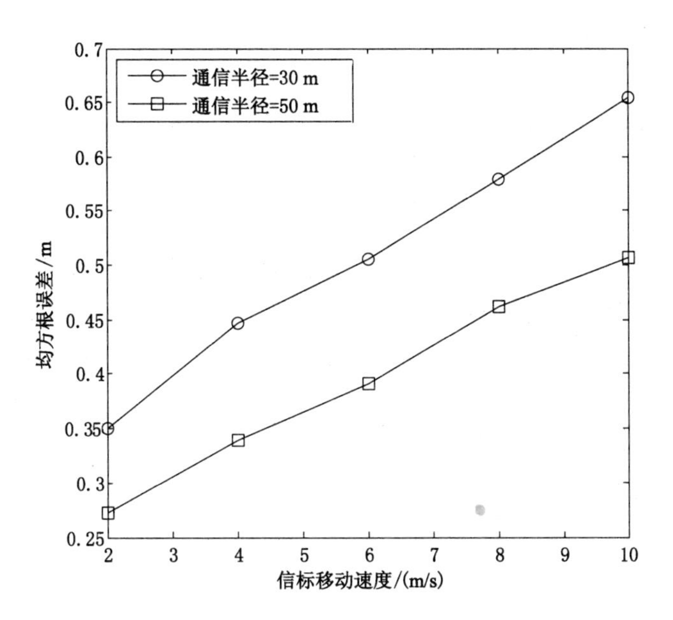

图 3-23　移动信标速度对距离估计精度的影响

虚拟信标数量，从而降低测距误差。

(4) 距离估计算法对定位精度的影响

若未知节点处于静止状态，坐标为(x,y)，TOA 定位方程可以写为：

$$\boldsymbol{E\theta}=\boldsymbol{H} \tag{3-28}$$

其中：

$$\boldsymbol{E}=\begin{bmatrix} x_1 & y_1 & -0.5 \\ \vdots & \vdots & \vdots \\ x_1+(i-1)VT & y_1 & -0.5 \\ \vdots & \vdots & \vdots \\ x_1+(N-1)VT & y_1 & -0.5 \end{bmatrix},\boldsymbol{\theta}=\begin{bmatrix} x \\ y \\ K^2 \end{bmatrix},\boldsymbol{H}=\begin{bmatrix} x_1^2+y_1^2-d_1^2 \\ \vdots \\ [x_1+(i-1)VT]^2+y_1^2-d_i^2 \\ \vdots \\ [x_1+(N-1)VT]^2+y_1^2-d_N^2 \end{bmatrix}$$

基于 CWLS(Constrained WLS)算法估计出未知节点的坐标为[101]：

$$\hat{\boldsymbol{\theta}}=(\boldsymbol{E}^{\mathrm{T}}\boldsymbol{\Psi}^{-1}\boldsymbol{E}+\lambda\boldsymbol{p})^{-1}\left(\boldsymbol{E}^{\mathrm{T}}\boldsymbol{\Psi}^{-1}\boldsymbol{F}-\frac{\lambda}{2}\boldsymbol{q}\right) \tag{3-29}$$

其中，λ 为拉格朗日因子；$\boldsymbol{\Psi}$ 用式(3-17)计算；$\boldsymbol{p}=\begin{bmatrix} 1 & 0 & 0 \\ 0 & 1 & 0 \\ 0 & 0 & 0 \end{bmatrix}$，$\boldsymbol{q}=\begin{bmatrix} 0 \\ 0 \\ -1 \end{bmatrix}$。

当目标节点处于运动状态时，目标节点的坐标估计值同样可用式(3-29)表示，但是 $\boldsymbol{\Psi}$ 要用式(3-26)计算，且 $\boldsymbol{H}=\begin{bmatrix} x_1^2+y_1^2-L_1^2 \\ \vdots \\ [x_1+(i-1)VT]^2+y_1^2-L_i^2 \\ \vdots \\ [x_1+(N-1)VT]^2+y_1^2-L_N^2 \end{bmatrix}$。

如前所述，运动目标在煤矿巷道中宽度维上的意义不大，因此只考虑长度维上的定位误差。不妨将利用 MBDisEst 的测距结果进行 CWLS 定位的方法称为 MB-CWLS，而基于传统测距方法（如 RSSI、TOA 等，这里以 TOA 为例）的定位方法直接称为 CWLS。仿真参数设置与 3.2 相同，实验结果见图 3-24。从图中可以看出，MB-CWLS 的定位误差比基于传统测距方法的定位误差小，也就是定位精度更高，这主要归功于 MBDisEst 比 TOA 的测距精度高。

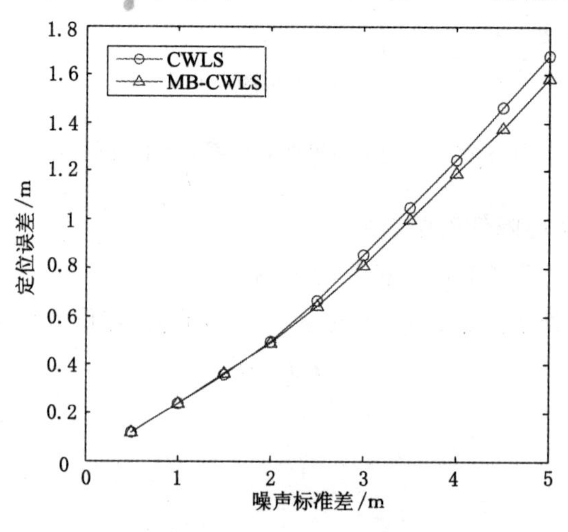

图 3-24　距离估计算法对定位精度的影响

总之，MBDisEst 以移动信标和目标节点之间的相对运动和几何约束为基础，利用加权最小二乘法计算目标节点与虚拟信标的距离，静止目标和运动目标均可统一在同一测距框架下。此外，MBDisEst 的测距精度比 TOA 的测距精度高，其测距误差随着移动信标速度的增大而增大，随着移动信标通信半径的增加而减小。基于 MBDisEst 的定位方法，定位误差比单纯使用 TOA 测距的定位方法小，即定位精度更高。

4 物联网架构下感知节点辅助的目标定位

矿山物联网的发展和普及给矿井目标精确定位提供了全新的机会和思路。为了对煤矿环境、生产设备和生产人员进行实时感知、监测和预警[102,103]，煤矿井下部署的感知节点越来越多[104]。这些感知节点之间、感知节点与现有定位系统之间具有“物-物相连”的特征，它们在完成既定的感知任务的基础上，完全能为矿井目标的精确定位提供辅助服务。本章研究如何利用矿山物联网所部署的感知节点提高矿井定位系统精度，提出3个基于矿山物联网架构的动目标定位算法，它们都不用替换现有的定位系统，不用增加新的设备，可以实现矿井运动目标定位的非替代性增强，能够降低系统升级成本。

4.1 矿山物联网的感知特征

煤矿生产是为了完成生产目标、彼此高度关联的协同运动。在采煤工作面，采煤机司机驱动采煤机割煤，液压支架随着采煤的进行而向前推进实现顶板支撑，所采之煤通过刮板输送机运输到顺槽皮带，进而通过胶带或者机车的一系列运输后经提升机到达地面，涉及到掘（进）、采（煤）、运（输）、通（风）、排（水）等工艺流程，需要大量的设备和人员参与。保证生产人员和设备的安全，是煤矿企业的首要任务。为此，需要大力开展和促进煤矿信息化的建设，将煤矿井下的灾害前兆、设备健康、人员状况和其他相关信息及时传输到地面，帮助值班人员和决策领导掌握生产情况，并与井下员工实时互动。

“信息化程度越高，安全水平越高”，这已成为安全管理部门、科研院所、煤矿服务提供商和煤矿企业的共识。煤矿企业宜紧紧抓住“两化融合”的机会，实现信息化与煤炭工业深度融合，将信息化技术和设备延伸到煤矿生产的每个角落，做到信息感知无死角、信息传输全覆盖、信息处理云端化、信息使用简单化、决策过程更及时、反馈控制更可靠。矿山物联网的兴起和普及，则为达到这些目的、实现矿山的安全生产提供了坚实的技术基础和广阔的想象空间[105]。

矿山物联网（感知矿山）通过各种感知手段，实现对真实矿山整体及相关现象的可视化、数字化及智慧化[106]，它将矿山地理、地质、矿山建设、矿山生产、安全管理、产品加工与运销、矿山生态等信息全面数字化,将感知技术、传输技术、智能技术、信息技术、现代控制技术、现代信息管理等与现代采矿及矿物加工技术紧密结合,构成矿山人与人、人与物、物与物相联的网络,动态详尽地描述并控制矿山安全生产与运营的全过程。矿山物联网的核心是四个感知[106,107],即:感知矿山灾害风险,实现各种灾害事故的预警预报;感知矿工周围安全环境,实现主动式安全保障;感知矿山设备健康状况,实现预知维修;感知矿区生态环境,实现生态稳定。在这"四个感知"的基础上为矿山企业和其他用户提供可订制的集成化服务。

矿山物联网一般包括三层结构,即感知层、传输层和应用层,其中感知层(图 4-1)是矿山物联网的基础和关键。以前的综合自动化系统存在的最大问题就是感知层的问题,因为综合自动化系统考虑更多的是如何将子系统接入骨干网,实现矿井信息的集成管理,基本没有适应煤矿动态开采过程的感知层平台;缺失这样的感知环境,就无法实现物与物相联,更不能达到感知矿山的目的。而矿山物联网是要在综合自动化子系统接入的基础上,增加分布式传感器和执行器的接入,使网络应用更适应煤矿动态部署、流动作业的需求,也为服务与数据协议及网络元素的解耦提供了可能。

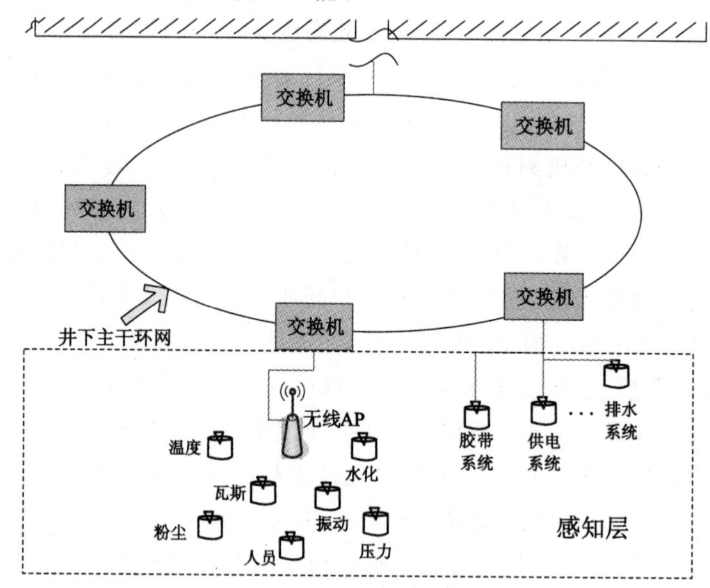

图 4-1　矿山物联网感知层

以灾害感知为例[106],矿山灾害发生的时间和地点均具有未知性,要在动态开采过程中准确感知这些灾害前兆信息，只能采用符合矿山生产特点的基于无线传感器网络的分布式、可移动、自组网的信息采集方式。同时，从传感器原理、检测方法、矿山灾害发生机理等多方面研究动态、网络化监测手段，研究矿山复杂环境条件下的传感技术、抗干扰和灾害源定位的问题，以及灾害准确预警与灾害源定位的问题、矿山环境的安全信息感知和采集问题，才能实现矿山灾害信息的准确解读和预警。可见，传感节点是矿山物联网的神经末梢，感知层是实现矿山物联网的基石，通过海量异质传感器实现矿山安全、生产、环境、设备等信息的实时准确感知，是矿山物联网的关键特点和核心能力。

感知层节点可以分成三种类型，即感知节点、路由节点和协作节点，见图4-2所示。感知节点具有数据采集和传输的双重功能；路由节点只用于转发其他节点的数据；协作节点可以是路由节点，也可以是感知节点，它采用协同的方式为别的节点提供数据转发服务。为了提高无线网络的可靠性和生存期，可将路由节点设置为电力供电或者POE(Power Over Ethernet)供电，或者配备功率更大的电池。感知层网络是一种层次性分布式网络，传感节点就近接入路由节点发送数据，协作节点与AP或直接与井下交换机相连。如果感知节点在覆盖范围内找不到路由节点，则与邻居节点组成Ad Hoc网络，通过多跳接力的方式接入路由节点。

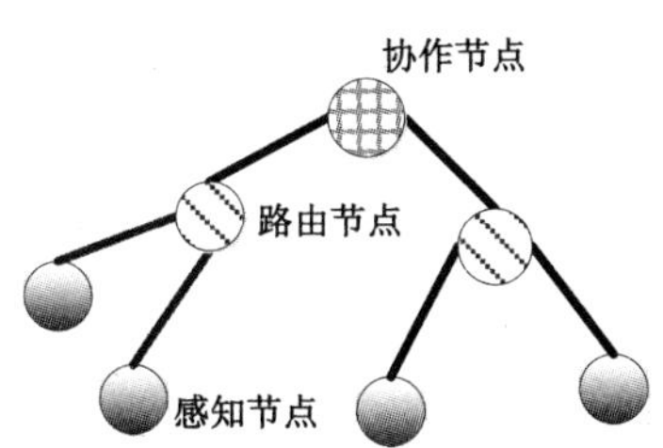

图4-2 感知层的节点类型

当前，建设矿山物联网已是大势所趋。在矿山物联网架构下，需要部署海量的、不同类型的传感节点，实现环境信息、灾害信息、设备健康信息的感知，如瓦斯监测传感器、顶板压力传感器、设备震动传感器等。一般而言，这些节点各司其职，专门从事各自的信息感知与上报任务。实际上，这些节点在向地面上报感知结果的过程，就是向周围节点发送无线电信号的过程，移动节点进入这些节点通信范围的时候，也能收到这些无线电信号。如果能够利用这些无线电信号作为辅助信号，对现有定位系统的定位结果加以矫正，将为移动目标的定位精度的提升带来新的机会。除此之外，矿井中的温度场、瓦斯场、风流场、光强等信号都可作为定位的信息来源，或者作为现有定位系统的补充以提高定位精度。我们将在第 6 章探讨的基于可见光通信的定位方法，就是基于光强信号来进行目标定位。

4.2 非专门节点辅助的定位精度增强

4.2.1 问题建模

这里采用基于 RSSI 的测距定位方法。第 2 章已经说明，收发节点之间通常采用对数距离模型[43,44]：

$$P^{dBm} = P_0^{dBm} - 10 \cdot \eta \cdot \log_{10}\left(\frac{d}{d_0}\right) + \chi \tag{4-1}$$

其中，P^{dBm} 是收发节点之间以 dB 为单位的功率路径损耗；P_0^{dBm} 是参考距离 d_0 处测量到的功率，通常 $d_0=1$ m；χ 为阴影效应导致的零均值高斯随机变量；η 是路径衰落指数。在 d_0 处的接收功率可以利用理论分析和实际测量的方法得到：

$$P_0^{dBm} = P_t^{dBm} + G_t^{dBm} + G_r^{dBi} - 2 \cdot L_c^{dB} - L_0^{dB} \tag{4-2}$$

其中，P_t^{dBm} 是发送节点的发送功率；G_t^{dBm}、G_r^{dBi} 分别是发送天线和接收天线的增益；L_c^{dB} 是电缆损耗；L_0^{dB} 是 d_0 处的自由空间路径损耗，这些参数可以根据设备规范直接得到。在不引起混淆的基础上，后文将 P^{dBm} 和 P_0^{dBm} 简写为 P 和 P_0。

我们在 60 m×2 m 的矩形实验室走廊对该模型进行了实际测试，实验中只采用 1 个信标节点，将其布置在长条矩形走廊的中心位置。测试节点从距离信标节点为 1 m 开始，每隔 1.2 m 采集一次信号强度，共采集 37 个点，结果见图 4-3 所示。

在这种实验环境中，在 $d_0=1$ m 时的信号强度为 $P_0=48.92$，路径衰落指数 $\eta=1.28$，拟合优度 $R^2=0.545\,6$，在实际应用中，R^2 在 0.9 以上较好。从图 4-3 可以看出，RSSI 测距法中，所测量的距离与信号强度并没有准确的对应关系，波动较大。

我们也在中国矿业大学的防空洞内进行了类似的实验，巷道剖面如图 4-4 所示，为 82 m×2.94 m 的矩形，测试区域有两个相距约 30 m、宽 5.7 m 的硐室。防空洞在温度、湿度、巷道形状、对无线电波传播的影响等方面与矿井巷道极为相似，相比楼道，其测试结果对矿井动目标定位系统的设计和部署更具有借鉴意义。

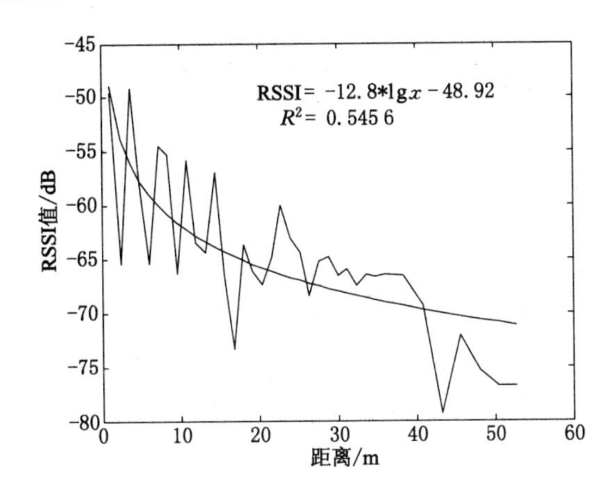

图 4-3 走廊实验信号强度与距离拟合图

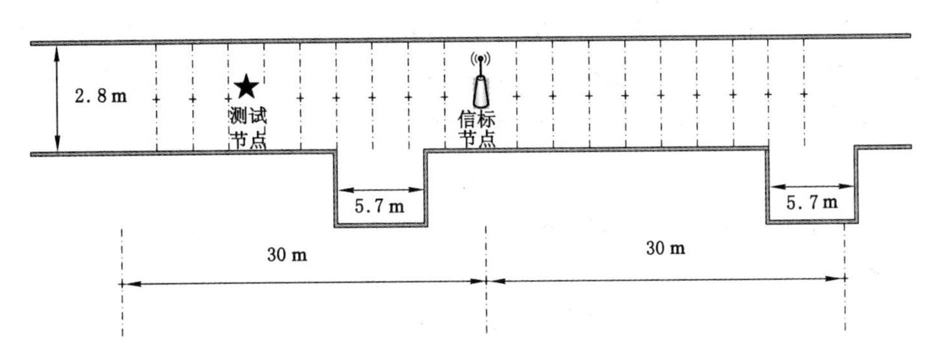

图 4-4 防空洞剖面示意图

实验中也只采用 1 个节点为信标节点，将其布置在矩形巷道的宽度中点上。测试节点从距离锚节点 1 m 开始，每隔 3 m 记录一次信号强度，共采集 28 个点，其信号强度与距离的关系如图 4-5 所示。

可以看出，在防空洞环境与楼道环境，信号强度与节点距离的总体规律是相似的：总体趋势递减，但是在特定位置的信号强度并不唯一，而是呈现出很大的波动性。在 $d_0=1$ m 处的信号强度为 $P_0=62.4622$，路径衰落指数 $\eta=1.7182$，拟合优度 $R^2=0.7591$，在实际应用中，R^2 在 0.9 以上较好。

这两个实验提示我们，仅仅依据 1 个信标节点或 1 个定位标签，得到的 RSSI 与距离的关系是不太可靠的。当目标节点配备 1 个定位标签的时候，标签节点的位置就是目标节点的位置；当目标节点配备多个定位标签的时候，这些标签之间可以相互协作，同时只要定位出 1 个标签位置，即可知道目标位置。

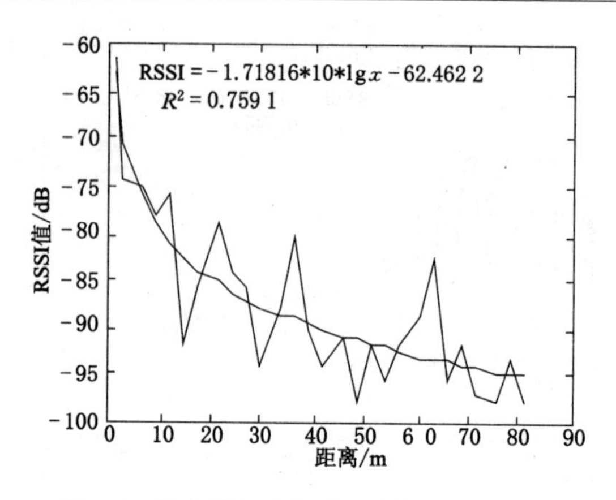

图 4-5 防空洞实验信号强度与距离的关系

先假设有 N 个标签节点，记为 $\boldsymbol{U}=\{u_1,u_2,\cdots,u_N\}$，$u_i$ 的真实位置为 $\boldsymbol{u}_i$，估计位置为 $\boldsymbol{u}_i'$；假定有 M 个信标节点，记为 $\boldsymbol{B}=\{b_1,b_2,\cdots,b_M\}$，$b_k$ 的真实位置为 $\boldsymbol{b}_k$。根据式(4-1)，标签节点与信标之间的估计距离为：

$$d'=d_0\cdot 10^{\frac{P_0-P}{10\cdot\eta}} \tag{4-3}$$

令标签节点与信标节点之间的真实距离为 d，定位问题需要使得 $|d-d'|$ 最小，即：

$$\min_L \sum_{i\in U}\left(\sum_{k\in A_i}\left|\ \|\boldsymbol{u}_i'-\boldsymbol{b}_k\|-R_{ik}\right|\right) \tag{4-4}$$

其中，$L=\{p_1,p_2,\cdots,p_N\}$ 是目标节点的可能位置集合；R_{ik} 为标签节点 i 与信标节点 b_k 之间的估计距离；A_i 为目标节点的邻居信标节点集。

4.2.2 非专门节点辅助的定位精度增强

本节提出一种非专门节点辅助的矿井移动目标定位精度增强方法(A Non-Specialized Node Assisted Enhancement Method of Localization Precision, NSnodeEnh)[108]。考虑到感知节点的主要功能是数据采集，对于定位系统而言，这些感知节点不是专门用来定位的，因此称为非专门节点。NSnodeEnh 包括两个阶段：① 移动目标在巷道中行进过程中，利用现有定位系统对其进行定位，得到初步定位结果；② 移动节点与通信范围内的非专门节点通信，接收其发送的位置信息及信号强度，对得到的初始定位结果进行修正，求得移动目标的最终结果。具体步骤如下：

(1) 移动目标(未知节点)在巷道中行进，期间周期性地广播无线电信号。

现有定位系统每隔时间 t 对移动目标定位一次，得到初步定位坐标，记为 $lp(i)$。

(2) 未知节点广播一条非专门节点搜索信息，用以搜索初步定位结果点附近的非专门节点，广播的范围是未知节点通信半径内的巷道区域。处于通信范围的非专门节点在收到搜索信息后，向移动节点发出一条无线电信息作为确认，该确认信息中包含了这个非专门节点的坐标 $sensor(n)$ 及信号强度信息 $strength(n)$。

(3) 移动节点收到该确认信息后，利用式(4-3)计算非专门节点和移动节点之间的距离 d_n。在矿山物联网架构下，不但同一子系统(比如定位系统)中的节点之间可以彼此通信，而且不同子系统(比如微震监测预警系统与定位系统)在矿山物联网管理平台的管理调度下也可实现"物-物相连"，这是物联网的本质特征和题中之意。因此，目标节点不但能收到定位系统中的信标节点的信号，也能收到其他系统中的非专门节点的信号并正确解析。

(4) 利用位置修正方法，求得移动目标经过位置修正后得到的坐标点 $p(i)$。

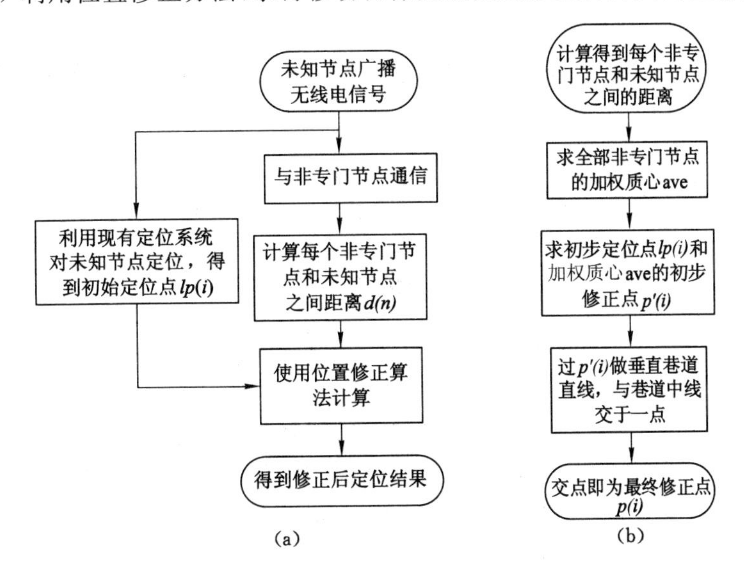

图 4-6 NSnodeEnh 算法流程和修正流程

(a) NSnodeEnh 整体算法流程；(b) NSnodeEnh 位置修正流程

上述 NSnodeEnh 算法的整体如图 4-6(a)所示，其中第 4 步的位置修正方法见图 4-6(b)，具体步骤如下：

① 利用式(4-5)计算全部非专门节点的加权质心 ave：

$$\begin{cases} x_{ave} = \dfrac{\sum\limits_{n=1}^{N} w_n x_{sensor(n)}}{\sum\limits_{n=1}^{N} w_n} \\ y_{ave} = \dfrac{\sum\limits_{n=1}^{N} w_n y_{sensor(n)}}{\sum\limits_{n=1}^{N} w_n} \end{cases} \tag{4-5}$$

其中，w_n 为 d_n 的倒数；$w_n=\dfrac{1}{d_n}$；N 为感知节点数目。

② 利用式(4-6)求解加权质心 ave 和初步定位点 $lp(i)$ 的初步修正点 $p'(i)$：

$$\begin{cases} x_{p'(i)} = ax_{lp(i)} + bx_{ave} \\ y_{p'(i)} = ay_{lp(i)} + by_{ave} \end{cases} \tag{4-6}$$

其中，a、b 为权值因子并满足 $a+b=1$，可根据实际情况调整其数值，寻求 $p'(i)$ 的最优解。

③ 过 $p'(i)$ 作垂直巷道的直线，与巷道中线的交点即为最终修正点 $p(i)$，如图 4-7 所示。

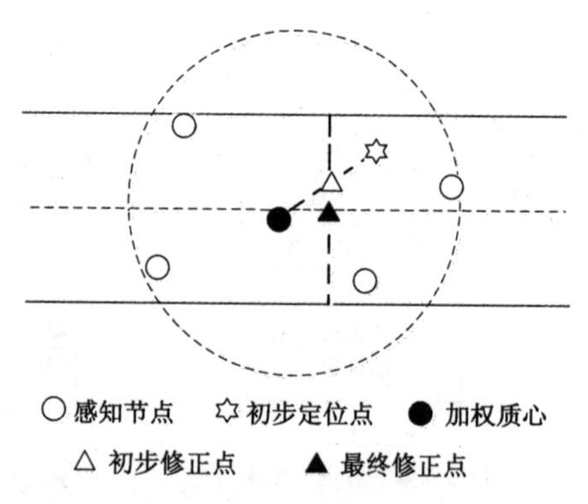

图 4-7　求解 NSnodeEnh 的最终修正点

4.3　基于双标签节点的目标定位

4.3.1　双标签定位原理

从 4.2.1 的测距模型和实验可知，基于 RSSI 的测距方法的精确度受衰落效应的影响非常明显[109, 110]，致使采用单标签的矿井定位系统的精度低下，定位结果不稳定，存在严重的位置漂移。矿井运动目标可根据其外形分成两类，即与巷道平行的长条状对象，如矿车、采煤机，此处称为第一类矿井运动目标；与巷道垂直的长条状对象，如人员、猴车，此处称为第二类矿井运动目标。这些装备和人员完全可以安装两个甚至多个定位标签，利用多个标签之间的空间约束提高定位精度；这些标签还可以自组成网，借用体域网的最新成果规划标签之间的数据路由和共享策略[111,112]。此处采用双标签的方法进行矿井运动目标定位。

先研究第一类矿井运动目标。如图 4-8 所示，以矿车为例，在矿车的车头和车尾各安装一个定位标签 U_1 和 U_2，它们之间的距离是已知的，用 L 表示。由于矿车是刚性物体，因此只要定位出任何一个标签，即可知道矿车在巷道中的位置。每个标签都能同时与两个安装在巷道顶板中线的定位基站 B_1 和 B_2 通信，U_1 和 U_2 到直线 B_1B_2 的垂足分别为 P_1 和 P_2，$|U_1P_1|=|U_2P_2|=H$ 为标签到顶板中心的高度，为已知条件。由于目标在巷道中宽度维上的意义不大，因此可以建模为一维定位，这里不妨以直线 U_1U_2 为横轴，令 U_1 的横坐标为 x，则 U_2 的横坐标为 $x+L$；纵轴为与巷道纵向中分平面向上的方向。只要求解出 x 在满足一定优化条件下的 x_{opt} 值，就实现了矿车的定位。

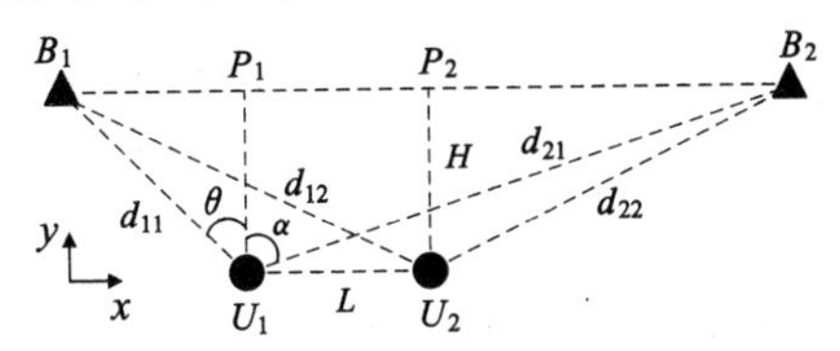

图 4-8　第一类矿井运动目标双标签定位

定位基站的坐标(x_B, H)和(x_B+L_B, H)、基站之间的距离$|B_1B_2|=L_B$ 是已知的。设 U_1 和 U_2 的坐标分别为$(x, 0)$和$(x+L, 0)$。显然，$x_B\leqslant x\leqslant x_B+L_B$。设 B_1 与标签 U_1 和 U_2 的距离分别为 d_{11} 和 d_{12}，B_2 与标签 U_1 和 U_2 的距离分别为 d_{21} 和 d_{22}，$\angle B_1U_1P_1=\theta$，$\angle P_1U_1B_2=\alpha$。

构造优化函数 $f(x)$：

$$f(x)=\sum_{i=1}^{2}\sum_{j=1}^{2}[(x_{U_i}-x_{B_j})^2+(y_{U_i}-y_{B_j})^2-d_{ij}^2]^2 \tag{4-7}$$

式(4-7)右边平方的目的是为了保证每一项都为正，以免求和的时候正负抵消。其中，(x_{U_i}, y_{U_i})为标签 $U_i(i=1,2)$的坐标，且 $x_{U_1}=x$，$x_{U_2}=x_{U_1}+L$，

$y_{U_1}=y_{U_2}=0$；(x_{B_j},y_{B_j})为定位基站$B_j(j=1,2)$的坐标，且$x_{B_1}=x_B$，$x_{B_2}=x_{B_1}+L_B$，$y_{B_1}=y_{B_2}=H$。这些量中，(x_{U_i},y_{U_i})是已知条件，d_{ij}可用式(4-3)得到，因此式(4-7)中只有x是未知量。

4.3.2 目标位置求解

将U_1、U_2、B_1、B_2和d_{ij}代入式(4-7)，得：

$$f(x)=[(x-x_B)^2+H^2-d_{11}^2]^2+[(x-x_B-L_B)^2+H^2-d_{21}^2]^2+[(x+L-x_B)^2+H^2-d_{12}^2]^2+[(x+L-x_B-L_B)^2+H^2-d_{22}^2]^2 \tag{4-8}$$

如果定位结果是无偏估计，则$|U_iB_j|=d_{ij}$，从而使得$f(x)=0$；如果是有偏估计，应取能够使得$f(x)$最小的x，即矿车位置x_{opt}可以通过求解使得$f(x)$最小的x值获得：

$$x_{opt}=\min f(x) \tag{4-9}$$

可以通过求$f(x)$一阶导数$f'(x)$，并令$f'(x)=0$求解式(4-9)的最小值，不过非常繁琐。这里提出一种简便的迭代式求解方法。迭代法需要一个迭代初值x_0，这可以通过常见的单标签矿井目标定位方法获得。由于$\sin\theta=(x-x_B)/d_{11}$，$\cos\theta=H/d_{11}$，$\sin\alpha=(x_B+L_B-x)/d_{21}$，$\cos\alpha=H/d_{21}$，因此有：

$$\begin{aligned}\cos(\angle B_1U_1B_2)&=\cos(\theta+\alpha)=\cos\theta\cos\alpha-\sin\theta\sin\alpha\\&=(H/d_{11})(H/d_{21})-[(x-x_B)/d_{11}][(x_B+L_B-x)/d_{21}]\\&=[x^2-(2x_B+L_B)x+L_Bx_B+x_B^2+H^2]/(d_{11}d_{21})\end{aligned}$$

同时，$\cos\alpha=H/d_{21}$，$\sin\alpha=(x_B+L_B-x)/d_{21}$，因此有：

$$\cos(\angle B_1U_1B_2)=\cos(\theta+\alpha)=[x^2-(2x_B+L_B)x+L_Bx_B+x_B^2+H^2]/(d_{11}d_{21}) \tag{4-10}$$

针对$\triangle B_1U_1B_2$，根据余弦定理，有：

$$\begin{aligned}L_B^2&=d_{11}^2+d_{21}^2-2d_{11}d_{21}\cos(\theta+\alpha)\\&=d_{11}^2+d_{21}^2-2[x^2-(2x_B+L_B)x+L_Bx_B+x_B^2+H^2]\end{aligned} \tag{4-11}$$

利用一元二次方程求根公式解方程(4-11)，并令其为迭代初值x_0，得：

$$x_0=\frac{-b\pm\sqrt{b^2-4ac}}{2a}=\frac{1}{2}\cdot\left(2x_B+L_B\pm\sqrt{2d_{11}^2+2d_{21}^2-4H^2-L_B^2}\right) \tag{4-12}$$

其中，$a=1$；$b=-(2x_B+L_B)$；$c=L_Bx_B+x_B^2+H^2+\frac{1}{2}L_B^2-\frac{1}{2}d_{11}^2-\frac{1}{2}d_{21}^2$。

根据 $x_B \leqslant x \leqslant x_B + L_B$，可以消除一个解，得到唯一的迭代初值。

随后；以 x_0 为起始点，令 $x_{i+1} = x_i \pm \Delta x (i=0,1,2,\cdots,N)$，代入式(4-8)求得第 $i+1$ 次迭代的 $f(x)$ 值 $f_{i+1}(x_i)$。其中，N 为预设的最大迭代次数，Δx 为迭代步长。若 Δx 前取正号，则向 B_2 的方向迭代（右向迭代），反之则向 B_1 的方向迭代（左向迭代）。

迭代起始的时候，$x_{\mathrm{opt}} = x_0$。在迭代过程中，若 $f_{i+1}(x_i) < f_i(x_i)$，则令 $x_{\mathrm{opt}} = x_{i+1}$，否则保持不变。为了加快迭代速度，这里采用双向迭代，即令 $x_{i+1}^r = x_i^r + \Delta x$，$x_{i+1}^l = x_i^l - \Delta x$ 分别进行右向迭代和左向迭代。

迭代遇到下列条件结束：① 迭代次数超过阈值 N，整个迭代过程终止；② 若 $x_{i+1}^r \geqslant x_B + L_B$。但 $x_{i+1}^l > x_B$，则右向迭代结束，只进行左向迭代；若 $x_{i+1}^l \leqslant x_B$ 但 $x_{i+1}^r < x_B + L_B$，则左向迭代结束，只进行右向迭代；③ $x_{i+1}^r \geqslant x_B + L_B$ 且 $x_{i+1}^l \leqslant x_B$，整个迭代过程终止；④ 当 $f(x) \leqslant f_{\mathrm{th}}$ 的时候，整个迭代过程终止，其中 f_{th} 是给定的迭代误差阈值。

考虑到迭代初值虽然不是目标的精确位置，但应该位于精确位置附近，因此可用非线性迭代步长的方法，即越靠近 x_0，Δx 越小。非线性迭代可以在保证定位精度的同时加快迭代速度。

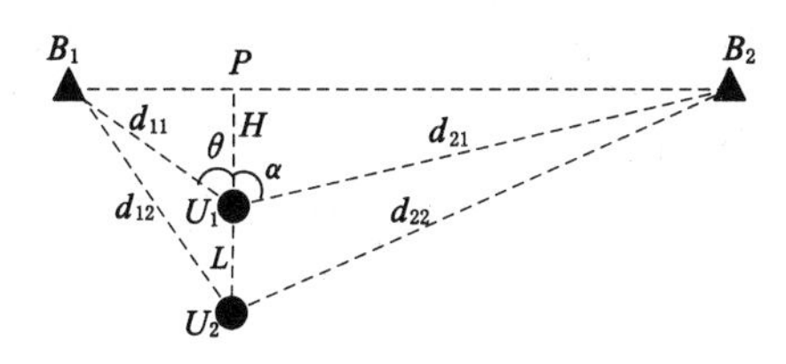

图 4-9　第二类矿井运动目标双标签定位

现在研究第二类矿井运动目标。如图 4-9 所示，以人员为例，分别在人员头灯、腰部电池中各安装一个定位标签 U_1 和 U_2，基站部署方法、定位标签与基站间距离 d_{ij} 表示方法与第一类矿井运动目标类似。在矿井定位系统中，矿工的身高差别可以忽略，因此 $|U_1U_2|$ 可看成常量。假定 $|U_1U_2| = L$，U_1 到 B_1B_2 的垂足 P 的距离 $|U_1P| = H$，$|B_1B_2| = L_B$。因此，可以采用与式(4-9)相同的优化函数和式(4-12)相同的迭代初值进行迭代求解 x_{opt}。

4.3.3 定位性能分析

本节通过仿真实验分析双标签法的定位精度。默认情况下，信标节点和定位标签的发送功率分别为 60 mW 和 4 mW(CC2530F256 芯片的默认值),路径衰落指数 $\eta=2.6$[12],噪声方差 $\sigma^2=1$,$P_0=-48.9231$ dBm,标签间距 $L=1$ m,基站间距 $L_B=50$ m,迭代步长 $\Delta x=0.1$ m。每个实验运行 1 000 次,取其平均值作为最终结果。

(1) 双标签和单标签的定位精度对比

采用默认参数设置,分别用单标签法和双标签法进行定位,得到如图 4-10 所示的定位结果,其中,横坐标表示标签 1 在两个信标间的不同位置。单标签定位法只考虑标签 1,而双标签法还将考虑与其相距 L、同样部署在待定位目标上的标签 2。

从图 4-10 可以看出,无论是单标签定位,还是双标签定位,定位误差都是先增大、再减小、然后再次增大、减小,类似于 M 形。另外,无论目标位于巷道的哪个位置(即标签位置,因为标签节点随待定位目标一起运动),双标签法的定位误差始终比单标签法的小得多,体现出较优越的定位性能。

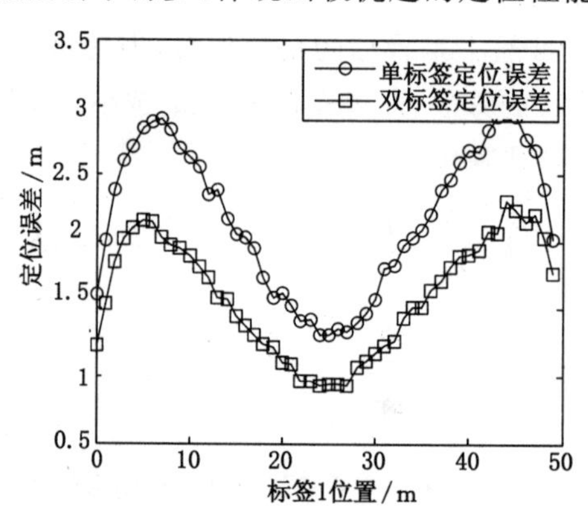

图 4-10　默认参数下单/双标签的定位误差

(2) 路径衰落指数的影响

不同矿井的路径衰落指数 η 差别很大。从式(4-1)可以看出,η 对 RSSI 测距影响很大,进而对定位结果造成很大影响。在此,将其他参数都设为默认值,令 η 值在 1.5～3 之间变化,得到如图 4-11 所示结果。注意,从图 4-11 开始,后文每个图都以棒图的方式绘制双标签法的定位结果,它不但能反映平均定位误差,而且能表达定位误差的最大值和最小值,平均值利于表现变化趋势,而最值则体现了波动范围。图 4-10 之所以不用棒图,一方面是因为两条曲线都是定位误差,同时用棒图易导致结果图难以分辨;另一方面,是由于在该处的主要任务是考察两种定位方法的平均定位能力。另外,为了反映双标签法相对单标签法的精度提升情况,后文将在每个图中叠加单标签法与双标签法的平均定位误差差值,简称平均误差差值。平均误差差值越大,说明双标签法相对单标签法的精度提升越高。同时绘制双标签定位误差和平均误差差值,比单纯绘制单/双标签法的定位误差更直观、更有说服力。

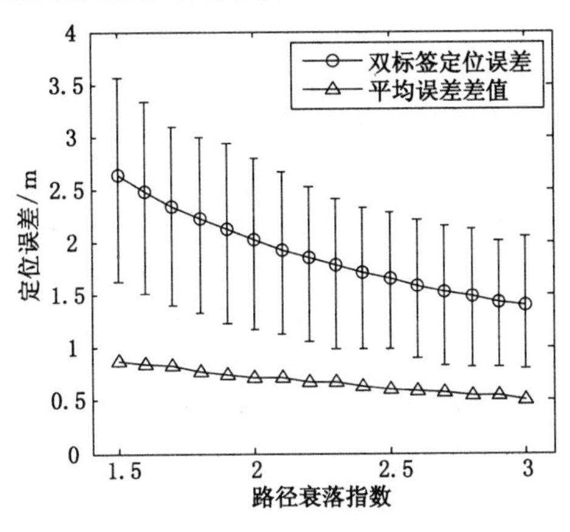

图 4-11 路径衰落指数对定位误差的影响

从图 4-11 可以看出,双标签法的定位误差随着 η 的增大而减小,说明定位精度随着 η 的增大而提高。另外,双标签法的定位精度在不同 η 情况都比单标签的高,只是随着 η 的增长,这种优势有所降低,但是平均误差差值(即定位精度提升值)始终维持在 0.5 m 以上,说明双标签法具有较强的环境适应能力。

(3) 环境噪声的影响

从式(4-1)可知,RSSI 定位也受到环境噪声 χ 的影响,它一般是零均值的高斯随机变量。现假定噪声方差为 σ^2,将除 σ^2 的其他仿真参数设为默认值,考察噪声对定位误差的影响,见图 4-12 所示。

从图 4-12 可知,定位误差随着噪声方差的增长而快速上升,但增长趋势随着噪声方差的增加而逐渐放缓;同时,平均误差差值也有上升的趋势,说明随着噪声方差的增加,双标签定位的优势越来越明显,这对环境噪声较大的矿井环境具有很强的现实意义。

(4) 信标间距的影响

信标节点的间距将影响 RSSI 测距结果,因为信标节点的分布直接影响着信标节点与目标节点的距离。同时,从式(4-12)可以看出信标间距也影响迭代初值

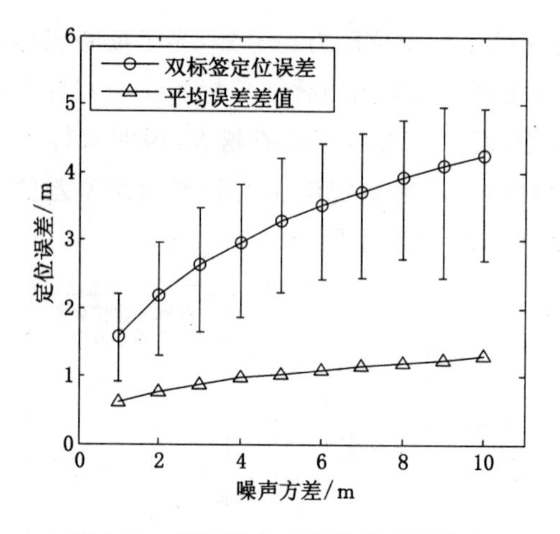

图 4-12 环境噪声对定位误差的影响

x_0 的选取。为此，将其他参数设为默认值，信标间距从 40 m 开始，以 10 m 为步长逐渐增加到 100 m，得到定位误差随信标间距的变化情况，见图 4-13 所示。

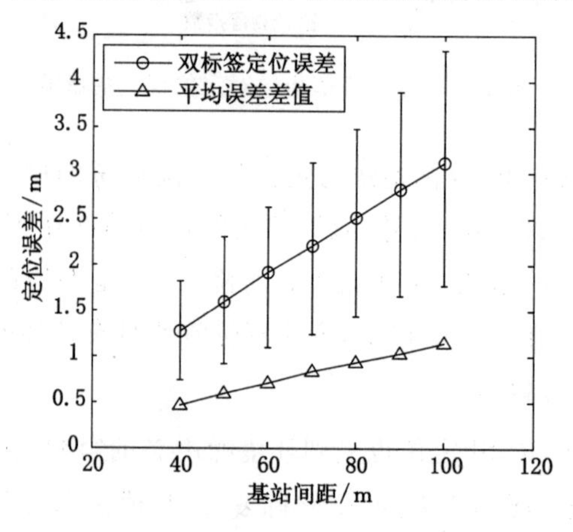

图 4-13 信标间距对定位误差的影响

从图 4-13 可以看出，双标签定位误差随着基站（信标）间距的增长而快速增大，这是很显然的结论，因为基站间距的增长导致无线电信号的快速衰减和 RSSI 不精确性的快速增加。另外，平均误差差值也线性递增，说明信标间距越大，双标签法的优势越明显，这对降低矿井定位基站部署数量很有好处。

(5) 其他因素的影响

双标签定位的其他可能影响因素包括标签间距 L 以及在迭代求精阶段所

使用的迭代步长 Δx，它们对定位误差的影响分别见图 4-14 和图 4-15。可以看出，无论是标签间距，还是迭代步长，对定位误差和平均误差差值的影响都很小。

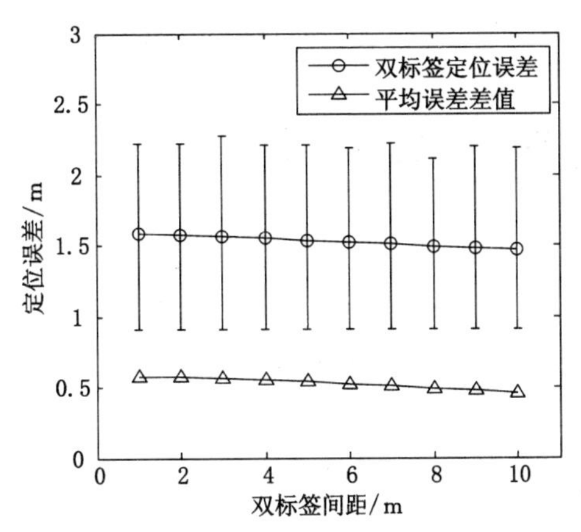

图 4-14　标签间距对定位误差的影响

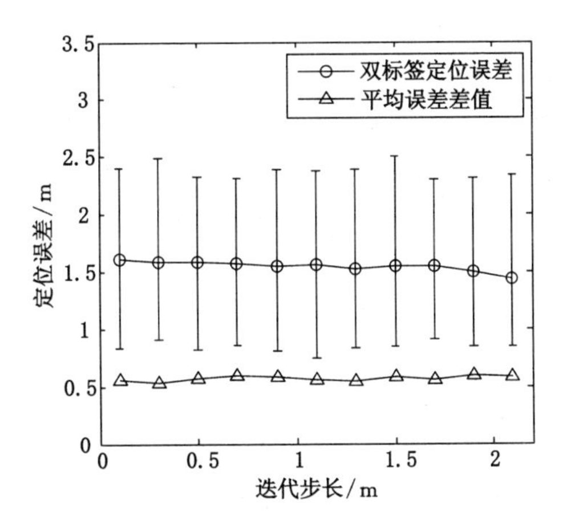

图 4-15　迭代步长对定位误差的影响

在矿井中的待定位目标不可能太长，从而使得双标签的间距不可能太大，图 4-14 的结果告诉我们，在实际中可以忽略物体长度对定位精度的影响，使得双标签法适用于不同形状或大小的矿井目标。图 4-15 的结果则告诉我们，在同等定位精度要求下，适当增大迭代步长对定位精度并无太大影响，因此可以增大迭代步长以加快定位速度。

综上，在不同路径衰减因子、信标间距、环境噪声、标签间距和迭代步长情况下,双标签法的定位误差都比传统单标签法低;双标签法比单标签法具有更强的环境适应能力和抗噪声能力;在同等定位误差要求下,需要的定位基站数目更少;双标签法适用于不同形状和大小的矿井目标而不仅仅是横/纵向长条状对象;在同等定位精度要求下,可以通过增大迭代步长加快定位速度。

4.4 基于证人节点的目标定位

本节提出一种基于证人节点的非替代性增强定位方法(Enhanced Localization Method based on Witness Nodes, WitEnLoc)[113],它从部署好的感知节点中选择出部分节点充当“证人”,证明目标是否处于定位系统给出的位置,使得定位精度更高,结果更加可信。

4.4.1 基于证人节点定位的基本思路

由于在矿井运动目标的定位中宽度维上的意义不大,因此将利用式(4-4)求得的定位结果投影到巷道中线上,用 V_I 表示该投影点,其坐标为 WitEnLoc 的定位初值。随后,基站将定位初值通过通信网络传输到地面物联网管控平台(图 4-16)。若定位初值是精确的,那么该位置附近的其他感知节点必然能够“看到”它。因此,需要找到能够证明目标节点是否位于定位初值位置附近的“证人节点”,证明目标是否位于定位初值所指定的位置,帮助现有定位系统提高定位精度。

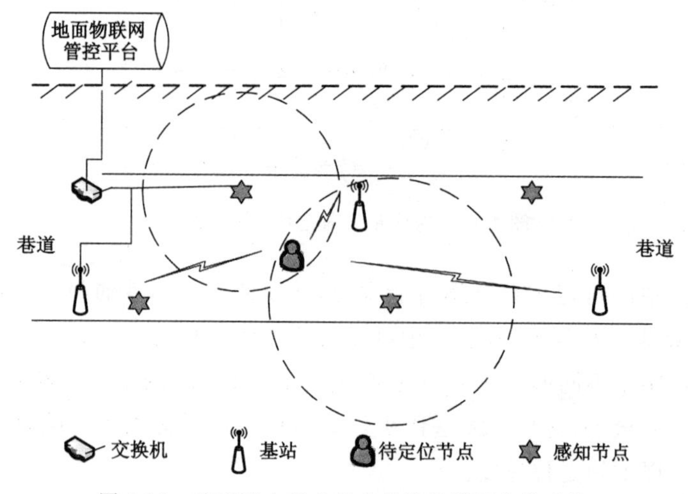

图 4-16 基于证人节点的非替代性增强定位系统

证人节点的确定可以通过物联网管控平台完成，因为管控平台不但是整个矿山物联网的操控平台，也是矿山物联网设备的管理平台，它知晓所有感知节点的安装位置。物联网管控平台得到定位初值之后，可以从数据库中查询到位于初值附近的感知节点，作为备用的证人节点。随后，由证人节点通过迭代的方式执行目标节点搜索，并对搜索结果进行修正，以增强定位精度。

证人节点增强定位的基本思路可以用图4-17来表示，关键步骤是目标节点搜索和搜索结果的修正。目标节点搜索是证人节点发起的，称为证人节点驱动的目标搜索；搜索结果修正需要两个证人节点或者“辅助”证人节点的参与，称为基于双证人节点的搜索结果修正。目标节点搜索是由证人节点发起的，称为证人节点驱动的目标搜索。如果备选证人节点数量 $N=|\boldsymbol{W}_p|=0$，就放弃后续过程，直接用 V_1 作为最终定位结果 V_F；否则，执行后文的目标节点搜索算法和定位初值修正算法。搜索结果修正需要两个证人节点或者“辅助”证人节点的参与，称为基于双证人节点的搜索结果修正，这里用 $\boldsymbol{W}=\{w_i|w_i\in\boldsymbol{W}_p,i=1,2\}$ 表示证人节点。

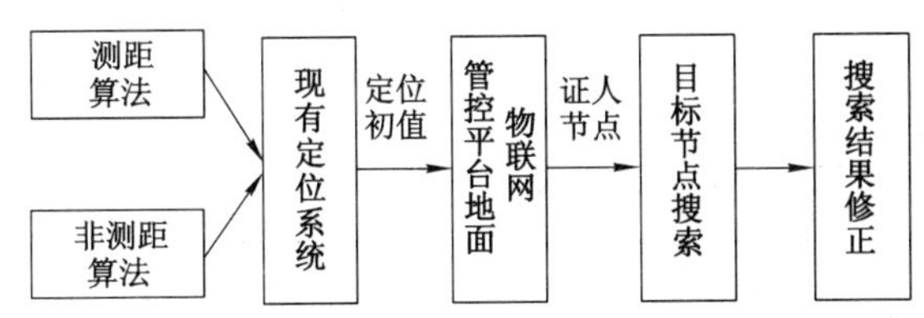

图4-17 证人节点增强定位的基本思路

令感知节点集为 $\boldsymbol{S}=\{s_1,s_2,\cdots,s_N\}$，备选证人节点集为：

$$\boldsymbol{W}_p=\{s_i|\ \|\boldsymbol{s}_i-\boldsymbol{V}_1\|\leqslant d_s,s_i\in\boldsymbol{S}\} \tag{4-13}$$

其中，$\boldsymbol{s}_i$ 和 $\boldsymbol{V}_1$ 分别是 s_i、V_1 的位置矩阵；d_s 为管控平台查询证人节点的查询半径。

4.4.2 证人节点驱动的目标搜索

为了证明目标是否位于 V_1 所指出的位置，证人节点向该位置发射无线电信号。如果目标位于该位置，目标节点必然能够收到该信号；否则，证人节点就以证人节点与目标节点之间的估计距离 d_i 为起始半径，分别减小或增大发射无线电信号半径，进行内向搜索或外向搜索。

假定感知节点的最大通信半径为 d_{max}。先讨论 $N=1$ 的情况，此时直接将该感知节点作为证人节点，用 w 表示。

证人节点 w 以自己为圆心、d_i 为初始搜索半径发送搜索信号，若目标节点能够监听到该信号，说明目标节点位于以 w 为圆心、d_i 为半径的圆（搜索圆）内；否则执行外向搜索。先假定目标节点位于搜索圆内，为了进一步缩小目标范围，继续以 w 为圆心、d_i-mr_0 为搜索半径进行搜索，直到搜索不到目标节点或搜索半径小于阈值为止，其中 m 为搜索次数，r_0 为搜索半径增量。这里将这种逐步减小搜索半径、向内搜索目标节点的方式称为内向搜索。

内向搜索有两种可能结果：① 在第 $m-1$ 次搜索到目标节点，第 m 次搜索不到；② 搜索半径小于阈值 r_{th} 导致搜索过程停止。第一种情况说明目标节点位于第 $m-1$ 次和第 m 次的两个搜索圆之间的圆环内，如图 4-18 所示。考虑到巷道的宽度一般比搜索半径小，因此可以进一步将目标节点的位置锁定在图 4-18 所示的两个阴影区域。定位初值修正阶段将会消除其中一个阴影区域，唯一确定目标节点所在区域。

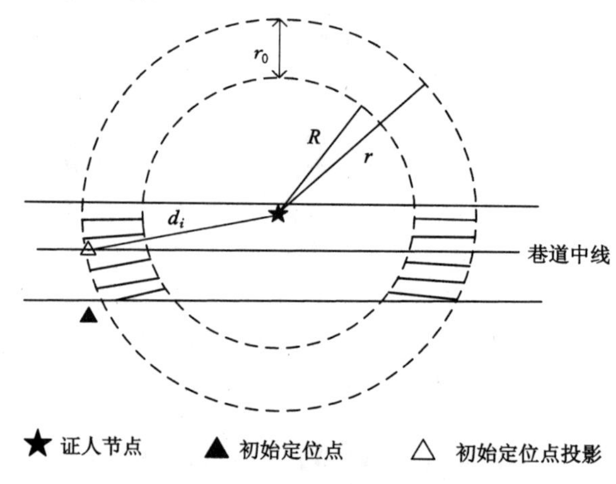

图 4-18　内向搜索目标位于搜索圆的圆环内

令目标节点坐标为(x_i,y_i)，则有：

$$r^2 \leqslant (x-x_i)^2+(y-y_i)^2 \leqslant R^2 \tag{4-14}$$

其中，(x,y)为证人节点坐标，为已知条件；r 和 R 分别是第 $m-1$ 次和第 m 次的搜索圆半径，即 $r=d_i-(m-1)\times r_0$，$R=d_i-m\times r_0$，且 $d_i \geqslant m\times r_0$。

下面讨论搜索半径小于阈值 r_{th} 导致搜索过程停止的情况，它说明目标节点位于最内层的搜索圆内，如图 4-19 所示。

此时，目标节点的坐标满足：

$$(x-x_i)^2+(y-y_i)^2 \leqslant r^2 \tag{4-15}$$

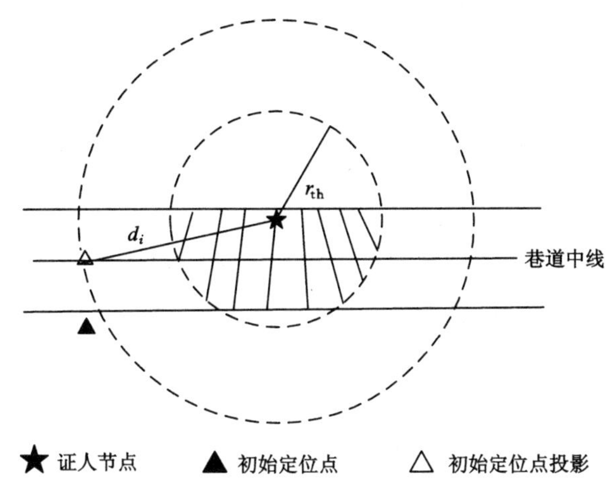

图 4-19 内向搜索目标位于最内层搜索圆内

其中，r 为最内层搜索圆的半径，即 $d_i-(m-1)\times r_0\geqslant r_{th}$ 且 $d_i-m\times r_0<r_{th}$，m 为搜索次数。

当证人节点以 d_i 为半径进行初次搜索没有发现目标节点，就增大搜索半径重新搜索。如果仍然搜索不到，就继续增加搜索半径，直到发现目标节点或者搜索半径大于 d_{max} 为止。这里将这种逐步扩大搜索半径、向外搜索目标节点的方式称为外向搜索。

外向搜索也有两种可能结果：① 在第 $m-1$ 次搜索不到目标节点，第 m 次搜到；② 搜索半径大于 d_{max} 导致搜索停止。第一种情况说明目标节点位于第 $m-1$ 次和第 m 次的两个搜索圆之间的圆环内，与内向搜索相似，目标节点位于图 4-20 中的两个阴影区域内，这种二值歧义将在定位初值修正阶段被消除。

此时，目标节点的坐标满足：

$$r'^2\leqslant(x-x_i)^2+(y-y_i)^2\leqslant R'^2 \tag{4-16}$$

其中，r' 和 R' 分别是第 $m-1$ 次和第 m 次的搜索圆半径，即 $r'=d_i+(m-1)\times r_0$，$R'=d_i+m\times r_0$ 且 $(d_i+m\times r_0)\leqslant d_{max}$。

如果搜索半径大于 d_{max} 而停止搜索，将无法搜索到目标节点，此时满足：

$$(d_i+m\times r_0)>d_{max} \tag{4-17}$$

4.4.3 基于双证人节点的目标定位

目标搜索阶段所确定的可能目标区域有两个（见图 4-18 和图 4-20），修正目标初值前必须先消除这种二值歧义。为此，引入另外一个证人节点，方法是：

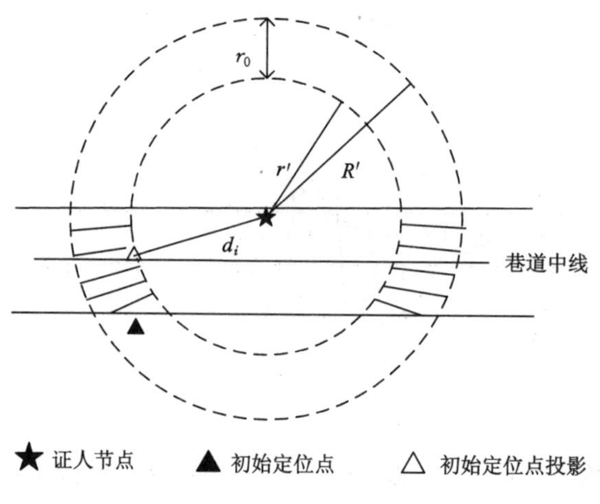

图 4-20 外向搜索目标位于搜索圆环内

① 如果 $N=0$，直接采用定位初值作为最终定位结果，即 $V_F=V_I$；② 如果 $N=1$，将该节点作为一个证人节点，同时选取距离 V_I 最近的基站作为一个辅助证人节点；③ 如果 $N\geqslant 2$，则选取距离 V_I 最近的两个感知节点作为证人节点。

确定好双证人节点之后，令 $w_i(i=1,2)$ 按照 4.4.2 的方法分别执行目标搜索，并按照下面三种情况对搜索结果进行修正：

(1) 两个证人节点的搜索结果同时满足式(4-17)

两个证人节点都无法搜索到目标节点，无法对定位初值进行任何增强，因此定位结果为 $V_F=V_I$。

(2) 只有一个证人节点的搜索结果满足式(4-17)

煤矿井巷种类很多，从不同角度可以有不同的分类方法。从定位角度看，煤矿巷道有长直巷道、弯曲巷道和分叉巷道三种，如图 4-21 所示。

图 4-21 煤矿巷道分类

(a) 长直巷道；(b) 弯曲巷道；(c) 分叉巷道

先考虑长直巷道的情况。由于只有一个证人节点搜索到目标节点，不妨令这个节点为 w_1，w_2 为无效证人节点。如图 4-22 所示，该图的左边证人节点即为 w_1。若 w_2 的搜索圆与 w_1 的右阴影圆环区域存在交叉，说明目标节点一定位于左边的阴影圆环区域，否则 w_2 能够搜到。此时过 w_1 作一条与巷道中线平行的直线 l，它与 w_1 左圆环区域的两个圆各存在一个交点，取这两个交点所构成直线段的中点，表示为 A_u。如果 w_2 的搜索圆与 w_1 的右阴影圆环区域不存在交叉或者存在部分交叉，则无法消除搜索结果的歧义，此时选择距离定位初值较近的一个阴影区域作为目标节点所在的区域，并用同样方法得到 A_u。

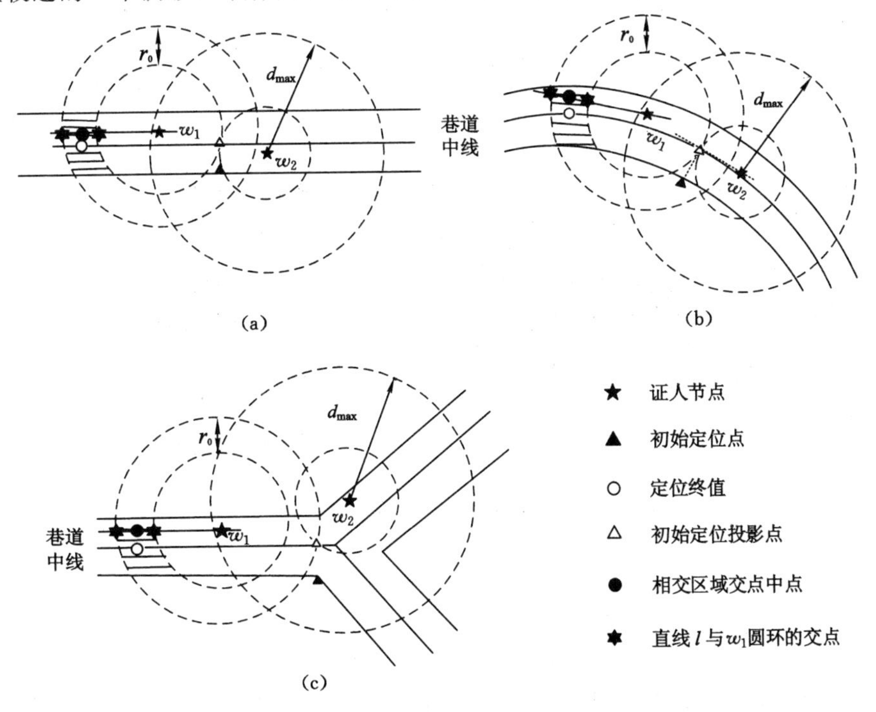

图 4-22　只有一个证人节点搜索到目标节点

(a) 长直巷道；(b) 弯曲巷道；(c) 分叉巷道

从图 4-22 可以看出，弯曲巷道和分叉巷道情况下完全可以用长直巷道同样的方法求得 A_u。

(3) 两个证人节点的搜索结果都不满足式(4-17)

两个证人节点都能有效起到“证人”的作用，如图 4-23 所示。连接 w_1 和 w_2 得到直线段 w_1w_2，若两个证人节点的搜索结果区域存在重叠，则 w_1w_2 与重叠区域的两段圆弧各存在一个交点，取这两个交点所构成直线段的中点，表示为 A_u。若两个证人节点的搜索结果区域没有交叉，则取左证人节点的右结果圆环的内圆弧、右证人节点的左结果圆环的内圆弧，w_1w_2 与这两个圆弧各有一个交点，取这两个交点的连线的中点，同理得到 A_u。

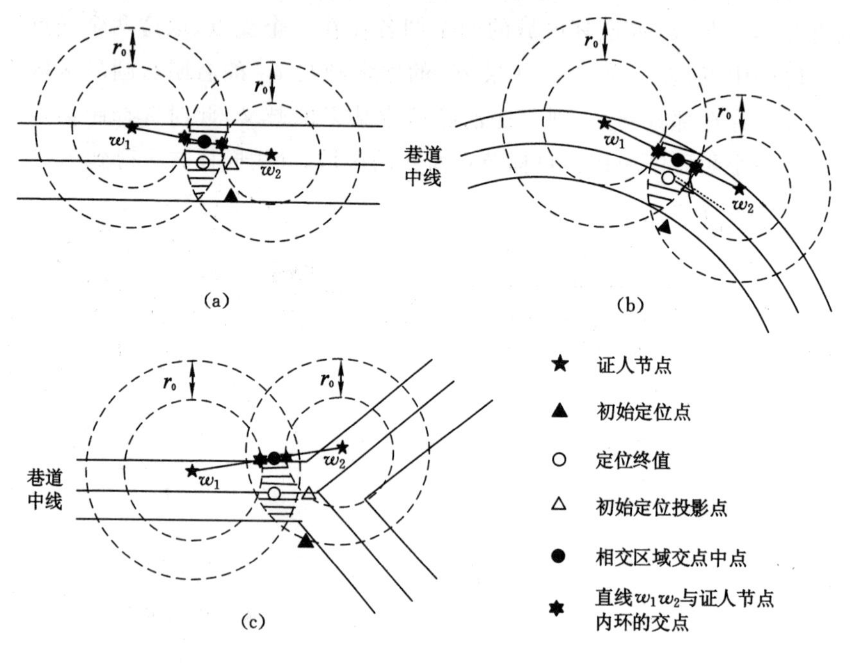

图 4-23　两个证人节点都搜索到目标节点

(a) 长直巷道；(b) 弯曲巷道；(c) 分叉巷道

最后，将 A_u 与定位初值 V_I 按照式(4-18)进行加权，得到 A_u'：

$$A_u' = \alpha A_u + (1-\alpha)V_I \tag{4-18}$$

其中，$\alpha(1 \geqslant \alpha \geqslant 0)$为 A_u 与 V_I 的调节权值。将 A_u'投影到巷道中心，即为定位终值 V_F。

下面结合图 4-24 描述基于证人节点的矿井运动目标增强定位算法的完整流程。

步骤 1：利用现有矿井定位系统对目标进行定位，并将定位结果投影到巷道中线，得到定位初值 V_I。

步骤 2：定位基站通过通信网络将 V_I 上报到物联网管控平台，在平台中查询位于定位初值附近的感知节点。

步骤 3：如果感知节点个数 $N=0$，直接取定位初值作为最终定位结果；若 N

=1,该节点必须被选取为证人节点,同时选取距离初值最近的基站充当辅助证人节点;$N \geqslant 2$,取距离初值最近的两个感知节点作为证人节点。

步骤 4:两个证人节点分别执行目标搜索算法,得到目标所在的区域。

步骤 5:对搜索到的结果进行修正,得到 A_u。

步骤 6:利用 A_u 对定位初值 V_I 进行加权,得到定位终值 V_F。

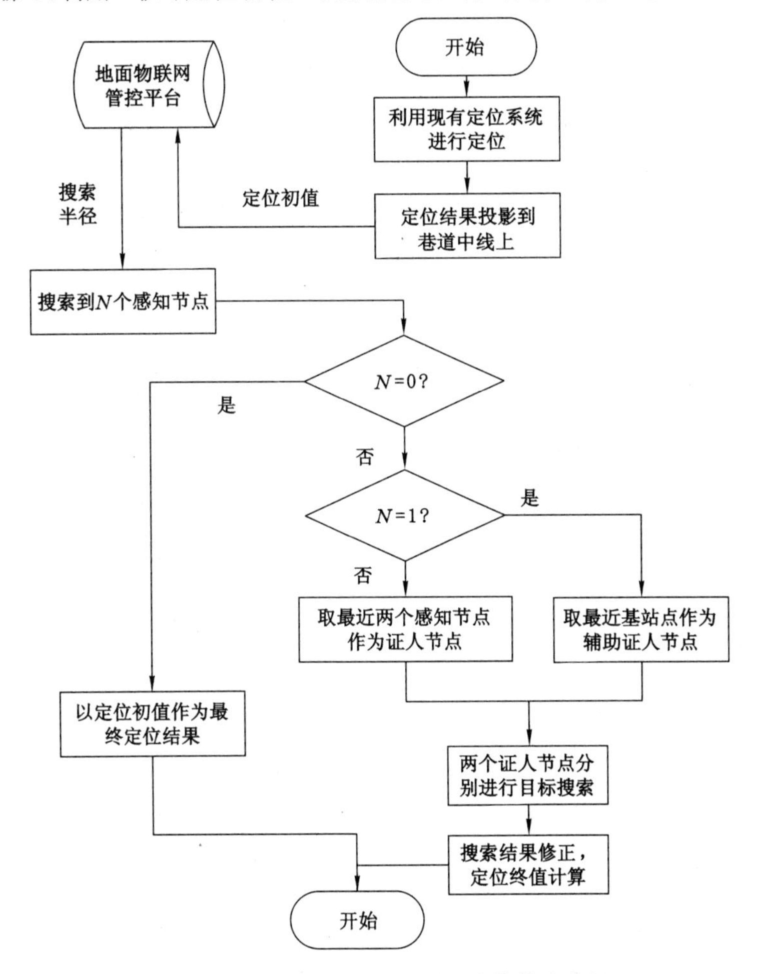

图 4-24 基于证人节点的增强定位算法流程

4.4.4 定位性能分析

现在利用仿真实验验证 WitEnLoc 算法的性能。仿真煤矿巷道为 100 m 长直巷道,感知节点总数 $N_{ST}=10$ 个,搜索半径增量 $r_0=1$ m,调节权值 $\alpha=1$,

搜索半径阈值 $r_{th}=4$ m,证人节点查询半径 $d_s=20$ m,感知节点最大通信半径 $d_{max}=20$ m,在巷道不同位置共定位 21 次。除定位误差外,引入修正率表征 WitEnLoc 的修正能力,它是成功修正的定位次数与总定位次数的比率。不失一般性,假定现有定位系统使用基于 RSSI 的最小二乘法(RSSI_LS)或基于 TDOA 的 Chan 算法(TDOA_Chan),其定位误差分别为 5.232 8 m 和 2.084 5 m。

(1) WitEnLoc 对现有定位系统的增强效应

图 4-25 给出了 WitEnLoc 对现有定位系统的增强效果。可以看出,对 RSSI_LS 和 TDOA_Chan,修正后的平均定位误差分别为 1.363 3 m 和 1.336 0 m,精度分别提高了73.95%和 35.91%,这说明无论现有定位系统采用 RSSI_LS 还是 TDOA_Chan,WitEnLoc 均有较强的精度增强能力;原系统定位精度越低,增强效果越明显。

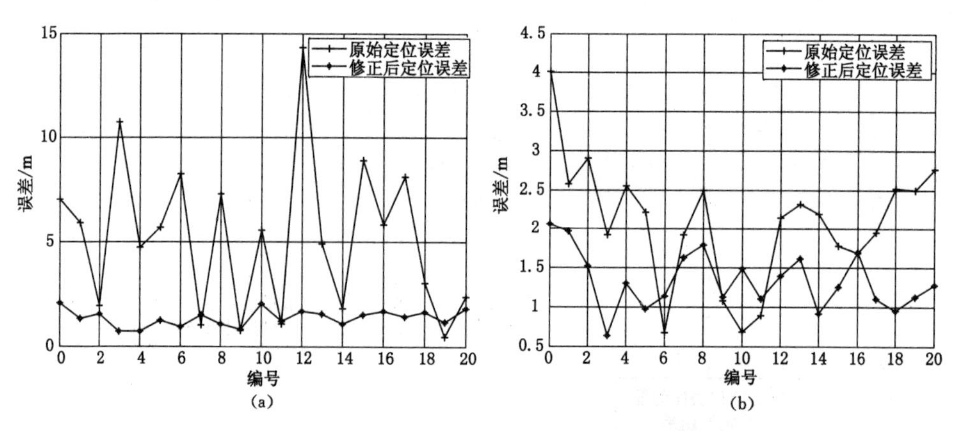

图 4-25 WitEnLoc 对现有定位系统的精度增强效应

(a) 对 RSSI_LS 的增强效应;(b) 对 TDOA_Chan 的增强效应

(2) 调节权值的影响

从式(4-18)可以看出,α 控制着 A_u 对 V_I 的调节程度:α 值越大,定位终值越依赖于证人节点的调节。图 4-26 给出了不同 α 值对定位结果的影响,从图 4-26(a)可知,$\alpha=0$ 时修正率为 0,因为定位终值没有考虑证人节点的贡献;当 $\alpha \geqslant 0.1$ 之后,α 值的变化对修正率不再具有影响。从图 4-26(b)可知,平均定位误差随着 α 的增大而减小,当 $\alpha=1$ 的时候,平均定位误差最小,定位精度最高。这说明,相比定位初值 V_I 而言,修正值 A_u 对定位终值 V_F 的贡献更大。因此,将 α 的默认值设定为 1。

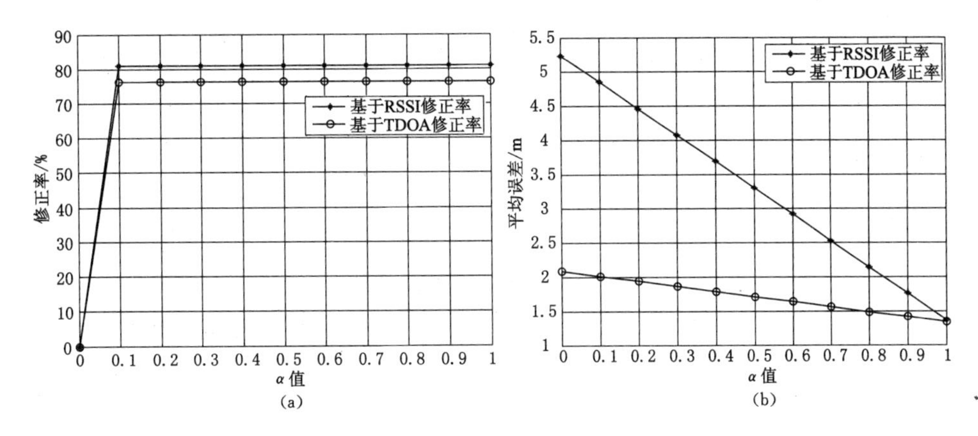

图 4-26 调节权值对定位效果的影响

(a) 对修正率的影响;(b) 对平均定位误差的影响

(3) 感知节点总数的影响

N_{ST}决定了目标节点附近的感知节点个数,进而决定了候选证人节点数量。为了研究 N_{ST}对定位效果的影响,在 100 m 的巷道内逐渐增加感知节点的数量,观察修正率和平均误差的变化,如图 4-27 所示。可见随着 N_{ST}的增加,修正率快速上升而平均定位误差则快速降低;当 N_{ST}达到 10 以后,修正率和平均定位误差基本达到稳定状态。因此,证人节点能够大幅提升定位精度,不过达到双证人节点的要求之后,继续增加候选证人节点数量对定位精度的影响很小。当然,研究候选证人节点数量对定位精度影响需要研究感知节点的部署策略,不过 WitEnLoc 的设计目标是在不新增设备的情况下尽量提高定位精度,即目标节点附近有感知节点则提高精度,没有则维持现状,因此不讨论节点部署方法。

(4) 搜索半径增量的影响

搜索半径增量 r_0 是目标搜索阶段连续两次搜索的搜索半径变化量,反映了目标搜索的精细程度。从图 4-28 可以看出,随着 r_0 的增加,搜索过程越来越粗糙,修正率逐渐越低,平均定位逐渐误差逐渐增大。不过,较小的 r_0 取值虽然能够提升精度和修正率,但是算法需要更多的搜索次数,因此需要更长的搜索时间。

综上,无论现有定位系统采用何种定位方法,WitEnLoc 均有较强的精度增强能力。调节权值、感知节点总数和搜索半径增量对算法效果具有很大的影响:调节权值越大,定位精度越高;在未达到双证人节点要求的节点数量之前,

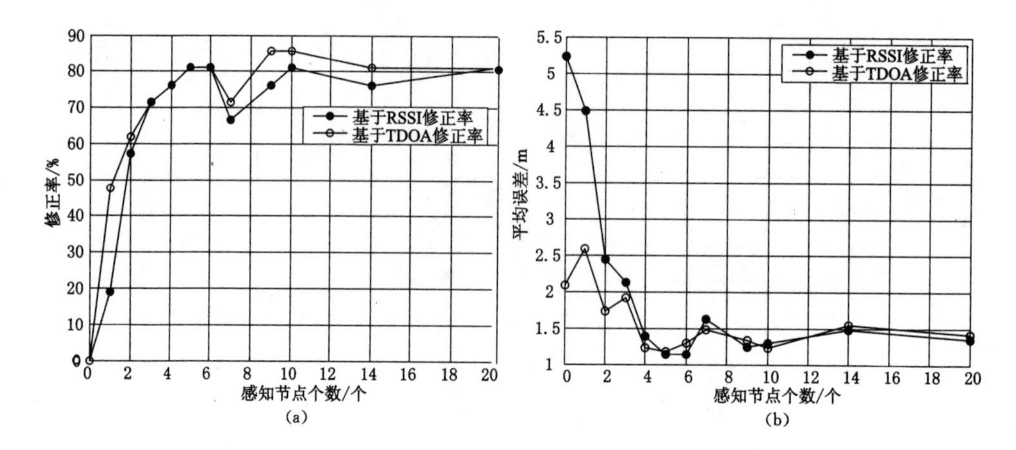

图 4-27　感知节点总数对定位效果的影响

(a) 对修正率的影响;(b) 对平均定位误差的影响

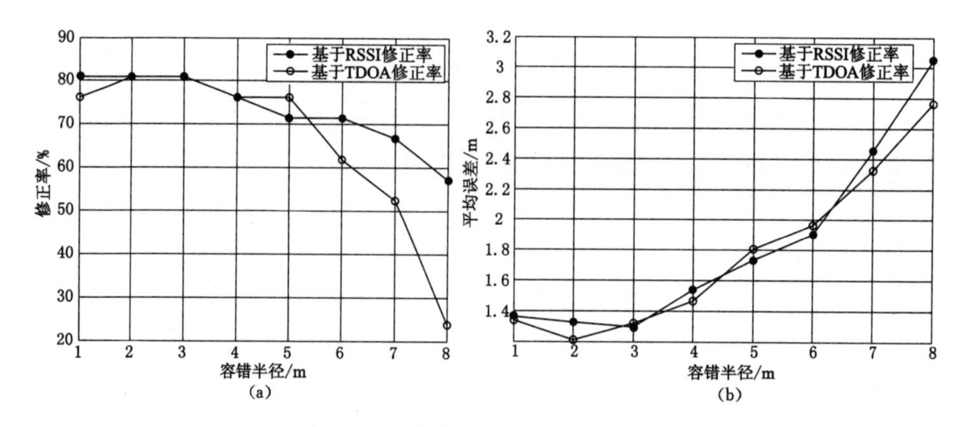

图 4-28　搜索半径增量对定位效果的影响

(a) 对修正率的影响;(b) 对平均定位误差的影响

感知节点总数的增长能够快速提高定位精度，达到该要求之后，感知节点总数的增长对定位精度影响变得微弱；搜索半径增量越大，定位精度越低，搜索时间越短。

5 工作面定位 WSN 模型及其时间同步

工作面是煤矿井下环境最恶劣最危险的场所，也是煤矿事故发生的源头。为了完成采煤工作，工作面部署了采煤机、刮板运输机、液压支架、转载机、破碎机等大型设备和系统，它们在人员的控制下协同工作，完成割煤、移架、移刮板输送机、放煤和顶板支护等生产流程[114]。工作面中的动目标不但种类众多，而且情况复杂，致使工作面的动目标定位有自己独特的定位场景和需要解决的定位难题。首先，由于井下没有卫星信号覆盖，使得基于 GPS 的定位方法无法使用。其次，由于所有的节点和设备都会随着煤炭开采的进行而移动，没有坐标位置不变的节点，使得基于信标节点的定位技术无法在工作面中有效使用。最后，采煤机、支架的移动会使得信号传输空间处于连续变化状态，而传统的室外、室内或者煤矿巷道的定位算法均假定定位过程中通信的物理空间不会频繁变化，将其直接用在工作面效果不佳。本书将阐述工作面定位的基本思路，并提出基于 TOA、DOA 和可见光通信的三种定位方案，其中基于 DOA 和可见光通信的定位分别在第 6 章和第 7 章介绍，本章介绍基于 TOA 的工作面定位方法。对于基于 TOA 的定位方法而言，核心是时间同步精度，为此，本章将研究工作面定位 WSN 的部署方法，以及在该网络中的时间同步影响因素，并设计针对性的时间同步算法。

5.1 工作面目标定位的基本思路

工作面（图 5-1、图 5-2）不同于巷道的主要地方，在于其随着生产不断推进的特性。在采煤过程中，液压支架的前柱和后柱、采煤机以及煤壁的位置都是移动的，使得在该区域无法及时部署有线定位和通信网络，只能使用无线定位[115]。智能天线、无线传感器网络和可见光通信技术能够为工作面动目标的定位问题提供良好的解决思路。WSN 可以自组成网，同时具有部署灵活、扩展简便的特点。智能天线通过将极化特性相同、增益相同、各向同性的天线阵元，按照直线等距、圆周等距或平面等距的方式排列成天线阵列[93]，并在每个阵元的输出端增设权因子控制器，用以改变输出信号的幅度和相位，从而改变天线阵的方向图。工作面具有照明灯具和照明电缆，为实施可见光通信＋电力载波通信的煤矿工作面通信提供了有利的条件，也为构建基于可见光通信的定位系统奠定了基础。

图 5-1　煤矿工作面实照图

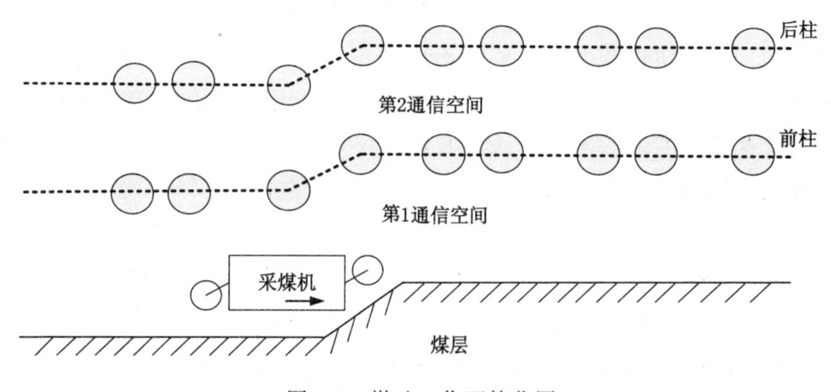

图 5-2　煤矿工作面简化图

本章和第 6 章研究基于智能天线和 WSN 的定位方案，它们是紧密融合的，因此这里先介绍它们的总体思路；基于可见光通信的定位相对比较独立，将其放在第 7 章介绍。

将定位 WSN(Positioning WSN，PWSN)节点安装在工作面设备上(比如液压支架的支柱和悬梁、采煤机的两个滚筒和机身)，让它们跟随设备的移动而移动，它们之间自组织形成 AdHoc 网络，作为工作面移动目标的定位网络。需要定位的人员和设备等动目标都装备具有定位功能的 WSN 节点，从而构成一种灵活的定位系统，解决了移动部署的难题。另外在上顺槽布置无线节点，它们的坐标已知，充当定位系统中的校准节点，如图 5-3 所示。

为了更清晰地反映工作面中 WSN 节点与设备的相对空间关系，我们将节

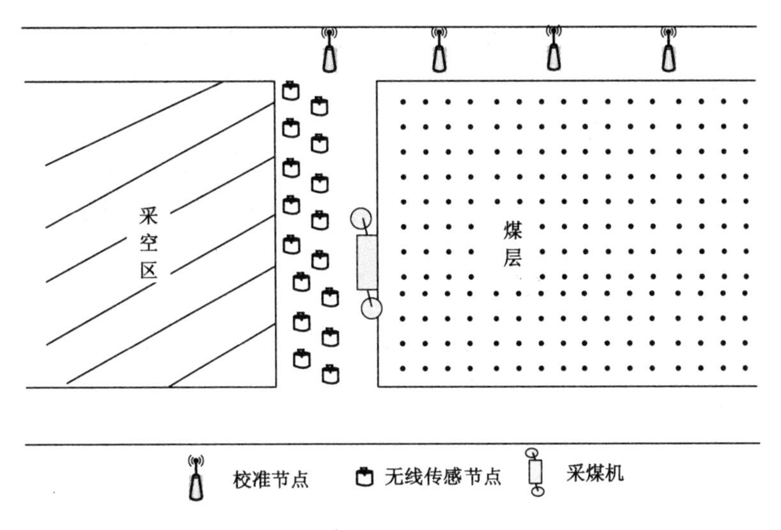

图 5-3 工作面定位 WSN 节点、校准节点的布置

点与液压支架、采煤机等一同画出，见图 5-4（从需要出发，与图 5-3 的方向成 90°角）所示。矿工佩戴具有定位卡的矿灯或其他具有无线收发功能的设备，需要定位的移动设备则直接将定位卡安装在设备上面，它们是需要定位的目标节点。

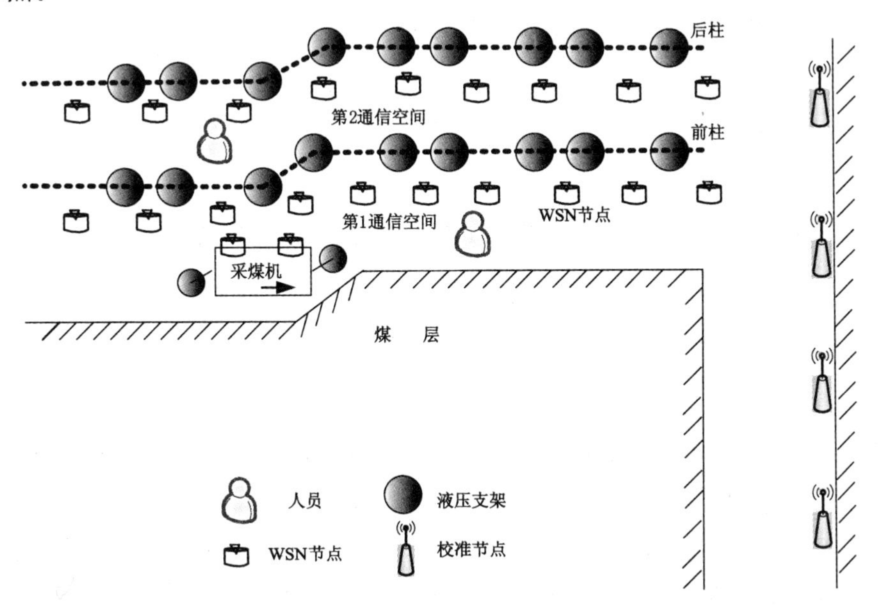

图 5-4 工作面 WSN 节点及其与设备的空间关系

节点部署好以后，其初始坐标是已知的，但是在以后生产过程中坐标是动态变化的(见图 5-5 和图 5-6)。同时，其他动目标的位置也存在同样的动态变化问题。因此，在这样的环境下进行目标定位，首先必须解决 WSN 节点的自定位问题，然后再以此为基础对人员、采煤机等动目标进行定位。

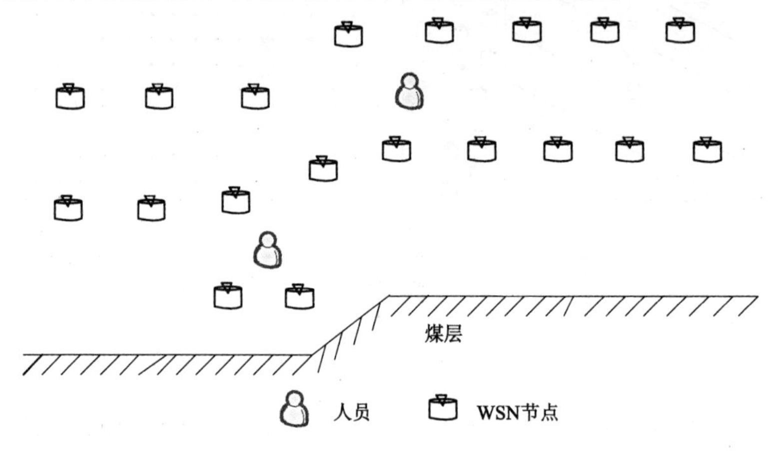

图 5-5　t 时刻的 WSN 节点分布情况

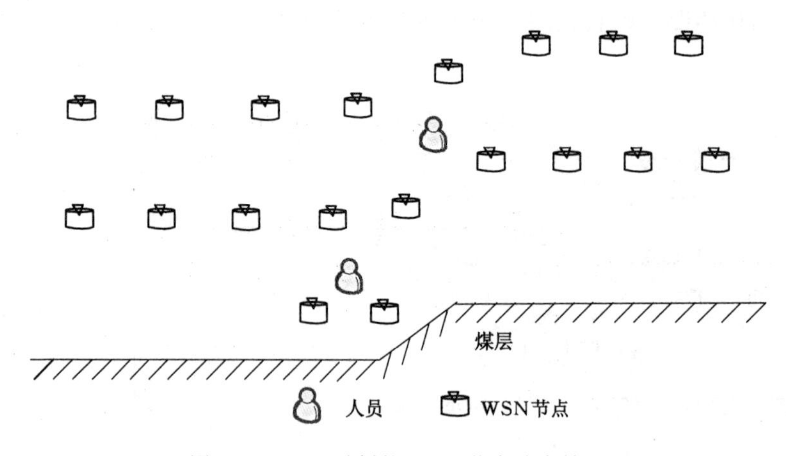

图 5-6　$t+\Delta t$ 时刻的 WSN 节点分布情况

液压支架在推进的时候，改变的是纵向坐标，横向位置并不改变，而 WSN 节点是挂在液压支架上的，也满足同样规律。离校准节点较近的 WSN 节点，利用 AOA(需要该节点与两个校准节点通信，否则用 DOA＋TOA)的方法先算出自己的坐标，完成校准(自定位)。其他 WSN 节点则以该节点为基准，进行支架坐标的自定位(如果校准节点采用定向天线并且发射距离足够远的话，所有的

WSN 节点都可以直接利用校准节点进行自定位,以提高精度)。如果没有任何 WSN 节点能够收到校准节点的信号,就使用上一次的坐标值,直到能够进行校准时再更新。处于工作面空间中的人员、采煤机在经过自定位的 WSN 节点的基础上,利用 AOA(或 DOA+TOA)求出自己的坐标。有时候,我们可能并不关心工作面的纵向绝对坐标,这时,可以无需与校准节点通信,即取消液压支架上的 WSN 节点自定位过程,只需求出人员、采煤机等动目标在工作面中的横向位置即可。工作面中的动目标定位技术路线如图 5-7 所示,其关键技术包括精确时间同步技术、自适应 DOA 估计技术和动目标定位跟踪技术,本章将研究精确时间同步技术。

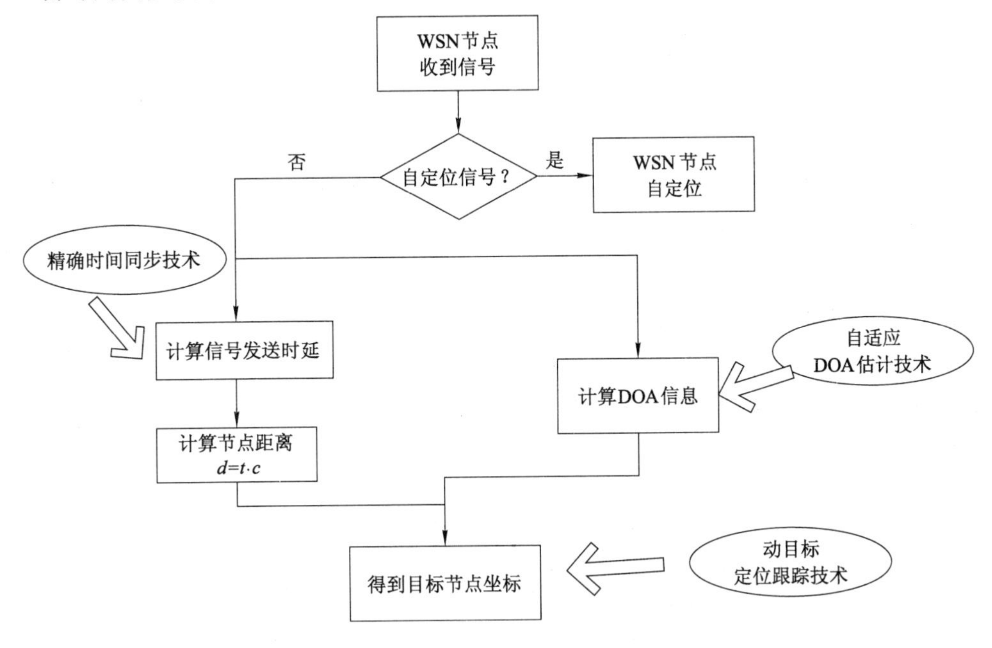

图 5-7　工作面动目标定位技术路线图

5.2 工作面定位 WSN 的部署

5.2.1 工作面定位 WSN 模型

在 5.1 中我们提出将 PWSN 的节点安装在液压支架和采煤机上,现在予以详细讨论。假定采用的是支撑掩护式支架,它有用于支撑的前立柱和后立柱

(分别简称为前柱和后柱)。工作面的无线通信空间被前柱分成了两个部分,分别称为第一通信空间和第二通信空间[116](图 5-8)。如果使用的是支撑式支架,通信空间与图 5-8 完全相同。如果使用的是掩护式支架,则只有第一通信空间,可以看成图 5-8 的特例。

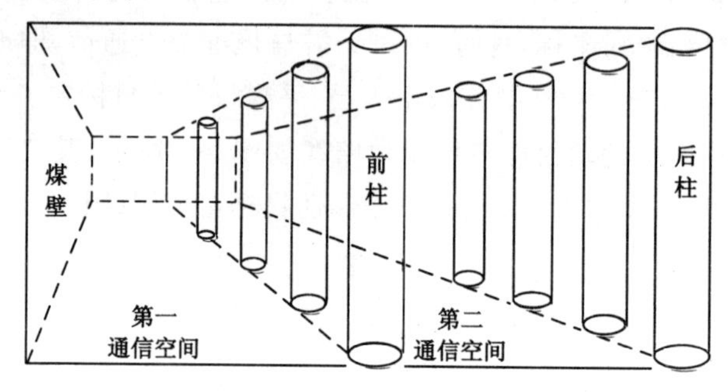

图 5-8　工作面无线通信空间示意图

分别在液压支架的前柱和后柱上安装定位节点(安装的密度与数量将在后文讨论),如图 5-9 所示[4]。在回风巷安装 Sink 节点,接收 PWSN 节点传递来的定位结果,并将结果通过有线方式传输给工业以太网,进而传输到位于地面的定位服务器。可见,Sink 节点是工作面数据的目的节点,简洁起见,后文用 D 表示。这里,将离 D 最远的后柱节点作为坐标原点,x 轴正向指向 Sink 节点的方向,y 轴正向指向煤层的方向,如图 5-9 所示。

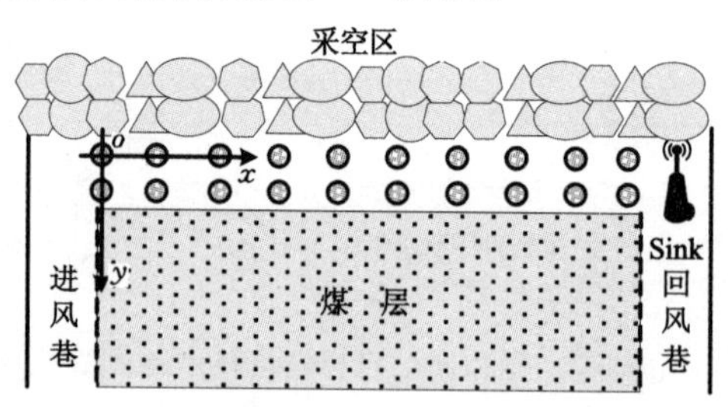

图 5-9　双线性煤矿工作面 PWSN 模型

对于工作面的目标定位而言,我们关心的是目标处于横向运动直线的哪一个点上,其纵坐标往往并不重要,只需要知道其横坐标即可。对于各个液压支架而言,从部署完毕到该工作面开采结束,它们在空间上的相互位置关系和物理宽度都是不变的,无论其推进的次序如何均满足这个条件。因此,工作面局部坐标系下液压支架的横坐标是已知条件,且一直不变。这就意味着 PWSN 节点的横坐标是已知的,因为 PWSN 节点安装在液压支架上。由于实际中只需要知道目标节点在工作面的横向位置，因此，尽管只有 PWSN 节点的横坐标信息，但是对于工作面的移动目标定位而言是足够的。

在工作面准备工作完成之后，工作面的液压支架位于同一直线上[117]。此时，只需在液压支架的前柱上安装节点即可。工作人员腰间携带可以与 PWSN 节点通信的无线通信设备，称为目标节点(注意与目的节点区别开来)或者待定位节点。待定位节点与 PWSN 节点的高度基本相等，从而保证与 PWSN 节点基本位于同一平面，以便按平面定位模式进行位置求解。如图 5-10 所示，其中被阴影填充的小圆圈表示安装了 PWSN 节点的支架前柱，后文直接将之称为 PWSN 节点，没有填充色的为没有安装节点的支架前柱。

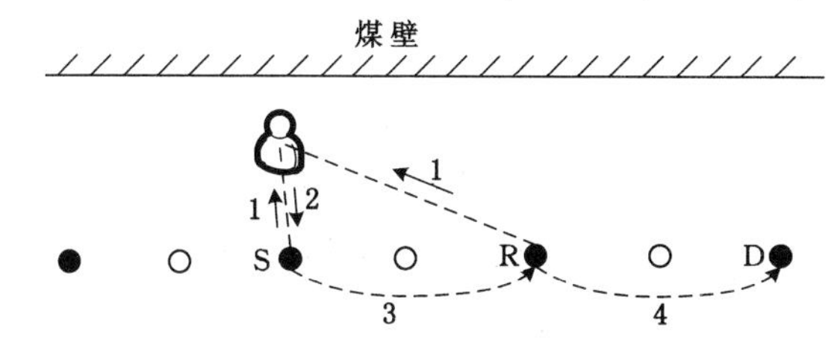

图 5-10 利用理想 PWSN 对第一通信空间的目标进行定位

随着煤矿开采的进行，已开采部分的液压支架必须尽快推进，以支撑工作面顶板不致坍塌。这就必然导致原来位于同一直线的 PWSN 节点，由于液压支架的推移而处于两条直线上(靠近目的节点 D 一侧的节点所在的直线称为 PWSN 直线 1，远离 D 一侧的称为 PWSN 直线 2，见图 5-11 所示)，并且这种空间关系还会随着开采的进行不断变化。

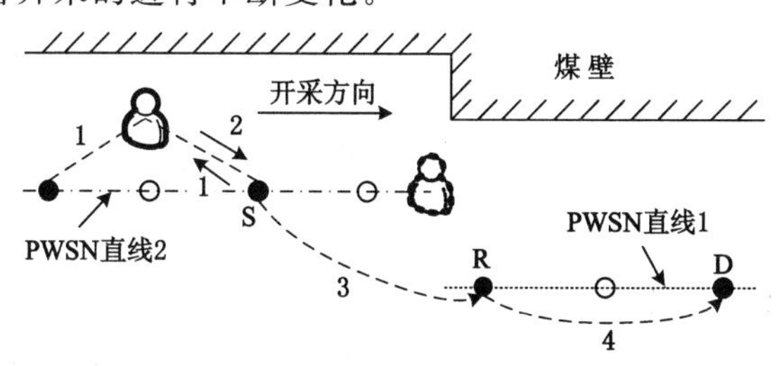

图 5-11 开采导致 PWSN 节点不再位于一条直线

在图 5-10 中，待定位节点接收邻近的两个 PWSN 节点的无线信号(图 5-10 中的 1)，根据两个信号的到达方向(Direction Of Arrival，DOA)，求解图 5-10 中两条虚线的交点坐标，即是目标的位置。待定位节点把求解结果发送给自己覆盖范围内距离目的节点 D 最近的 PWSN 节点 S(图 5-10 中的 2)，由 S 通过多跳的方式传输到节点 D。在工作面的目标定位中，第 1、2 步的能耗在各种节点部署情况下几乎是相等的，因此将它简称为定位数据来源，具体过程不予考虑，把重点放在研究 PWSN 中的节点传输及其能耗上。对于工作面而言，可假定人员在第一通信空间等概率出现。

Manish Bhardwaj 等人的研究表明[118]，如果收发节点之间经过多跳转发，那么当且仅当各跳之间的距离相等的时候，所需的能耗最小，这种中继部署方式称为最小能耗中继。因此这里假定 PWSN 节点是等距部署的，间距为 p。令 E_{tx} 为将 1 比特数据传输到距离 d 处所需的发送能耗，E_{rx} 为接收节点相应的接收能耗，那么[99,118]：

$$\begin{aligned} E_{tx} &= E_{ele} + E_{fs} d^{\eta} \\ E_{rx} &= E_{ele} \end{aligned} \tag{5-1}$$

其中，η 为路径损耗指数；E_{fs} 为发送节点射频部分的能耗；E_{ele} 为其他电路部分的能耗。

对于中继节点而言(如图 5-10 中的节点 R)，它们在收到上一跳的数据之后，将数据转发给下一跳。因此，R 的能耗为：

$$E_{Ri} = E_{tx} + E_{rx} = 2E_{ele} + E_{fs} d^{\eta} \tag{5-2}$$

源节点 S 只需发送数据，其能耗为 $E_S = E_{tx}$。而目标节点 D 只需接收数据，因此其能耗为 $E_D = E_{rx}$。假定从 S 到 D 共有 K 跳，前柱间距为 p，那么定位数据的总传递能耗为：

$$\begin{aligned} E_T &= E_S + E_R + E_D = E_{ele} + E_{fs} d_S^{\eta} + \sum_{i=1}^{K-1} E_{Ri} + E_{ele} \\ &= 2E_{ele} + E_{fs} d_S^{\eta} + \sum_{i=1}^{K-1} (2E_{ele} + E_{fs} d_{Ri}^{\eta}) \\ &= K \times (2E_{ele} + E_{fs} p^{\eta}) \end{aligned} \tag{5-3}$$

其中，E_{Ri} 为中继节点 i 能耗；d_S 为源节点的传输距离；d_{Ri} 为中继节点 i 的传输距离。式(5-3)最后一个等号成立的条件是 $d_S = d_{Ri} = p$。假定 S 与 D 之间的距离为 Dis，那么 $p = Dis/K$，于是：

$$E_T = K \times [2E_{ele} + E_{fs} \cdot (Dis/K)^{\eta}] \tag{5-4}$$

更一般的情况是同时考虑第一通信空间和第二通信空间中的目标定位，此时除了在液压支架的前柱上安装 PWSN 节点之外，还需要在后柱上安装。不失一般性，这里考虑第一通信空间中的目标定位，如图 5-12 所示。

假定前柱和后柱之间的纵向距离为 q，支架每次推进的距离为 r。另外假定在横向上每隔 $\alpha(\alpha \geqslant 1)$ 根支柱安装一个 PWSN 节点，前柱与后柱的节点安装错开 $\lfloor \alpha/2 \rfloor$ 根支柱，即如果前柱的安装位置为第 $i\alpha(i=1,2,\cdots)$ 支柱，那么后柱的安装位置则为第 $i\alpha+\lfloor \alpha/2 \rfloor$ 支柱。显然，图 5-12 中 S 与 R 之间的距离为 $\sqrt{q^2+\lfloor \alpha/2 \rfloor^2 p^2}$。

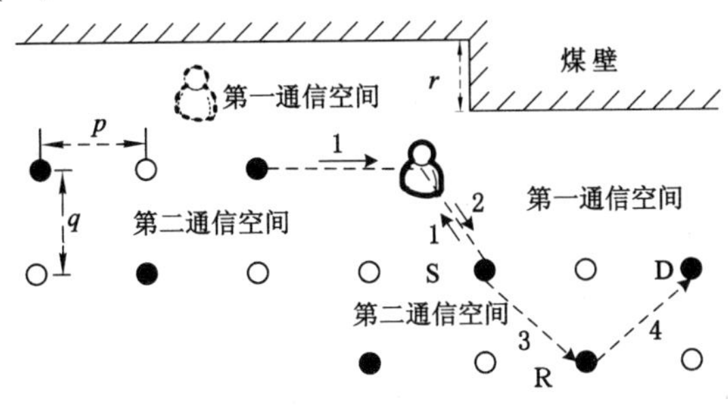

图 5-12　利用一般 PWSN 中进行目标定位

对于图 5-12 而言，定位结果从 S 传输到 D 的时候，可以只使用前柱上的 PWSN 节点作为中继，也可以前柱和后柱协作传输（即：S 可以选择 R 作为下一跳，也可以选择 D 作为下一跳）。到底采用哪种方式，需要综合考虑单跳传输能耗最小和节点之间的能耗均衡。如果 $E_{SD} \leqslant E_{SRD}$，则选取 D 作为下一跳，即：

$$2E_{ele}+E_{fs}d_{SD}^{\eta} \leqslant 2E_{ele}+E_{fs}d_{SR}^{\eta}+2E_{ele}+E_{fs}d_{RD}^{\eta}$$

$$\Rightarrow E_{fs}(d_{SR}^{\eta}+d_{RD}^{\eta}-d_{SD}^{\eta})+2E_{ele} \geqslant 0$$

$$\Rightarrow E_{fs}\left[(\sqrt{1+\lfloor \alpha/2 \rfloor^2})^{\eta}+(\sqrt{1+\lceil \alpha/2 \rceil^2})^{\eta}-(\sqrt{1+\alpha^2})^{\eta}\right]+2E_{ele} \geqslant 0$$

当 α 为偶数的时候，$\lfloor \alpha/2 \rfloor=\lceil \alpha/2 \rceil=\alpha/2$。在 $\eta=2$ 时，得到：

$$\alpha \leqslant \sqrt{4E_{ele}/E_{fs}+2} \tag{5-5}$$

当 α 为奇数的时候，$\lfloor \alpha/2 \rfloor+1=\lceil \alpha/2 \rceil=(\alpha+1)/2$。在 $\eta=2$ 时，得到：

$$\alpha \leqslant \sqrt{4E_{ele}/E_{fs}+3} \tag{5-6}$$

但是，如果在满足 $E_{SD} \leqslant E_{SRD}$ 的情况下始终选取 D 作为下一跳，势必导致 D 的能量快速耗尽。因此，在保证单跳能耗较低的情况下，应该以一定的概率选择 R 作为下一跳。为此，假定所有 PWSN 节点的初始能量都为 E_o，节点 R 和节点 D 的当前剩余能量分别为 E_{Rr} 和 E_{Dr}。在判断出 $E_{SD} \leqslant E_{SRD}$ 之后，接着判断 $E_{Rr}>E_{Dr}$ 是否成立，如果成立，根据下式设定阈值 Thr：

$$Thr=(E_{Rr}-E_{Dr})/E_o \tag{5-7}$$

随后，由当前节点产生一个随机数 x，如果 $x<Thr$，则选择 R 作为下一跳，

否则继续选择 D。显然,只有 $E_{Rr}>E_{Dr}$的时候,R 才有可能被选中,E_{Rr}与 E_{Dr}的差值越大,R 被选中的几率越大。通过这种方式,可以实现能量在不同节点之间的均衡消耗。

5.2.2 进一步降低能耗的措施

(1) 目标位置预测

随着煤炭开采的进行,运动目标从工作面的一端运动到另外一端。因此,无论是在第一通信空间,还是在第二通信空间,运动目标在绝大多数时候可以近似为匀速直线往返运动(其他维护、监督人员的运动轨迹可能没有这么强的规律性)。对于有规律的匀速直线往返运动,我们可以通过预测运动轨迹来降低定位数据的采集频率,从而降低定位结果的传递次数,进而延长网络寿命。

前文已指出,煤矿工作面中的目标定位只需知道横坐标即可。假定目标的横坐标的初始值为 x_0,运动速度为 v,经过 t 时间以后,目标的横坐标将是:

$$x=x_0+vt \tag{5-8}$$

由于工作面采煤是来回折返推进,因此在进行运动目标位置预测的时候,利用式(5-8)无法保证横坐标 $x\in[0,x_{max}]$,其中 x_{max}为工作面长度。比如,在图 5-13 中,虽然利用式(5-8)能保证 x_1 的预测位置满足 $0\leqslant x_1\leqslant x_{max}$,但是 x_2 却大于 x_{max}。

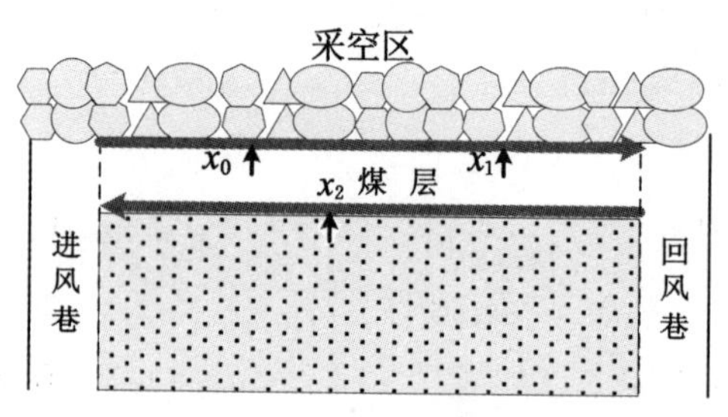

图 5-13 目标位置预测

为此,假定从工作面一侧行进到另外一侧所需的时间为 T,并且令:

$$\begin{cases}\beta=\left(t-\dfrac{x_0}{v}\right)/T\\ t'=\left(t-\dfrac{x_0}{v}\right)\mathrm{mod}(T)\end{cases} \tag{5-9}$$

其中,β 和 t' 分别为 $t-\dfrac{x_0}{v}$ 与单程行进时间 T 相除所得的商和余数;"/"为取商;

“mod”为求余数。将式(5-8)利用式(5-9)进行修正,即可解决预测结果超出阈值的问题:

$$x=x_0+(-1)^{\beta}vt' \tag{5-10}$$

PWSN 网络对运动目标进行定位的过程中,定位服务器(位于地面)会根据定位结果判断目标的运动模式。一旦被认定为匀速直线折返运动,就启动预测过程。

(2) 变距节点部署

前文的理想 PWSN 和一般 PWSN 都是等距部署,与图 5-14(a)类似。这种拓扑结构下,越靠近目的节点,转发其他节点的数据越多,能量消耗越快。为此,在部署节点的时候,越靠近目的节点的区域,节点密度应该越大,形成如图 5-14(b)所示的结构。最好是一个节点的覆盖范围内同时有多个节点能够充当下一跳,它们轮流充当转发节点,均衡能耗,延长网络寿命。

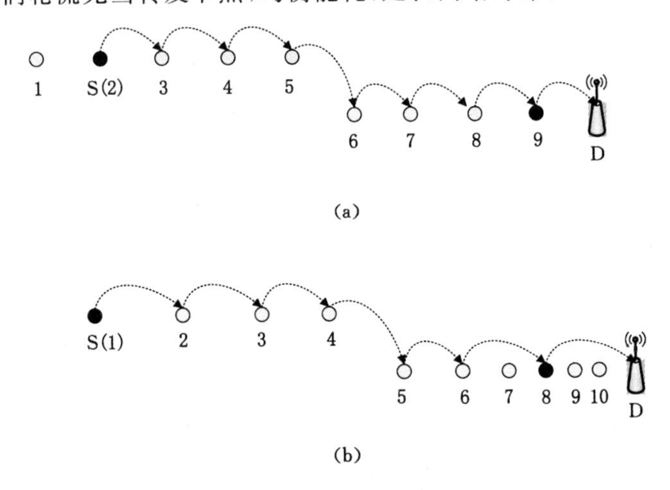

图 5-14　用变距节点部署延长 PWSN 的寿命

(a) 等距部署 PWSN 节点;(b) 变距部署 PWSN 节点

5.2.3　PWSN 性能分析

目标位置预测主要取决于预测精度和预测频率,根据要求手动设定即可,因此不作进一步探讨。这里首先分析理想 PWSN 下的能耗情况。一般而言,路径衰减指数 η 随着环境不同而变化,这里假定一个临界距离 d_o,如果发送节点与接收节点之间的距离 $d\leqslant d_o$,则 $\eta=2$,否则 $\eta=4$。令 $E_{ele}=50$ pJ,$E_{fs}=10$ nJ,工作面长度 $Dis=200$ m。

图 5-15 绘制了不同跳数、不同临界距离下的单比特传输能耗。可以看出，在设定的临界距离下，能耗随着跳数的增加先降低后增加，存在一个最优跳数，使得能耗最小。文献[118]通过对式(5-4)求导并令其结果等于 0，求解出了最优跳数 K_{opt}。同时可以看出，临界距离 d_o 对能耗的影响也很大，基本趋势是随着 d_o 的增大而增大。后续仿真中将通过节点发射距离 RR 的变化来反映该参数的影响，因为 d_o 受发射距离的影响。

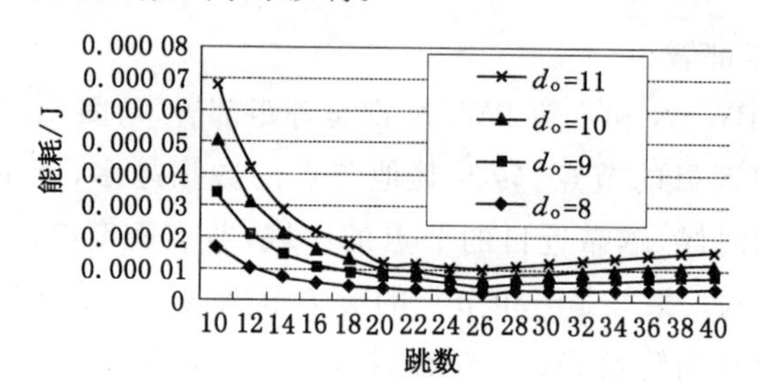

图 5-15　理想 PWSN 中的单比特传递能耗

为了表述方便，这里把仅对第一通信空间的目标进行定位的情况称为场景 1，可以对任意通信空间的目标进行定位的一般 PWSN 称为场景 2，变距部署 PWSN 节点的情况称为场景 3。场景 1 等距部署 10 个节点，从左至右的编号为 1，2，…，10，第 10 个节点充当目的节点。场景 2 的前柱上等距部署 10 个节点，从左至右的编号为 1，2，…，10，第 10 个节点充当目的节点；后柱也等距部署 10 个节点，编号为 11，12，…，20。场景 3 中前柱和后柱的节点总数为 24 个，节点间距为 $p_i=25-i(i=1,2,\cdots)$，编号方法与场景 2 类似。后续的仿真参数除了 $\eta=4$ 之外，其他参数与上述的参数设置都相同。此外，假定每个定位数据包的长度 $k=200$ bit，$E_o=0.5$ J，$q=1.5$ m，$r=1$ m。

图 5-16 给出了三个场景在出现一个节点死亡时的运行轮数(寿命)。可以看出，场景 1、场景 2 和场景 3 的 PWSN 的寿命逐步增长。这说明，相对于理想 PWSN，一般 PWSN 由于有前柱和后柱节点一起分担数据传递任务，节点的平均能耗得以降低，网络的寿命得到延长。而场景 3 通过变距部署 PWSN 节点，使得靠近目的节点的地方在一跳范围内有多个节点存在，它们彼此协作分担数据传递任务，延长了网络寿命。在 $RR=45$ m 的时候，场景 3 相对于场景 2 的一个节点死亡寿命虽然有所降低，但是由于有其他节点替代死亡节点，PWSN 依然是可用的，因此可用寿命并未降低。

为了进一步研究变距部署带来的能耗变化，我们考查场景 2(等间距)和场

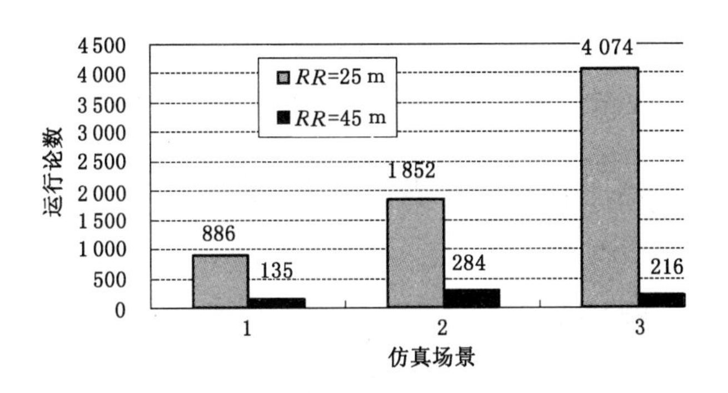

图 5-16　出现一个节点死亡时的运行轮数

景 3(非等间距)在运行 100 轮时的能耗,见图 5-17 所示。可以看出,场景 3 的剩余能量明显高于场景 2;同时,场景 3 的曲线在靠近目标节点位置处有逐渐上翘的趋势,这说明它们在运行初期的能耗较低,有更多能量用来弥补后续数据转发的能量消耗,从而延长网络的寿命。两种场景下,目的节点(场景 2 中的 10 号节点,场景 3 中的 12 号节点)和与之对应的后柱节点能耗较高,其原因是目的节点只需要接收数据,不需要转发,所需能耗极小,而与之对应的后柱节点则由于与目的节点非常靠近,数据在多数情况下被其他邻居直接发给了目的节点,其能耗也非常小。因此,这些节点的剩余能量高低与 PWSN 部署和数据传递方法的关系不大。

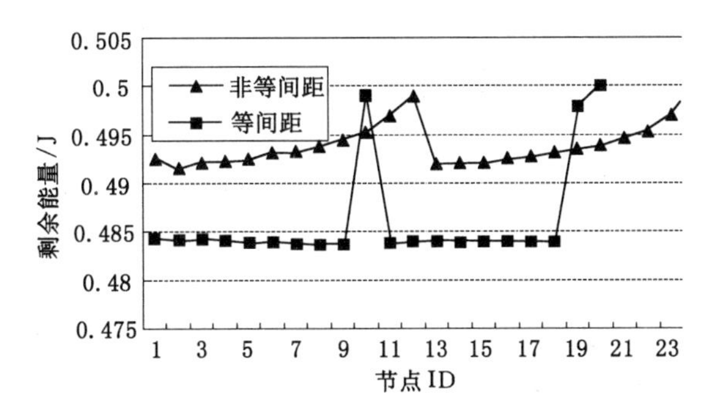

图 5-17　变距部署节点时运行 100 轮后的剩余能量

综上,由于煤矿工作面的液压支架之间的相对空间关系始终保持不变,因此只需知道 PWSN 节点的横坐标即可实现移动目标定位。此外,由于煤矿工作面移动目标的来回折返特性,可以利用位置预测降低数据采集频率,从而延长网络寿命。一般 PWSN 由于有前柱节点和后柱节点协同分担数据传输任务,网络寿命比理想 PWSN 大一倍以上;而变距节点部署中,靠近目的节点的节点由于有更多的能量补偿后续数据转发所需能耗,有效网络寿命大幅提高。

5.3 定位 WSN 的时间同步影响因素

5.3.1 同步精度影响因素

精确时间同步是基于 TOA 定位的核心,也是矿山物联网实现分布式感知、协同决策的关键。此处,我们将时间同步放到整个矿山物联网架构下进行整体考虑(定位是流整体框架下的一个具体应用),以期达到整个矿山物联网的时间统一。有了统一的矿山物联网时钟,目标定位所需的精确时间也就迎刃而解。另外,对于煤矿的事件而言,比如灾害,传统的检测方法针对不同类型的灾害,采用微震动、电磁辐射、声发射、顶板离层、冲击地压等手段,分别部署数据采集设备和传输网络进行采集和监测。这种集中监测方式只能监测单一信息源,无法全面了解矿山灾害的动态过程和整体特征。在物联网架构下,不同类型、不同数量、不同精度的海量传感器可以彼此协同,实现聚焦感知和多源联动。不过,由于传感节点往往安装在不同位置,不同节点在同一时刻所感知到的数据到达监控中心的延时不尽相同。从灾害发生机理来看,灾害有一个从孕育、发展到发生的演变过程,采集到的数据必须要保证这种时间维上的先后顺序,才能准确揭示灾害的演化特征,这就必然要求参与采集数据的传感节点的时钟达到一定的同步水平。

时间同步就是要保证网络中的所有节点都处于一个共同的时间基准范围内,这需要通过节点间交换信息来实现[119]。数据从产生到传输再到接收,整个过程存在 6 种不同的时延[120],如图 5-18 所示。

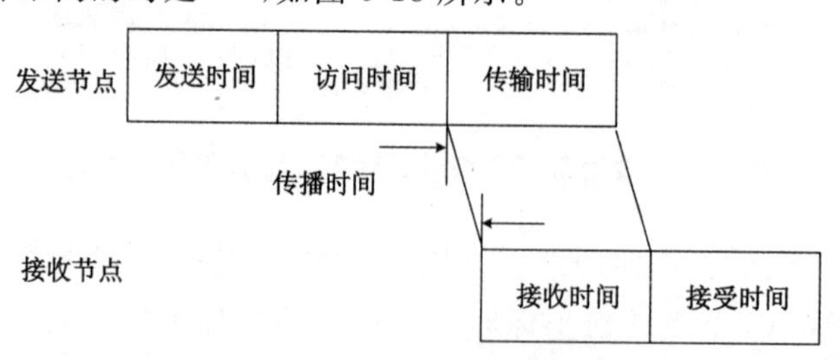

图 5-18　同步消息的传输延迟

① 发送时间：从发送节点产生信息开始到发布发送请求的时间，主要取决于处理器的负载和系统的调用时间，属于可变部分，具有高度的不确定性。

② 访问时间：消息生成后，在发送端等待信道空闲所需时间，也可以理解为消息从送达数据链路层到节点获得信道发送权的等候时间，属于可变部分，它是消息传递过程中最不确定的时间。

③ 传输时间：发送节点获得链路使用权后，从发送数据包的第一个比特开始到最后一个比特离开发送节点的这段时间，也即物理层用于传送消息比特流的时间。传输时间可以通过数据包的长度和在介质中的无线传播速度来估算，属于可变部分。

④ 传播时间：数据包通过传输媒体从发送端传播到接收端所需时间。传播时间是确定的，取决于链路长度和信号类型。对于无线电信号，其速度接近光速，相对于其他时延，传播时间可以忽略不计。

⑤ 接收时间：与传输时间相对应，是用于接收消息数据包的时间，如果数据包够大，将与传输时间存在部分交叠。

⑥ 接受时间：接收节点对接收到的数据按位进行解包并传递给应用层所需时间。

在这 6 种消息传输延迟中，发送时间、访问时间和接受时间属于可变部分，因此，在设计时间同步算法的时候，需要对这些时间不确定性进行重点考虑，尽量予以消除。

目前，不少学者分析了影响同步的因素[121,122]，提出了对应的时间同步算法[123,124]，并取得了一定的应用成效[125,126]，但是在矿山物联网环境下的研究和应用很少[127,128]，没有针对工业级应用环境下时间同步的理论分析与实测数据研究[129-131]。此处将国内外工业场景中广泛使用的精确时间同步协议(Precision Time Protocol，PTP)应用于矿山物联网环境，探讨影响其同步精度的漂移补偿和时钟校准等因素，并进行性能实测，对如何实现矿山物联网的精确时间同步具有一定指导意义。

矿山物联网对时间同步的精度要求不是一成不变的，主要与应用目的和信号类型有关。从应用目的看，服务于自动采煤的装备协同控制系统所需精度比分布式协同工作状态监测系统的同步精度高得多；从信号类型看，在同一应用目的下，以电磁波为传输媒介的系统比以声音为传播媒介的系统所需要的同步精度高得多。此处先忽略这些需求细节，从通用的角度给出矿山物联网的时间同步网络模型，如图 5-19 所示。其中，感知终端由各种传感器构成，负责实时采集灾害信息，采集到的信息利用从时钟打上时间戳以后，通过井下工业以太网传输到地面监控中心。感知终端可以使用有线连接方式，也可以使用无线连接方式。

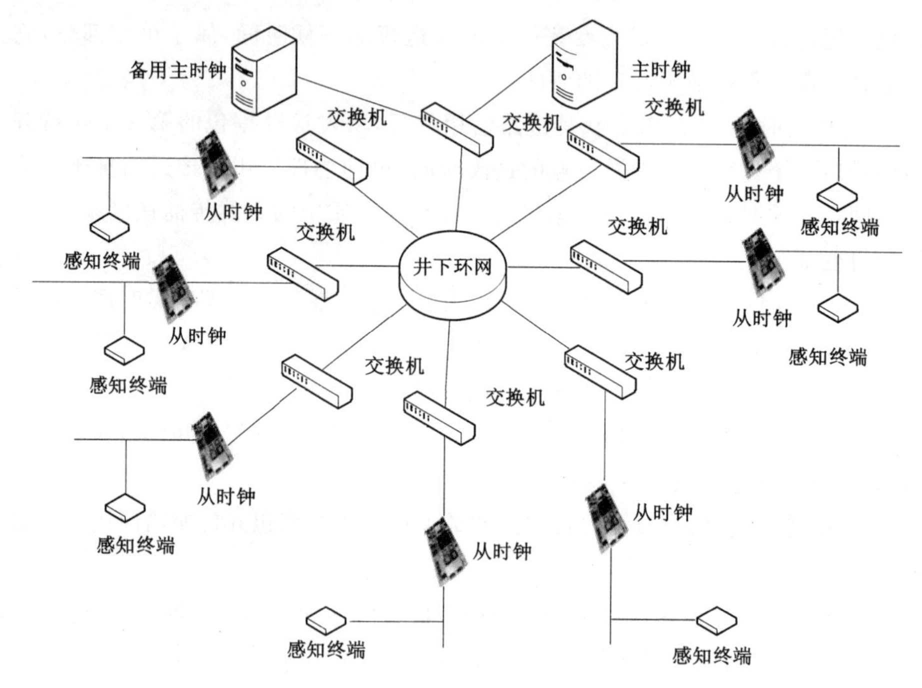

图 5-19　矿山物联网时间同步网络模型

从时钟可以是单独的设备，也可以嵌入到感知终端中，它与主时钟通过PTP协议进行周期性的同步。主时钟的主要作用是给网络中的感知终端授时，其时间来自于GPS或北斗系统。同时，主时钟同时也可以充当从时钟的角色，完成各个主时钟之间的时间同步和最佳主时钟的选择。与网络时间协议(Network Time Protocol，NTP)相比，PTP协议不但精度高，而且专为工业环境设计。但是，PTP的主时钟选择算法异常繁琐，可以针对矿山物联网中感知终端能力受限的特点，对从时钟与主时钟的交互过程、主时钟的状态调度过程进行适当简化。主时钟包括如下状态：初始化状态、故障状态、从时钟状态、主时钟状态、侦听状态、未校准状态，各状态的转换流程如图5-20所示。

在PTP中，除了主时钟和从时钟之外，还有边界时钟和透明时钟的概念[132]。边界时钟和透明时钟都具有多个端口，透明时钟连接主时钟与从时钟，它对主、从时钟之间交互的同步消息进行透明转发，并且计算同步消息（如

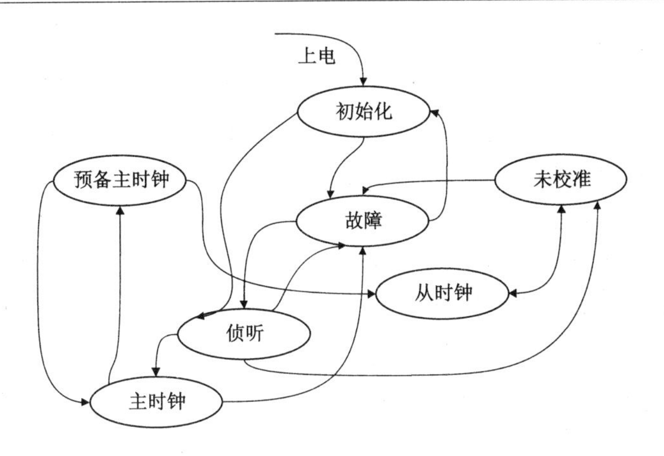

图 5-20　主时钟状态转换图

Sync、Delay_Req)在本地的缓冲处理时间；边界时钟的多个端口中，有一个作为从端口，连接到主时钟或其他边界时钟的主端口，其余端口作为主端口连接从时钟或下一级边界时钟的从端口，或作为备份端口。

当设备上电或者收到系统的初始化命令时，时钟开始进行初始化，包括设定定时器队列、为数据集分配缓冲区和配置时钟端口、配置通信协议栈等操作。初始化成功后系统开始侦听网络上的 PTP 协议报文，否则进入故障状态，并要求用户对故障进行相应的处理，故障清除后时钟重新进入初始化状态。为了防止长期处于侦听状态，PTP 设定了一个定时器，如果定时器超时，系统自动进入到主时钟状态。在侦听时如果通信端口收到 PTP 报文，将运行最佳主时钟算法。在一个规定的时间内，如果没有发现更好的时钟的话，它将正式进入到主时钟状态。处于主时钟状态的系统将周期性向外发送同步报文和跟随报文，以便其他时钟能够协调时间。

当一个时钟节点刚加入到 PTP 系统时，它必须监听 PTP 通道一段时间，如果在这段时间内没有收到同步消息，它就将自己设定为主时钟，开始向网络发送同步消息。如果监听到了同步消息，并且该消息的时钟比自己的时钟更加准确，它将进入从时钟状态，并且与这个更准确的时钟进行同步。如果同步过程中发现当前的最佳主时钟和先前同步的主时钟不相符或发现同步过程发生了错误，则系统进入到未校准状态。在该状态下算出最佳时钟后，重新进入从时钟状态。

下面讨论矿山物联网的时间同步影响因素。由于矿山物联网不但与井下生产网络相连，而且与地面办公系统融合，致使时间同步精度受多种因素的影响。

(1) 网络延时

网络延时具有很大的随机性且抖动较大,其主要影响因素包括:延时计算算法的缺陷、网络拥塞状况、操作系统的差别以及节点硬件材料、工艺与传输方式的差异。网络的拥塞情况取决于数据量的大小和网络的吞吐能力,矿山广泛使用的千兆工业以太网一般不会导致网络拥塞;而更换硬件会增加成本和实施的难度,不适合大规模运用,因此宜采用软件进行多次测量,实现延时的预测和补偿,不过这必然要求增加测量次数,加剧了网络传输的负担,造成相对误差的累积,同时频繁更新也会造成网络资源的浪费。如果主、从时钟之间的同步需要经过多个交换机,保障授时精度的难度更大。

为了在较低信息量的情况下使得网络延时的测量尽量准确,可以令网络延时测量周期为整数值,比如在整秒时刻测量。不过,不同节点的时间精度要求不同,有些节点并不需要经常对时,而有些则需要频繁对时,因此时间同步算法应该具有自适应能力。为此,可以对整个煤矿的分布式感知系统进行分区,比如节点 1 到 4 记为 1 区,5 到 8 记为 2 区,1 区需要的精度高且需要频繁对时则约定整秒就测量一次网络延时,2 区不需要频繁对时则约定网络延时测量周期为整分甚至整时。当然这只是简单的分区方式,需要探索更加合理的分区方案。针对跨交换机的难题,可以通过具有混合时钟特征的边界时钟和透明时钟保障多跳场景下的授时精度,同时通过队列延时估计以及“最大可能性”算法精确估计交换机对同步精度的影响,并加以补偿。

(2) 节点的时钟漂移

矿井的压力、温度、湿度的变化比地面环境大得多,电源电压稳定性也比较差,同时存在强烈的煤尘、震动影响,使得传感节点的晶体振荡器漂移范围和老化速度比地面环境大得多,易引起较大的误差累积。

这个难题一般采用锁相环原理解决,通过在主从节点之间实现闭环控制来跟踪从时钟的漂移。这种方法运行时间越长越稳定,不过用于精确时钟同步的锁相环比较复杂,增大了网络的同步信息量和系统成本,因此应设计简单而有效的方案,在尽可能保证同步精度下简化设计。同时,借鉴时间序列预测等各种实时预测方法对时钟漂移进行实时预测,在完成时钟校准的基础上进行时钟漂移补偿,也能显著提高同步精度。

(3) 故障条件的时间同步

矿山物联网系统中节点多,工作环境复杂恶劣,采集和传输手段不尽相同,部分节点在运行过程中不可避免地会由于电池耗尽而停止工作,或者在生产过程中被工具或者煤岩砸坏。为了保证物联网络对井下矿井、特别是矿井末梢的无缝覆盖,需要保证在部分节点故障状态下也能实现精确时间同步。为此,可以通过增加一个小环网的方式,把这些节点分别独立接入小环网中,形成类似于小生境的局部同步,并考虑在尽量少施工的情况下通过软件的方式来实现环网的功能,实现同步网络的自我修复。

(4) 上下行不对称

在矿山物联网环境中,绝大部分数据都是从感知终端向地面监控中心传播,属于典型的非对称数据流。这种非对称数据流带来了矿山物联网中的上下行数据传播延时的不对称,对时钟同步精度有较大的影响。这可以通过粗调和细调两种方法来矫正:在粗调阶段,主时钟不断发送探测包,协助从时钟估算上下行不对称情况并作相应调整;在细调阶段,从时钟利用网络上下行传播延时在短时间内保持稳定的特性,从多个授时时间戳中估计上下行延时差,从而消除上下行不对称带来的同步误差。

5.3.2 PTP1588 时间同步实测

为了定量研究这些时间同步影响因素,我们利用上海某公司的时间同步设备进行了实验室同步精度测试。将 PTP 主从时钟、工业以太网交换机上电并连接到计算机,将它们的 IP 地址设置为同一网段(如:192.168.0.1 网段),并将子网掩码设置成一致(如 255.255.255.0)。将各设备按图 5-21 重新连接(示波器信号线分别接到主从时钟的 PPS—OUT 接口,且通道 1 接主时钟)。

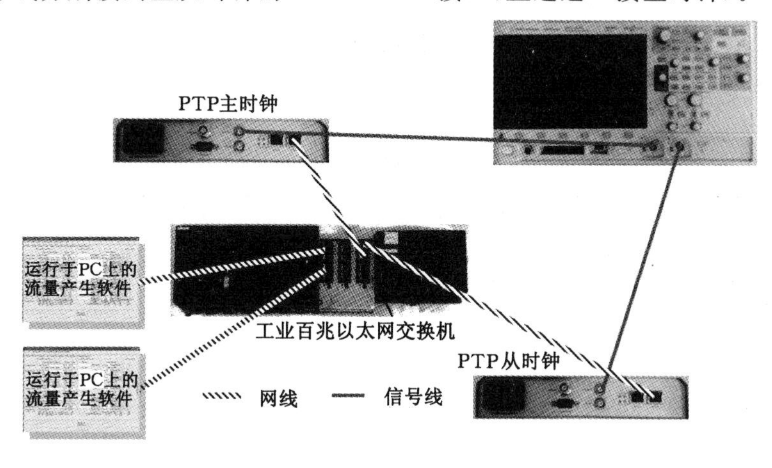

图 5-21 时间同步精度测试设备连接图

设置流量产生软件发送和到达IP地址、数据包格式及端口，设置示波器为通道1上升沿触发，自动测量延时模式。使用三种不同的方案进行测试。

(1) 单区域同步测试方案

主要分为两步：一是测试主、从PTP时钟与嵌入式标准PTP从时钟之间通过工业以太网交换机连接后，同步所能取得的精度，将其作为原始数据；二是测试在同样环境下两台计算机(分别称为S_pcl.1和S_pcl.2)频繁通信，占用大量网络流量时，以及对主、从PTP时钟施加流量压力时的设备同步精度，以分析在单区域环境下网络流量对PTP时钟同步设备的影响。

(2) 多跳跨区域同步测试方案

主要分为两步：一是测试主、从PTP时钟与嵌入式标准PTP从时钟之间通过多跳工业以太网交换机跨区域连接后，同步所能取得的精度，将其作为原始数据；二是测试在同样环境下S_pcl.1和S_pcl.2计算机频繁通信，占用大量网络流量时，主、从PTP时钟与嵌入式标准PTP从时钟之间的同步精度，以分析在多跳跨区域环境下网络流量对PTP时钟同步设备的影响。

(3) 多跳环网同步测试方案

主要分为三步：一是测试主、从PTP时钟与嵌入式标准PTP从时钟之间通过工业以太网环网连接后，同步所能取得的精度，将其作为原始数据；二是测试在S_pcl.1和S_pcl.2计算机频繁通信，占用大量网络流量时，主、从PTP时钟与嵌入式标准PTP从时钟之间的同步精度，以分析在环网环境下网络流量对PTP时钟同步设备的影响；三是测试在环网运行一段时间后，某一部分突然出现故障时，对PTP时钟同步精度的影响。

测试结果如表5-1所示。

表5-1　　同步精度测试结果

	无流量	PC to PC 90%流量	PC to M 10%流量	PC to S 10%流量	PC to M 25%流量	PC to S 25%流量
最大误差	162 ns	646 ns	236 ns	2 980 ns	977 840 ns	906 080 ns
最小误差	0 ns	0 ns	1 ns	0 ns	0 ns	2 ns
平均误差	45.53 ns	68.59 ns	25.39 ns	236.51 ns	173 619.00 ns	29 546.64 ns

除了利用成熟的设备进行实验室测试外，我们利用C++语言实现了PTP同步算法(具体算法原理参见PTP标准)，并在矿山物联网实验网络中进行了

实测[133]，以验证同步精度影响因素，实测所用的网络拓扑如图 5-22 所示。实验环境具有 5.3.1 节所述的除故障条件之外的所有影响因素。

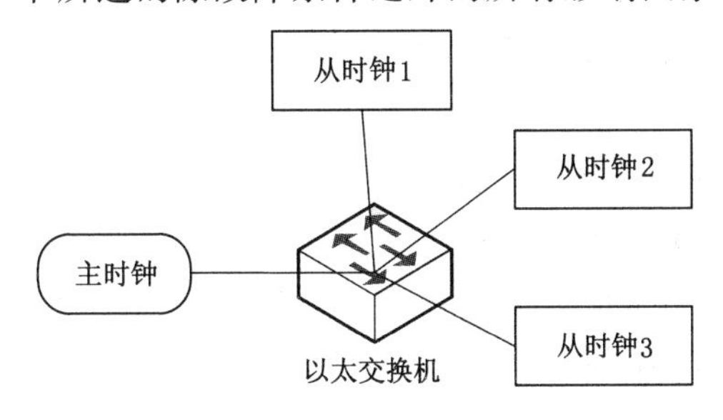

图 5-22　测试网络拓扑

所有参与同步的时钟都是在同一个局域网，底层网络采用了以太网[134]。针对这个模型，在实现协议时对协议作了一些简化。首先，测试中没有设置边界时钟，每个时钟都只有一个端口连接到网络；其次，所有参与同步的时钟都在同一个子域中，系统稳定时，只有一个时钟会成为主时钟，因此该时钟也是该域的最高级时钟；测试网络中没有设置管理，而测试中所有时钟的属性都是固定的，并不会动态改变。

虽然该测试模型对同步协议做了简化，但是 PTP 协议所制定的通信以及同步规则在每个时钟节点中都进行了实现，在局域网中完全能够按照协议的要求同步所有时钟。参与同步的时钟并不需要按照固定顺序加入系统，时钟加入网络后可自主同步和选择状态。时钟发送的各种 PTP 消息的格式以及字段定义都严格遵守了 PTP 协议的规定。如果有在其他平台上实现的 PTP 时钟加入到该系统中，也能够自动参与同步的，并不需要对其进行改动。

测试分别在两种场景下完成：

场景 1：在一台 Windows 计算机上运行主时钟程序，在另外一台 Windows 笔记本电脑上运行从时钟程序，也称为 PC－PC 场景。

场景 2：在一台 Windows 计算机上运行主时钟程序，在另一台基于 ARM10 的开发板上运行从时钟程序，也称为 PC－Embeded 场景。

实验场所在物理上被分割成两个区域，分别称为 A 区和 B 区，以反映 2.2 中分区机制对延时的影响。首先让两台受测试的设备同时位于 A 区，测试设备之间的同步精度；然后再让受测试的两台设备分别位于 A 区和 B 区，再进行同样的测试过程。为了方便起见，分别称这两种情况为 A－A 座测试和 A－B 座测试。无论哪种场景、哪种测试，上行的数据量(从时钟设备向主时钟设备发送的数据)比下行的数据量都大。

图 5-23 和图 5-24 分别给出了场景 1 中的 A－A 座和 A－B 座的实测数据。可见,无论在哪种场景下,同步误差均围绕某个均值波动,A－A 座测试平均精度值 $\mu=-3.1223\times10^{-6}$ s,方差 $\sigma=7.2438\times10^{-10}$,这与以太网中交换机不稳定性、受测设备晶振有关。随着测试时间的增加,主从节点之间交换的同步数据量增大,同步精度增高并逐渐趋于稳定,这与对漂移的分析是一致的。需要注意的是,μ 值的正负仅仅反映主时钟与从时钟之间的相对快慢,如果主时钟的时间快于从时钟,则 μ 为正,反之为负。

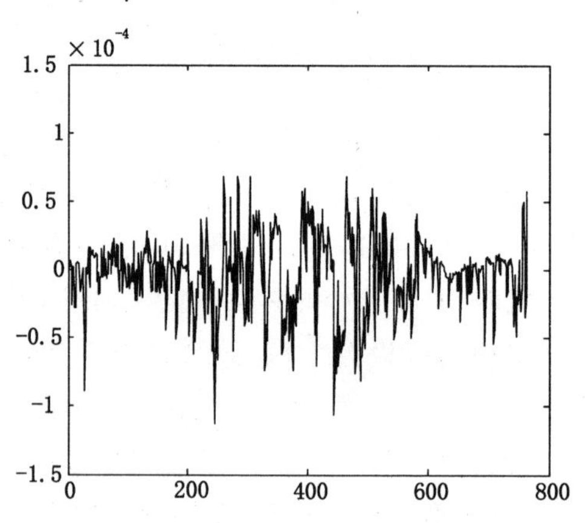

图 5-23　A－A 座的实测结果(场景 1)

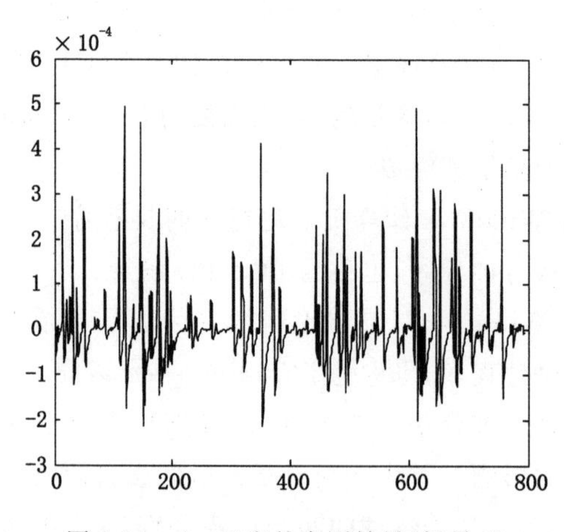

图 5-24　A－B 座的实测结果(场景 1)

矿山物联网中的许多应用(比如矿震)只需要微秒级的同步精度,因此上述测试精度对于多数分布式应用是足够的。同时,考虑到本实验是在应用层进行的,受协议栈延时不确定因素的影响较大,如果在物理层或者数据链路层实现时间同步,精度将会大幅提升,能够进一步支撑其他矿山物联网用途,如基于时间的目标定位(需要 10 ns 级精度)。因此,我们的思路是具有可行性的。

实验还发现,网络环境不同,时间同步的精度也不相同,比如 A—B 座的平均精度值 $\mu=2.845\ 8\times10^{-5}$,方差 $\sigma=7.727\ 4\times10^{-9}$,表明交换机数目的增加将导致同步精度的下降(与 A—A 座相比下降了一个数量级),并导致波动更为剧烈(与 A—A 座相比上升了一个数量级)。

从图 5-23 和图 5-24 的结果可以推测,主、从时钟之间的时间偏移符合正态分布。为了验证该结论是否成立,用 hist 函数绘制所测结果的频数直方图,同时用 normpdf 拟合数据的分布密度函数,图 5-25 就是按照这种方法对图 5-23 的数据进行处理得到的图形。可以看出,同步后的主、从时钟偏移具有很好的正态分布特征。也可以从 normplot 函数的结果(图 5-26)明显地看出所测数据的正态分布特征。利用图 5-24 的数据进行分布函数拟合,可以得到类似的结论,这里不再详细讨论。

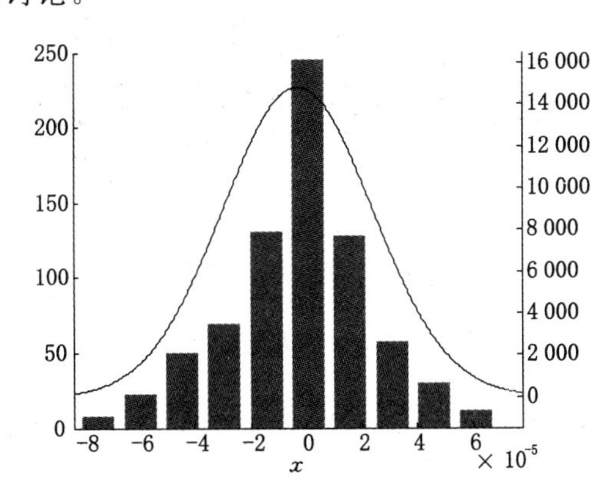

图 5-25 A—A 座正态拟合曲线(场景 1)

考虑到网络流量和网络负载、主机负载、拓扑结构等条件均会影响精度,在 PC—Embeded 场景中,将 PC 和嵌入式实验系统直接通过网线相连,没有其他设备加入到这个网络环境中,也没有与外网相连,可以较好地排除网络链路不对称和网络流量、拓扑结构、突发随机事件等因素对实验的影响,相当于理想情况。比较 PC—Embeded(图 5-27)与 PC—PC 的数据(图5-23),我们发现其精度明显比 PC—PC 场景的精度高。

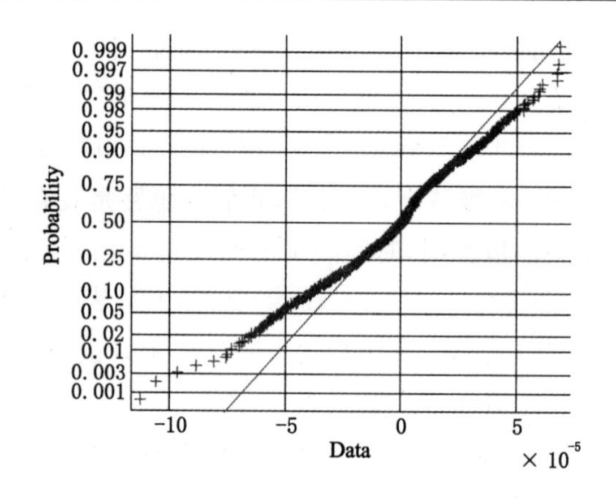

图 5-26　A—A 座正态概率分布图(场景 1)

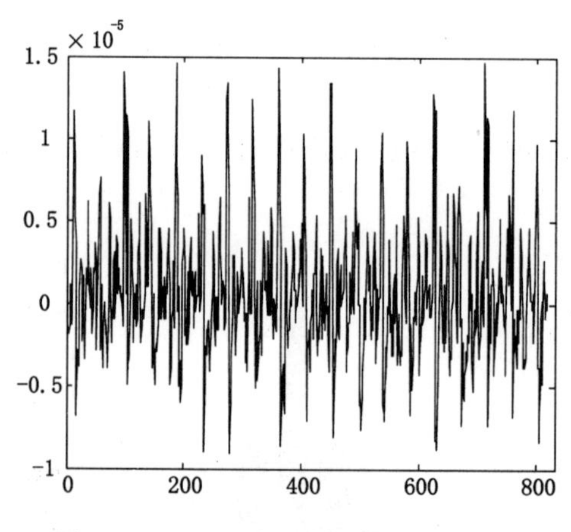

图 5-27　A—A 座的实测结果(场景 2)

为了比较方便,将两种测试场景下的 4 种不同测试的关键结果列在表 5-2 中,从中我们可以得到如下结论:

① 同等条件下,PC—Embeded 比 PC—PC 的同步精度更高,波动范围更小,因为嵌入式开发板受到其他应用的干扰更小。

② 同等条件下,A—A 座比 A—B 座的同步精度更高,波动范围更小,因为 A—A 座所经历的网络跳数更少。

PC—Embeded 场景下的测试数据同样具有正态分布特征,例如图 5-27 所对应的测试数据利用 hist 函数所绘制的结果如图 5-28 所示,图 5-29 则是用 normplot 所绘制的结果,它们都能充分反映结果数据的正态性。

表 5-2　　两种场景下的均值和方差

	均值		方差	
	A—A	A—B	A—A	A—B
场景 1	-3.1223×10^{-6}	2.8458×10^{-5}	7.2438×10^{-10}	1.0595×10^{-8}
场景 2	7.2087×10^{-7}	1.7613×10^{-6}	1.5878×10^{-11}	1.5586×10^{-9}

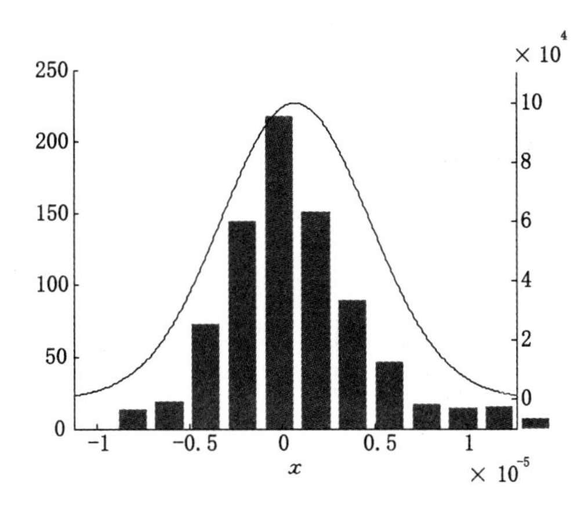

图 5-28　A—A 座正态拟合曲线(场景 2)

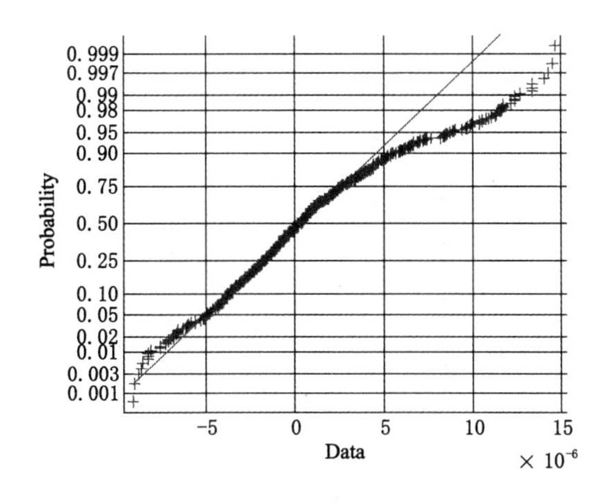

图 5-29　A—A 座正态概率分布图(场景 2)

5.4 定位 WSN 的时间同步方法

本节利用无线通信的广播特性和双向对称机制，提出一种能量有效且满足一定精度要求的同步算法 RBTP(Reference Broadcast and Timing-sync Protocol)[135]，它分别利用极大似然估计和最小二乘法对 TPSN(Timing-sync Protocol for Sensor Networks)、RBS(RBS-Reference Broadcast Synchronization)算法进行改进，在提高同步精度的同时降低了同步能耗。

5.4.1 RBTP 算法的基本思想

WSN 中典型的时间同步算法有三类：一是基于发送端、接收端交互的同步算法，如 TPSN、Tiny-sync 和 Mini-sync，这类算法需要较大的带宽及存储空间；二是基于接收端、接收端的时间同步算法，如 RBS 和 Adaptive RBS；三是仅接收端的同步算法，其他组节点通过监听一对节点的信息交换以实现同步。

TPSN 和 RBS 算法是两种应用广泛的经典时间同步算法。TPSN 协议采用层次型网络结构，分为层次建立和时间同步两个阶段[136]，如图 5-30 所示。在层次建立阶段，由根节点开始广播包含节点 ID 和节点级别(根节点级别为 0 级)的“级别发现分组”，根节点的相邻接点收到发送分组后，把自己的级别设为 1。依此类推，第 i 级节点的邻居收到级别发现分组后，将自己级别设为 $i+1$ 级，直至全网所有节点都被赋予一个级别。

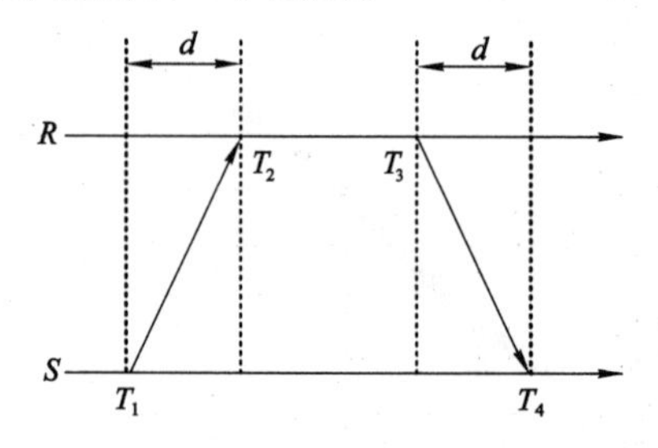

图 5-30 TPSN 同步原理图

在图 5-30 中，假定 R 为第 i 级节点，S 为第 $i+1$ 级节点，τ 为消息传播延迟，Δ 为 S 和 R 节点间的时钟偏差，那么[137]：

$$\begin{cases} T_2 = T_1 + \tau + \Delta \\ T_4 = T_3 + \tau - \Delta \end{cases} \tag{5-11}$$

据此求得传播延迟 $\tau=\frac{(T_2-T_1)+(T_4-T_3)}{2}$，时钟偏差 $\Delta=\frac{(T_2-T_1)-(T_4-T_3)}{2}$，节点 S 根据时钟偏差 Δ 调整本地时钟与节点 R 同步。

TPSN 算法在 MAC 层给信息加时间戳，并采用双向消息交换机制提高时间同步精度。但是，由于每个晶振器都有自己独立的时钟频率，即存在时钟频偏，因此两个节点间的时钟偏移会不断增大。为保证两节点间的时钟偏差小于某个限值，需要频繁执行 TPSN 算法，导致全网同步能耗较高。

RBS 算法是一种基于接收端、接收端的时间同步方法，需要一个参考节点作为公共发送端[119]，处于公共发送端广播域内的其他节点监听到广播消息后，记录下自身接收广播信息的时间，然后这些节点相互交换各自的接收时间，完成时间同步过程。以图 5-31 为例，S 节点代表参考节点或者父节点，它向自己通信域内的节点 A 和节点 B 发送信标从而发起同步。假设 $T_{2,j}^{A}$ 和 $T_{2,j}^{B}$ 分别表示节点 A 和节点 B 接收到第 j 个分组时记录的时间戳，N 表示节点 A 和节点 B 接收到的相同分组的参照广播次数，那么节点 A 和节点 B 之间的时钟偏移 $offset$ 可表示为[138]：

$$offset[A,B]=\frac{1}{N}\sum_{j=1}^{N}(T_{2,j}^{A}-T_{2,j}^{B}) \tag{5-12}$$

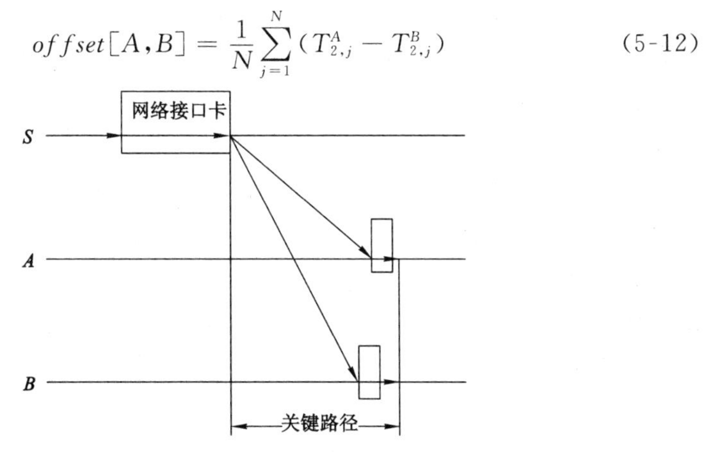

图 5-31 RBS 算法的信令机制

RBS 算法协议可以采用线性回归手段，由参考节点广播发送信息，接收节点通过统计方式提升同步精度，消除了传输中最大的非确定性错误来源，即发送时间和访问时间的影响。但接收端需要相互交换各自记录的时间，计算量和同步开销相对较大，导致能耗较高。

尽管 TPSN 和 RBS 的计算都比较复杂，能耗也较高，但是 TPSN 的层次性同步思想与 RBS 消除发送时间和访问时间的优点依然值得借鉴，这里在这二者的基础上提出一种高效精确的时间同步算法 RBTP。该算法采用等级广播为基础的单向广播和双向同步相结合的机制，在 MAC 层打时间戳，同时利用极大似然估计和最小二乘法对时钟偏移和频偏进行补偿，提高了同步精度，降低了同步能耗。RBTP 算法分为层次发现及子节点收集、时间同步两个阶段[139]。层次发现及子节点收集阶段的目的是令参考节点了解其下层相邻子节点的信息，以便选取下层节点数最大的节点作为应答节点；在同步阶段，参考节点和应答节点之间采用双向消息交换模型并利用极大似然估计估算时钟偏移和频偏，其余子节点利用参考节点和应答节点之间的计算结果，并结合最小二乘法来确定相对于参考节点的时钟偏移和频偏，实现全网范围内的同步。

5.4.2 RBTP 的同步过程

RBTP 的等级划分方法与 TPSN 类似，由层次发现及子节点收集阶段完成。采用适当的头结点选择算法选取根节点(有很多这样的算法)，并将其等级设为第 0 级。随后，根节点广播层次发现信息包，该信息包包含发送节点的 ID、层级，接收到该信息包的所有节点提取信息包中节点级别并将自己的级别设为 1 级，同时向上级节点发送同步应答报文，并发送新的包含自己级别的层次发现数据包，依此类推，直到网络中每个节点都被赋予一个层次号，以实现全网节点的分级。

分级完成后，计算各节点广播范围内下级节点的个数。每个节点都有一个字段用于存储下一级节点的个数，不妨称为下一级节点数。每当第 i 级节点收到一个 $i+1$ 级节点发送的同步应答报文，就将自己的下一级节点数字段加 1。依此类推，计算出每个非叶子节点的下一级节点数，且每层非叶子节点都有了自己广播域内下层节点的信息。在每一级中，下级节点数最大的节点作为应答节点。如图 5-32 所示，i 级的节点 2 包含 3 个子节点，与同级的其他节点相比，节点 2 的下层子节点数目最多，因此节点 2 被选为 i 级的应答节点。

在时间同步阶段，根节点通过广播时间同步消息包启动同步过程，该消息包中包含根节点的级别、应答节点的 ID 和当前时间戳 T_1。所有在根节点广播范围内的 1 级子节点在接收到该同步消息后，用各自的本地时间记录消息的接收时间 T_2，如果自己是同步消息包所指定的应答节点，则向上级节点返回应答消息，该应答消息中包括应答节点 ID、T_1、T_2 以及返回应答消息的时间 T_3，根节点记录应答消息的接收时间 T_4，采用双向成对机制以及极大似然估计的方

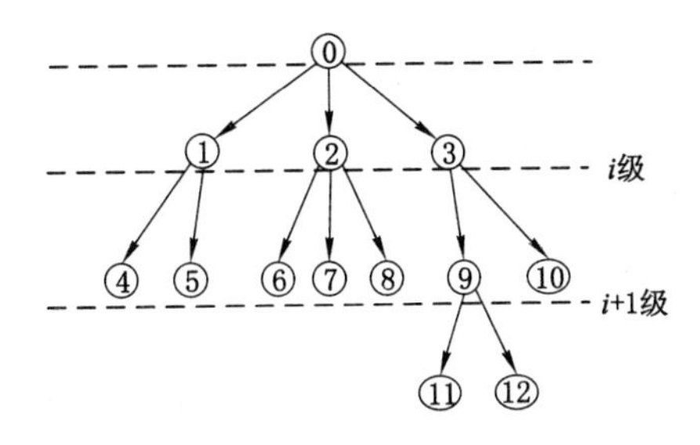

图 5-32　RBTP 算法的层次生成树

法，估算根节点和应答节点之间的时钟偏移 φ 和频偏 θ。

随后，根节点广播一个包含根节点级别、T_2 和上述的时钟偏移 φ 和频偏 θ 的消息包，接收到此消息的应答节点根据时钟偏移 φ 和频偏 θ 调整自己的本地时钟，广播域内的其他子节点根据 T_2 和自身接收到同步报文的时间 T_2'，并结合最小二乘法计算得出相对于根节点的时钟偏移和时钟频偏，根据计算结果调整各自的本地时钟。

各级节点重复上述过程，最终使整个网络的节点时钟都同步到根节点时钟。

RBTP 算法的单跳时间同步原理图如图 5-33 所示，与传统的双向消息交换（如 TPSN 算法是由下层需要同步的节点向上层的相邻节点请求时间同步）不同，RBTP 算法很好地利用了无线通信的广播特性，减少了同步消息的交换量，分为同步请求报文和同步调整报文两个阶段。

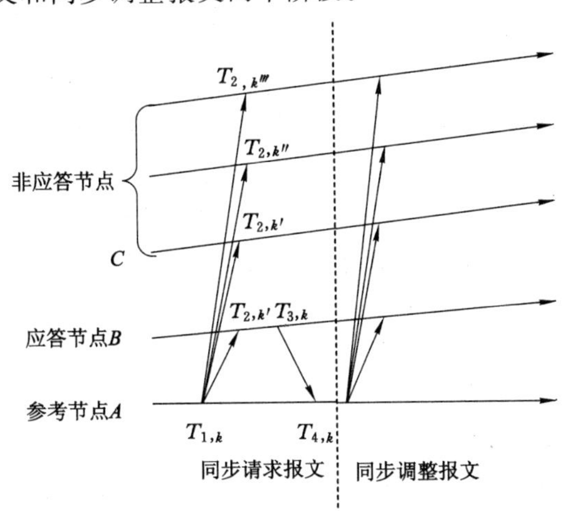

图 5-33　RBTP 同步原理图

第一阶段:同步请求报文阶段。由参考节点 A 发起同步请求报文,广播域内的下级子节点分别标记此消息的接收时间为 $T_{2,k}$,$T_{2,k'}$,$T_{2,k''}$,依次类推,但只有指定的应答节点 B 回复应答消息,并标记回复时间戳 $T_{3,k}$,参考节点 A 在时间 $T_{4,k}$接收到这个回复消息并根据成对同步机制计算节点 A 和 B 之间的时钟偏移和频偏。图 5-34 所示为节点 A 和节点 B 的双向信息交换模型示意图,将 $T_{1,1}$作为参考时间,设 $T_{1,1}=0$,根据文献[140]并结合上述分析和图 5-33 可得:

$$\begin{cases} T_{2,k}=(T_{1,k}+\tau+X_k)\theta+\varphi \\ T_{3,k}=(T_{4,k}-\tau-Y_k)\theta+\varphi \end{cases} \tag{5-13}$$

其中,τ 为固定部分延迟;X_k、Y_k 为可变部分延迟。则由式(5-13)可得:

$$\begin{cases} X_k=\dfrac{T_{2,k}-\varphi}{\theta}-T_{1,k}-\tau \\ Y_k=T_{4,k}-\tau-\dfrac{T_{3,k}-\varphi}{\theta} \end{cases} \tag{5-14}$$

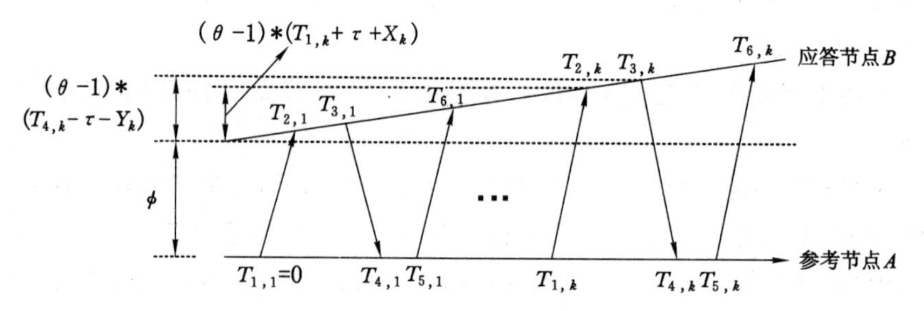

图 5-34　双向信息交换模型

根据中心极限定理,如果将延迟看做一些独立随机过程之和,那么在延迟计算中就可以采用高斯模型。另外,一些学者通过实验室测量和测试已经证实了随机传输延迟服从高斯分布是一种合理的假设[141],因此可假设$\{X_k\}_{k=1}^N$和$\{Y_k\}_{k=1}^N$是均值为 0、方差为 σ^2 的相互独立且同属于高斯分布的随机变量,同时假设固定延迟 τ 是定值,则似然函数$(\varphi,\theta,\sigma^2)$为[140]:

$$L(\varphi,\theta,\sigma^2)=(2\pi\sigma^2)^{-N}\times\exp\left(-\frac{1}{2\sigma^2}\sum_{k=1}^{N}\left\{\left(\frac{T_{2,k}-\varphi}{\theta}-(T_{1,k}+\tau)\right)^2+\left[\frac{\varphi-T_{3,k}}{\theta}+(T_{4,k}-\tau)\right]^2\right\}\right) \tag{5-15}$$

将式(5-15)取对数并分别对 φ 和 θ 求偏导数,经过一系列运算之后得到时钟偏移和频偏的联合极大似然估计为:

$$\hat{\varphi}_{MLE}=\frac{\sum_{k=1}^{N}P\sum_{k=1}^{N}(T_{2,k}^{2}+T_{3,k}^{2})-\sum_{k=1}^{N}QG}{\sum_{k=1}^{N}Q\sum_{k=1}^{N}P-2NG} \tag{5-16}$$

$$\hat{\theta}_{MLE}=\frac{-2N[\sum_{k=1}^{N}P\sum_{k=1}^{N}(T_{2,k}^{2}+T_{3,k}^{2})-G\sum_{k=1}^{N}Q]}{\sum_{k=1}^{N}P[\sum_{k=1}^{N}Q\sum_{k=1}^{N}P-2NG]}+\frac{\sum_{k=1}^{N}Q}{\sum_{k=1}^{N}P} \tag{5-17}$$

其中，$P=T_{1,k}+T_{4,k}$；$Q=T_{2,k}+T_{3,k}$；$G\triangleq\sum_{k=1}^{N}[T_{1,k}T_{2,k}+T_{3,k}T_{4,k}+(T_{2,k}-T_{3,k})\tau]$。

第二阶段：同步调整报文阶段。参考节点 A 将计算得到的 $\hat{\varphi}_{MLE}$、$\hat{\theta}_{MLE}$ 以及时间戳信息 $T_{2,k}$ 通过广播调整报文发送出去，广播域内的节点接收到此报文后，应答节点 B 根据时钟偏移 $\hat{\varphi}_{MLE}$ 和时钟频偏 $\hat{\theta}_{MLE}$ 调整自己的本地时钟与参考节点同步，其余非应答子节点（比如图 5-33 中的节点 C）根据时间戳 $T_{2,k'}$、$T_{2,k}$ 以及 $\hat{\varphi}_{MLE}$ 和 $\hat{\theta}_{MLE}$ 计算相对于参考节点的时钟偏移和频偏，具体计算过程类似于 RBS 算法。设 T 为参考节点时间，t 为本地时间，φ' 为时钟偏移，θ' 为时钟频偏，则本地时间相对于参考时间的数学模型为：

$$T=\theta' t+\varphi' \tag{5-18}$$

由于电磁波在自由空间的传播速度近似等于光速，且传感器节点间的距离在几十米范围内，所以由传播时间时延带来的时间误差很小，可以将其忽略[142]，因此可以假设应答节点和非应答节点在相同时刻接收到同步请求报文。另外，如果不考虑外界因素的影响和本地晶体振荡器的频率变化，可以认为在较短的时间内节点晶振的频率是不变的[143]，那么对于图 5-33 中的两节点 B 和 C 有如下关系式成立，其中 k 表示第 k 次同步。

$$\begin{cases}T=\theta_1 T_{2,k}+\varphi_1\\T=\theta_2 T_{2,k'}+\varphi_2\end{cases} \tag{5-19}$$

因此，有：

$$T_{2,k}=\frac{\theta_2}{\theta_1}T_{2,k'}+\frac{(\varphi_2-\varphi_1)}{\theta_1} \tag{5-20}$$

其中，$T_{2,k}$ 与 $T_{2,k'}$ 已知（$k=k'=1,2,3,\cdots,n$）。令 $y_k=T_{2,k}$，$x_k=T_{2,k'}$，利用最小二乘法计算出参数值为：

$$T_{2,k}=\frac{\theta_2}{\theta_1}T_{2,k'}+\frac{(\varphi_2-\varphi_1)}{\theta_1} \tag{5-21}$$

$$\frac{(\varphi_2-\varphi_1)}{\theta_1}=\bar{y}-(\theta_2/\theta_1)\bar{x} \tag{5-22}$$

因为 B 为应答节点，所以容易求得此处的 φ_1 等于 $\hat{\varphi}_{MLE}/\hat{\theta}_{MLE}$，$\theta_1$ 等于 $1/\hat{\theta}_{MLE}$，则通过式(5-21)和式(5-22)可得：

$$\theta_2=\frac{\sum_{k=1}^{n}(x_k-\bar{x})(y_k-\bar{y})}{\sum_{k=1}^{n}(x_k-\bar{x})^2\hat{\theta}_{MLE}} \tag{5-23}$$

$$\varphi_2=[\hat{\varphi}_{MLE}+(\bar{y}-\theta_2\hat{\theta}_{MLE})\bar{x})]/\hat{\theta}_{MLE} \tag{5-24}$$

此时节点 C 根据计算得出的时钟频偏 θ_2 和时钟偏移 φ_2 对本地时钟进行补偿。

5.4.3 同步性能分析

(1) 同步误差分析

根据文献[144]，由时钟频偏引起的相对时钟漂移为 40～50 μs/s，在每层应答节点数与非应答节点数之比不同的情况下，得到的累积同步误差与同步次数的关系如图 5-35 和图 5-36 所示。

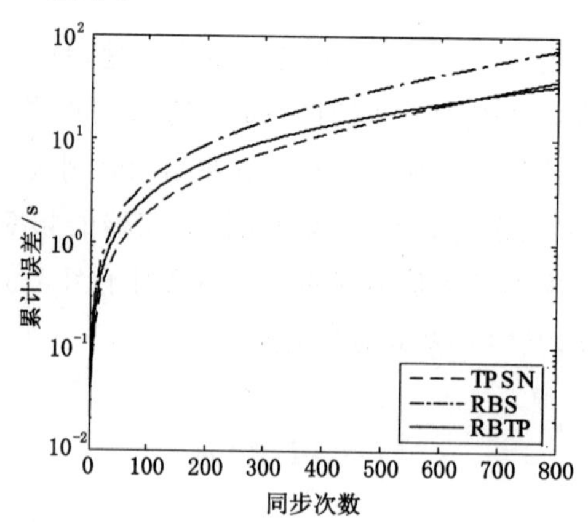

图 5-35 累积误差比较图(每层应答与非应答节点数之比为 1∶8)

图 5-35 所示为每层应答与非应答节点数之比为 1∶8 时各算法的累积误差比较，由图可知，在同步次数小于 670 次的范围内，RBTP 算法的累积同步误差

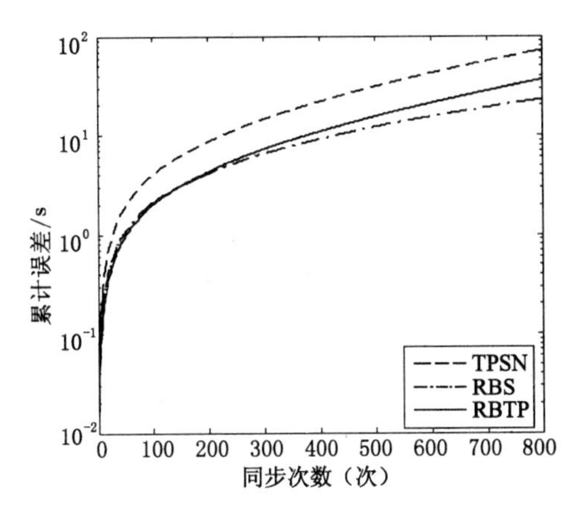

图 5-36 累积误差比较图(每层应答与非应答节点数之比为 1∶4)

介于 RBS 与 TPSN 算法之间,670 次之后的累积误差差值降低;图 5-36 所示为每层应答与非应答节点数之比为 1∶4 时累积误差的比较,由图可知,RBTP 算法的同步精度相比于图 5-35 提高了很多。因此,我们可以得到如下结论:

① 由于令应答节点采用双向成对同步机制并利用极大似然估计对时钟偏移和频偏进行估计并校正,而非应答节点采用广播同步机制以及最小二乘法对时钟偏移和频偏进行估计并校正,使得应答节点的估计值更接近于实际的时钟偏差,所以在应答节点数所占比例较大时,累积同步误差较低。

② 随着同步次数的增加,未校正时钟频偏的 RBS 与 TPSN 算法的时钟偏移不断增加导致累积误差增大,相比之下校正时钟频偏的 RBTP 算法的累积误差变化缓慢相对较小,即同步精度相比于 RBS 与 TPSN 算法得到了优化。

(2) 能耗分析

WSN 中将 1 bit 传输 100 m 需要的能量,近似等于执行 300 万条指令所需的能量[145],因此 WSNs 中数据通信需要的能量远大于数据处理所需要的能量,而数据通信所需能量与同步报文数成正比,因此可以通过同步报文交换数目来衡量算法能耗大小。在节点层数为 n,每层节点数为 m 的无线传感器网络中,推导出各算法同步所需报文数为:

$$N_{\mathrm{TPSN}}=\frac{2\times m\times(m^{(n-1)}-1)}{m-1} \tag{5-25}$$

$$N_{\mathrm{RBS}}=\frac{m^2\times(m^{(n-3)}-1)}{m-1}+m^n+1 \tag{5-26}$$

$$N_{\mathrm{RBTP}}=\frac{3\times(m^{(n-1)}-1)}{m-1} \tag{5-27}$$

在树状分层模型下，分别对 RBS、TPSN、RBTP 算法进行仿真，图 5-37 为当每层节点数为 10 时，各算法节点层数与同步消息开销关系图，其中 TPSN 和 RBS 所需同步报文数分别约为 RBTP 的 6.7 倍和 30 倍；图 5-38 为当节点层数为 8 时，各算法每层节点数与同步消息开销关系图，随着每层节点数 m 的增加，TPSN 和 RBS 算法同步所需报文数相比 RBTP 算法成指数倍增加。

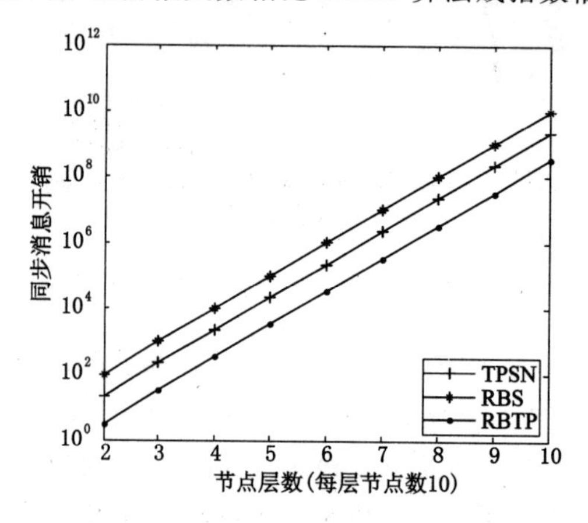

图 5-37　节点层数与消息开销关系

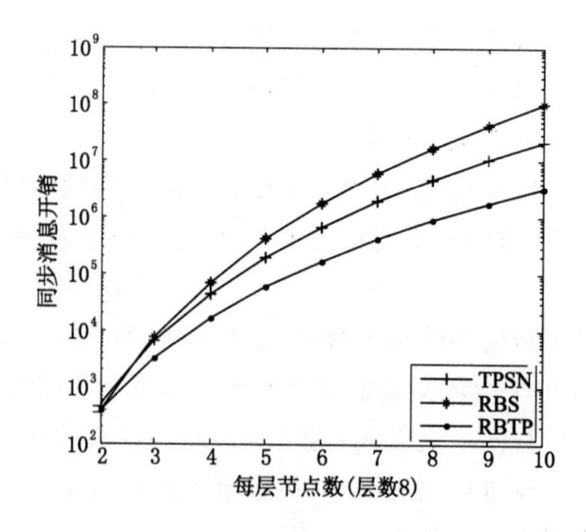

图 5-38　每层节点数与消息开销关系

可见，RBTP 通过增加计算的能量代价减少数据的无线传输，且对时钟偏移和频偏联合估计增加了重同步周期，因此相同条件下，RBTP 算法所需的同步报文数相较经典的 TPSN 和 RBS 算法明显减少，因此能量消耗大为改善。

6 基于 DOA＋TOA/TDOA 的工作面目标定位

本章研究基于 DOA＋TOA/TDOA 的工作面目标定位方法。由于 TOA 所需的时间同步已在第 5 章讨论过，本章主要介绍 DOA 的估计及其定位方法。在含有相干信源的情况下，可利用解相关的方法对信号的协方差矩阵的秩进行恢复，然后再通过 MUSIC 或 ESPIRT 算法进行 DOA 估计[146]。这些传统 DOA 估计算法的阵列数据协方差矩阵的秩可能下降为 1，导致信号源远远超过信号子空间的维数[147]，使得信号子空间与噪声子空间混叠[148]。因此，在矿井目标定位中，基于传统 DOA 估计方法的性能将受到严重影响，甚至可能无法分辨出各个信号的波达方向。本章将对此进行探，并设计基于 DOA＋TOA/TDOA 的联合单基站和多基站定位算法。

6.1 多径环境相干信源的 DOA 精确估计

6.1.1 前后向空间平滑的相关信号 DOA 估计

空间平滑技术是一种常用的矩阵重构方法，能够有效防止信号谱估计不能解相关的问题。它将不同信号的自相关矩阵加以组合[149]，使得形成的组合自相关矩阵的信号子空间的秩增加，防止信号子空间扩展到噪声子空间。

假设在多径环境中存在信源 $\boldsymbol{s}_0(t)$，由于反射、绕射等形成 N 个平稳相干信源，$\boldsymbol{s}_i(t)$、$\boldsymbol{s}_j(t)$ 分别为第 i 和 j 个相关源，它们之间的相关系数可表示为：

$$\rho_{ij}=\frac{\mathrm{E}[\boldsymbol{s}_i(t)\boldsymbol{s}_j^*(t)]}{\sqrt{\mathrm{E}[|\boldsymbol{s}_i(t)|^2]}\cdot\sqrt{\mathrm{E}[|\boldsymbol{s}_j(t)|^2]}},\begin{cases}0\leqslant i\leqslant N,\\0\leqslant j\leqslant N,\\i\neq j\end{cases}\tag{6-1}$$

由相关定理可知，$\boldsymbol{s}_i(t)$、$\boldsymbol{s}_j(t)$ 的相关性可表示为：

$$\begin{cases}\rho_{ij}=0 & \text{独立}\\0<\rho_{ij}<1 & \text{相关}\\\rho_{ij}=1 & \text{相干}\end{cases}\tag{6-2}$$

假定智能天线有 M 个阵元，相邻阵元的间距为半个波长，共有 N 个远场相关信源的入射信号。假定通过信源 $s_0(t)$ 产生的相干信号具有相似的信号形式，表示为：

$$\boldsymbol{s}_k(t)=a_k\boldsymbol{s}_0(t)\quad(k=1,2,\cdots,N)\tag{6-3}$$

其中，a_k 为复常数。将式(6-3)所示的相干信源模型用矩阵表示为：

$$\boldsymbol{X}(t)=\boldsymbol{A}\boldsymbol{s}(t)+\boldsymbol{N}(t)=\boldsymbol{A}[\boldsymbol{s}_1(t),\boldsymbol{s}_2(t),\cdots,\boldsymbol{s}_n(t)]^{\mathrm{T}}+\boldsymbol{N}(t)=\boldsymbol{A}\boldsymbol{\rho}s_0(t)+\boldsymbol{N}(t)\tag{6-4}$$

其中，$\boldsymbol{\rho}$ 为 $n\times1$ 维复常数矢量；$\boldsymbol{s}(t)=[\boldsymbol{s}_1(t),\boldsymbol{s}_2(t),\cdots,\boldsymbol{s}_n(t)]^{\mathrm{T}}$ 表示信号相干矩阵。

将 M 元阵列分成 L 个子阵列，每个子阵列的阵元数为 m，且 $m<M$，从子阵列 $\boldsymbol{X}_1$ 到 $\boldsymbol{X}_L$ 依次向右平移，如图 6-1 所示。

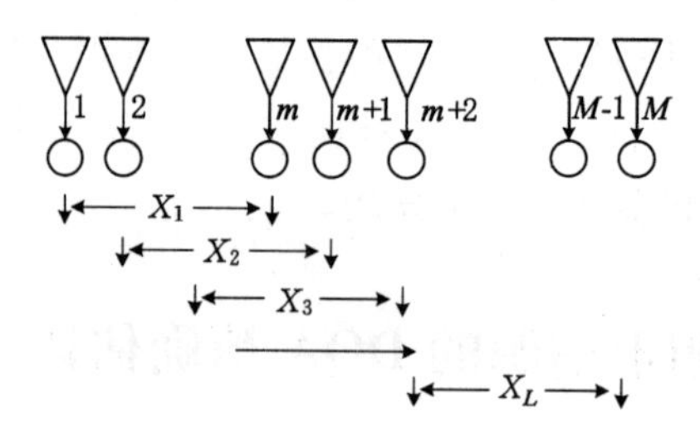

图 6-1　前向平滑子阵列形式

因此，每个子阵列矢量可表示为：

$$\begin{cases}\boldsymbol{X}_1^f=[x_1,x_2,\cdots,x_m]^{\mathrm{T}}\\ \boldsymbol{X}_2^f=[x_2,x_3,\cdots,x_{m+1}]^{\mathrm{T}}\\ \quad\quad\cdots\cdots\\ \boldsymbol{X}_L^f=[x_L,x_{L+1},\cdots,x_{m+L-1}]^{\mathrm{T}}\end{cases}\tag{6-5}$$

其中，$M=m+L+1$。令 $\boldsymbol{A}(\theta)$ 表示子阵列的方向矩阵，β_k 为子阵平滑参数，则第 k 个子阵列矢量为：

$$\boldsymbol{X}_k^f=[x_k,x_{k+1},\cdots,x_{k+m-1}]^{\mathrm{T}}=\boldsymbol{A}(\theta)\boldsymbol{D}^{k-1}\boldsymbol{s}(t)+\boldsymbol{N}_k(t)\tag{6-6}$$

其中：

$$\begin{cases}\boldsymbol{A}(\theta)=[\boldsymbol{a}(\theta_1),\boldsymbol{a}(\theta_2),\cdots,\boldsymbol{a}(\theta_k)]\\ \boldsymbol{a}(\theta_k)=[1,\mathrm{e}^{j\beta_k},\cdots,\mathrm{e}^{j(m-1)\beta_k}]^{\mathrm{T}}\\ \boldsymbol{D}=\mathrm{diag}[\mathrm{e}^{j\beta_1},\mathrm{e}^{j\beta_2},\cdots,\mathrm{e}^{j\beta_k}]\end{cases}\tag{6-7}$$

$\boldsymbol{X}_k^f$ 矩阵的协方差矩阵为：

$$\boldsymbol{R}_k = \mathrm{E}\{\boldsymbol{X}_k^f (\boldsymbol{X}_k^f)^{\mathrm{H}}\} = \boldsymbol{A}(\theta)\boldsymbol{D}^{(k-1)}\boldsymbol{R}_s(\boldsymbol{D}^{(k-1)})^{\mathrm{H}}\boldsymbol{A}^H(\theta) + \sigma^2\boldsymbol{I} \tag{6-8}$$

其中，$\boldsymbol{R}_s = \mathrm{E}[\boldsymbol{s}(t)\boldsymbol{s}^H(t)]$。因此，所有子阵列的协方差均值为：

$$\boldsymbol{R}^f = \frac{1}{k}\sum_{i=1}^{k} R_i = \boldsymbol{A}\left(\frac{1}{k}\sum_{i=1}^{k}\boldsymbol{D}^{(i-1)}\boldsymbol{R}_s(\boldsymbol{D}^{(i-1)})^H\right)\boldsymbol{A}^H = \boldsymbol{A}\boldsymbol{R}_s^f\boldsymbol{A}^H \tag{6-9}$$

其中，$\boldsymbol{R}_s^f$ 称为前向平滑信号协方差矩阵，表达式为：

$$\boldsymbol{R}_s^f = \frac{1}{k}\sum_{i=0}^{k}\boldsymbol{D}^{(i-1)}\boldsymbol{R}_s(\boldsymbol{D}^{(i-1)})^H \tag{6-10}$$

在前向空间平滑算法中，让子阵列个数不小于入射信号数，使得子阵列协方差矩阵均值的构造矩阵 $\boldsymbol{R}^f$ 能够满秩恢复，然后再采用 MUSIC 或 ESPRIT 算法进行 DOA 估计，消除相干信源的频谱干扰[150]。

在后向平滑中，同样将 M 个阵元划分为 L 个子阵，每个子阵列的阵元数为 m，将子阵列从后向前平移，则第 k 个子阵的阵列矢量表示为：

$$\boldsymbol{X}_k^b = [x_{M-k+1}, x_{M-k}, \cdots, x_{M-m-k+2}]^{\mathrm{T}} \tag{6-11}$$

比较式(6-5)，并结合式(6-6)，$\boldsymbol{X}_k^b$ 可由 $\boldsymbol{X}_{L-k+1}^f$ 计算得到：

$$\begin{aligned}\boldsymbol{X}_k^b &= \boldsymbol{J}\boldsymbol{X}_{L-k+1}^{f*} + \boldsymbol{J}\boldsymbol{N}_{L-k+1}^* = \boldsymbol{J}[\boldsymbol{A}\boldsymbol{D}^{L-k}\boldsymbol{s}]^* + \boldsymbol{J}\boldsymbol{N}_{L-k+1}^* \\ &= \boldsymbol{J}\boldsymbol{A}^*\boldsymbol{D}^{k-L}\boldsymbol{s}^* + \boldsymbol{J}\boldsymbol{N}_{L-k+1}^*\end{aligned} \tag{6-12}$$

式中，$\boldsymbol{J}$ 为 m 维交换矩阵：

$$\boldsymbol{J} = \begin{bmatrix} & & & 1 \\ & & 1 & \\ & \iddots & & \\ 1 & & & \end{bmatrix} \tag{6-13}$$

下面讨论后向平移的第 $L-k+1$ 子阵列。式(6-12)可表示为：

$$\begin{aligned}\boldsymbol{X}_{L-k+1}^b &= \boldsymbol{J}\boldsymbol{X}_k^{f*} + \boldsymbol{J}\boldsymbol{N}_k^* = \boldsymbol{J}[\boldsymbol{A}\boldsymbol{D}^{k-1}\boldsymbol{s}]^* + \boldsymbol{J}\boldsymbol{N}_k^* \\ &= \boldsymbol{J}\boldsymbol{A}^*\boldsymbol{D}^{-(k-1)}\boldsymbol{s}^* + \boldsymbol{J}\boldsymbol{N}_k^*\end{aligned} \tag{6-14}$$

由于 $\boldsymbol{J}\boldsymbol{A}^* = \boldsymbol{A}\boldsymbol{D}^{-(L-1)}$，所以上式转换为：

$$\boldsymbol{X}_{L-k+1}^b = \boldsymbol{J}\boldsymbol{A}\boldsymbol{D}^{-(L+k-2)}\boldsymbol{s}^* + \boldsymbol{J}\boldsymbol{N}_k^* \tag{6-15}$$

因此后向平滑阵列的协方差矩阵表示为：

$$\boldsymbol{R}_{L-k+1}^b = \boldsymbol{A}\boldsymbol{D}^{-(L+k-2)}\boldsymbol{R}_s^*(\boldsymbol{D}^{-(L+k-2)})^H\boldsymbol{A}^H + \sigma^2\boldsymbol{I} \tag{6-16}$$

其均值为：

$$\boldsymbol{R}^b = \frac{1}{k}\sum_{i=1}^{k}\boldsymbol{R}_i^k = \boldsymbol{A}\left(\frac{1}{k}\sum_{i=1}^{k}\boldsymbol{D}^{-(L+i-1)}\boldsymbol{R}_s(\boldsymbol{D}^{(L+i-1)})^H\right)\boldsymbol{A}^H + \sigma^2\boldsymbol{I} = \boldsymbol{A}\boldsymbol{R}_s^b\boldsymbol{A}^H \tag{6-17}$$

式中，$\boldsymbol{R}_s^b$ 称为后向平滑信号协方差矩阵，其表达式为：

$$\boldsymbol{R}_s^b = \frac{1}{k}\sum_{i=1}^{k}\boldsymbol{D}^{-(L+i-1)}\boldsymbol{R}_s(\boldsymbol{D}^{(L+i-1)})^H \tag{6-18}$$

与前向空间平滑算法类似，后向空间平滑算法也令子阵列个数与阵元数大于入射信号数，使得 $\boldsymbol{R}^f$ 能够满秩，达到解相干的目的。

若令 $\boldsymbol{R}^{fb}$ 为前后向平滑协方差构造矩阵，它为前向和后向平滑阵列的协方差矩阵 $\boldsymbol{R}^f$、$\boldsymbol{R}^b$ 的平均值，即：

$$\boldsymbol{R}^{fb}=\frac{1}{2}(\boldsymbol{R}^f+\boldsymbol{R}^b) \tag{6-19}$$

若有 N 个相干信号入射到天线系统，单向平滑技术中需要至少构造 N 个子阵才能够令平滑协方差矩阵恢复满秩，而双向平滑技术结合了前向和后向平滑的优势，可将构造矩阵减少为一半，只需 $N/2$ 子阵就可使得平滑协方差矩阵恢复满秩。双向平滑算法的估计性能相比单向的平滑算法更具优势：研究表明[147]，如果阵元的数目为 N，那么利用单向平滑算法最多可以分辨 $N/2$ 个相干信源[150]，而利用前后向平滑法则可分辨 $2N/3$ 个相干信源。

6.1.2 基于 Toeplitz 算法的解相干 DOA 估计

基于子阵列重构的前向、后向和前后向空间平滑算法要求相干信源必须小于构造的子阵列和阵元的数目，Toeplitz 算法则无需通过子阵列分解重构来获取平滑后的协方差矩阵，只要通过对各个阵元接收数据和参考阵元接收数据的相关函数排列，形成 Hermitian Toeplitz 矩阵，再通过 MUSIC 或 ESPRIT 算法处理得到信号子空间和噪声子空间矩阵，就可消除相干信源干扰，获得目标信源的 DOA 估计[148]。

假设天线由 M 个均匀线性阵元组成，有 N 个相干信源入射到该天线，噪声和信号源独立，$\boldsymbol{s}_i(t)$表示第 i 信源，$\boldsymbol{A}(k)$表示第 k 个阵列导向矢量矩阵：

$$\boldsymbol{A}(k)=[\mathrm{e}^{-j\frac{\pi}{\lambda}dk\sin(\theta_1)},\mathrm{e}^{-j\frac{\pi}{\lambda}dk\sin(\theta_2)},\cdots,\mathrm{e}^{-j\frac{\pi}{\lambda}dk\sin(\theta_N)}] \tag{6-20}$$

那么第 k 阵元的接收信号可表示为：

$$\begin{aligned}\boldsymbol{x}_k(t) &= \sum_{i=1}^{N}\boldsymbol{s}_i(t)\mathrm{e}^{-j\frac{2\pi}{\lambda}dk\sin(\theta_i)}+\boldsymbol{n}_k(t)\\ &=\boldsymbol{A}(k)[\boldsymbol{s}_1(t),\boldsymbol{s}_1(t),\cdots,\boldsymbol{s}_N(t)]^{\mathrm{T}}+\boldsymbol{n}_k(t)\end{aligned} \tag{6-21}$$

第 1 个阵元接收数据矢量为：

$$\boldsymbol{x}_1(t)=\boldsymbol{A}(1)[\boldsymbol{s}_1(t),\boldsymbol{s}_1(t),\cdots,\boldsymbol{s}_N(t)]^{\mathrm{T}}+\boldsymbol{n}_1(t)=\boldsymbol{A}(1)\boldsymbol{s}^{\mathrm{T}}+\boldsymbol{n}_1(t) \tag{6-22}$$

令信号源的自相关协方差为 $\boldsymbol{R}_s$,定义相关函数:

$$\begin{aligned}\boldsymbol{r}(k-1) &= \mathrm{E}\{\boldsymbol{x}_1\boldsymbol{x}_k^H\} = \boldsymbol{A}(1)\mathrm{E}\{\boldsymbol{s}\boldsymbol{s}^H\}\boldsymbol{A}^H(k)+\sigma^2\boldsymbol{I} \\ &= \boldsymbol{A}(1)\boldsymbol{R}_s\boldsymbol{A}^H(k)+\sigma^2\boldsymbol{I}\end{aligned} \tag{6-23}$$

于是可构造相关矢量$[\boldsymbol{r}(0),\boldsymbol{r}(1),\cdots,\boldsymbol{r}(M-1)]$:

$$[\boldsymbol{r}(0),\boldsymbol{r}(1),\cdots,\boldsymbol{r}(M-1)] = \boldsymbol{A}(1)\boldsymbol{R}_s[\boldsymbol{A}^H(1),\boldsymbol{A}^H(2),\cdots,\boldsymbol{A}^H(M)] \tag{6-24}$$

进而可构造 Hemrstian Toepzitz 矩阵 $\boldsymbol{R}_{M\times M}$:

$$\boldsymbol{R}_{M\times M} = \begin{bmatrix} \boldsymbol{r}(0) & \boldsymbol{r}(1) & \cdots & \boldsymbol{r}(M-1) \\ \boldsymbol{r}(-1) & \boldsymbol{r}(0) & \cdots & \boldsymbol{r}(M-2) \\ \vdots & \vdots & & \vdots \\ \boldsymbol{r}(-M+1) & \boldsymbol{r}(-M+2) & \cdots & \boldsymbol{r}(0) \end{bmatrix}_{M\times M} \tag{6-25}$$

根据 Toepzitz 相关性质,$\boldsymbol{R}_{M\times M}$为满秩矩阵。由于 $\boldsymbol{R}_{M\times M}$包含了所有信号源的信息,在利用 MUSIC 或 ESPRIT 算法进行 DOA 估计时,可以有效避免相干信源的影响,实现相干信源波达方向的可靠估计。

6.1.3　DOA 估计性能分析

(1) 前后向空间平滑 DOA 估计的性能

天线阵元数 8 个,阵元间相距半个波长,子阵列数 3 个,子阵元 5 个,采样点数 1 024 个,信噪比为 -10 dB。3 个信源信号,入射角分别为 10°、30°、50°,它们分别产生 1 个相干信源同时入射到天线系统中,利用经典 MUSIC 算法、前向空间平滑 MUSIC 算法和前后向平滑 MUSIC 算法的估计结果见图 6-2 所示。

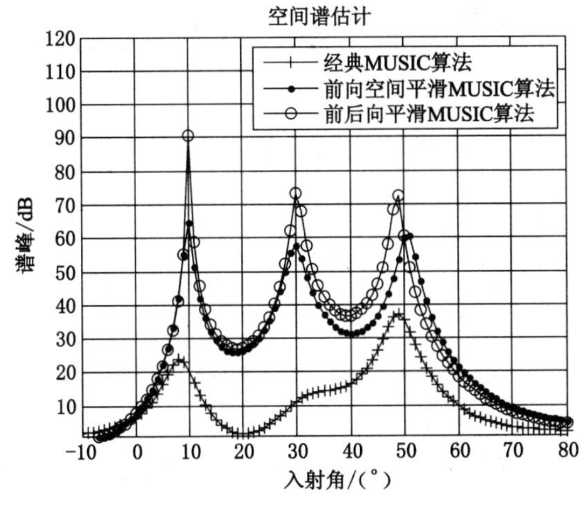

图 6-2　相干信源 DOA 估计

由图 6-2 可知，当信号存在相干信源时，经典 MUSIC 算法无法分辨信源的方向，这是因为相干信源可能使得阵列数据的协方差矩阵的秩下降为 1，信号源远远超过信号子空间的维数，导致信号子空间与噪声子空间混叠，因此无法分辨出各个信源的波达方向。而平滑技术将信号子空间的自相关协方差矩阵重新组合，从而构造阵列数据协方差矩阵，有效防止了噪声子空间的混叠。从图 6-2 还可以看出，前后向平滑 MUSIC 算法综合了前向和后向空间的优点，比前向空间平滑 MUSIC 算法的估计结果更为精确。

(2) 空间平滑与 Toeplitz DOA 估计对比

天线阵元数 8 个，阵元之间相距半个波长，子阵列数 3 个，子阵元 5 个，采样点数 1 024 个，信噪比为 −10 dB；3 个信源信号，入射角为 10°、20°、30°，它们分别产生 1 个相干信源，采用前向空间平滑 MUSIC 算法、前后向平滑 MUSIC 算法和 Toeplitz 矩阵重构算法的估计结果如图 6-3 所示。

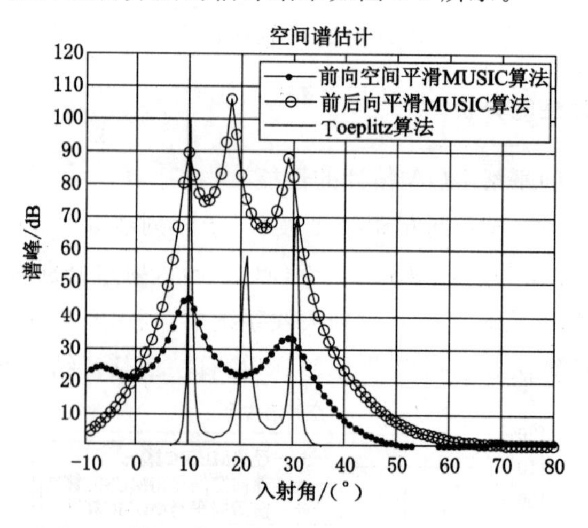

图 6-3　解相干 DOA 估计

由图 6-3 可知，当信源的入射角相距较小时，3 个信源之间和相干信源之间都存在相互干扰，前向空间平滑 MUSIC 算法估计性能大大下降，已经无法分辨 3 个信源的波达方向，而前后向平滑 MUSIC 和 Toeplitz 算法分辨力较好，能够区分各个信源的波达方向，Toeplitz 算法的估计精度高。

(3) 信噪比对 DOA 估计的影响

仿真环境同上，信噪比从 −10 dB 开始，每次增加 2 dB，直到 10 dB 为止，比较各解相干算法的 DOA 估计的均方根误差（Root mean Square Error,

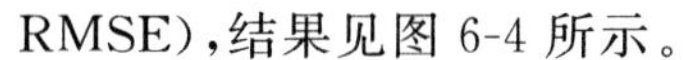
RMSE)，结果见图 6-4 所示。

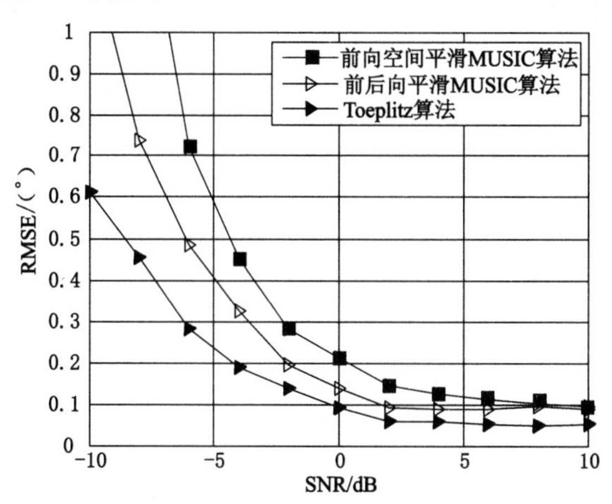

图 6-4　SNR 对解相干算法的 RMSE 影响

从图 6-4 可知，当信噪比较低时，3 种算法的分辨率相差较大，Toeplitz 算法最好，因为它采用了矩阵分解重构，使得信源和噪声子空间能够分离，前向和前后向平滑 MUSIC 算法在使平滑协方差矩阵恢复满秩的过程中，受到子矩阵和阵元划分的影响，均方误差相对较大。当信噪比较高时，3 种算法都具有较好的估计性能。

6.2　基于 DOA 和 TOA 的单基站目标定位

由于巷道和工作面的结构环境复杂，根据基站(即信标节点)的分布和网络模型，通常多个移动目标可能只有一个基站检测接收，因此研究井下的单基站定位方法具有现实意义。

6.2.1　单基站目标定位原理

在单站节点定位中，基于 DOA 和 TOA 的算法是一种常用的目标定位方法[151]，基站通过估计信号的波达方向或到达时间，通过方位和延时就确定目标位置[152]。以图 6-5 为例，任意选定一个基站 B，将其投影到巷道底板上，并令投影点为 B'，则 BB' 的长度就是巷道顶板中线到底板的高度 h。由于 B 的坐标在部署基站的时候已经测得，因此 B 的坐标也是已知的。

为了定位，移动目标 MS(人员或者设备，记为 U，也被称为未知节点)在移

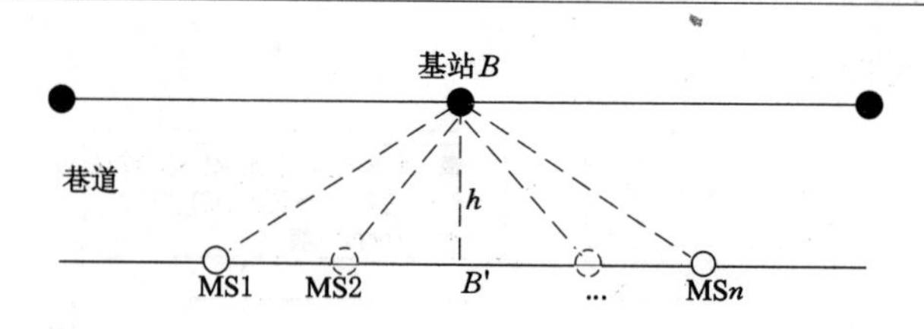

图 6-5 基于到达角的目标矿井目标定位

动过程中周期性地广播移动无线电信号，该信号包含了与移动目标通信的前一基站的位置信息，记为 privious。未知节点 U 与基站 B、基站投影 B'三点构成直角三角形，如图 6-6 所示。

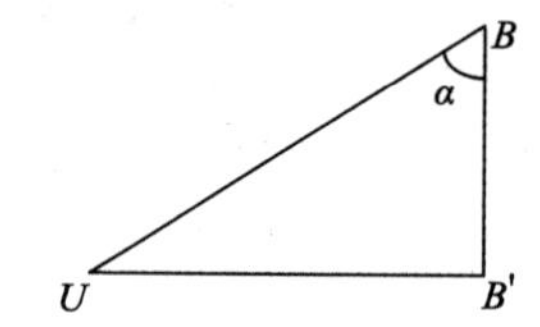

图 6-6 未知节点与单基站及其垂足构成直角三角形

当基站 B 接收到 U 所发射的无线电信号之后，利用 DOA 估计算法精确确定$\angle UBB'$的大小 α，即可实现目标定位。以更具一般意义的图 6-7 为例，移动目标 MS 的位置坐标为(x,y)，基站(x_0^B, y_0^B)与移动目标之间的直视距离为 d，方位角为 α(DOA 估计值)，显然：

$$\begin{cases} \tan\alpha = \dfrac{y-y_0^B}{x-x_0^B} \\ (x-x_0^B)^2+(y-y_0^B)^2=d^2 \end{cases} \tag{6-26}$$

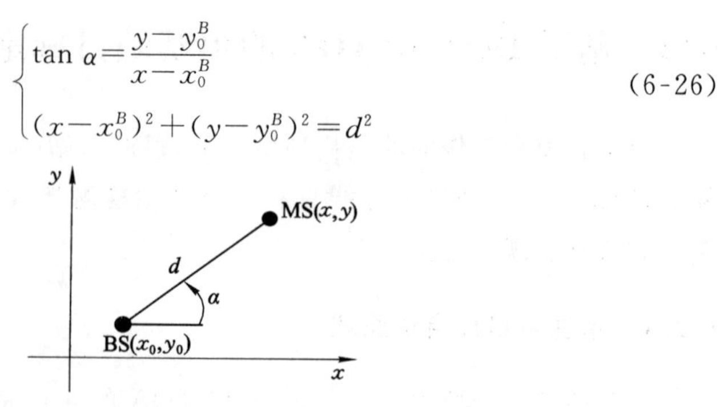

图 6-7 二维空间的单站定位模型

假定在时刻 t_i 基站估计到的信号传播延时为 $\hat{\tau}_i$，视距传播距离 $d_i=c\cdot\hat{\tau}_i$（c 为无线电波传播速度），从式(6-26)可以得到：

$$\begin{cases} |x_i - x_0^B| = \dfrac{(c \cdot \hat{\tau}_i)^2}{1+\tan^2(\alpha_i)} \\ y_i - y_0^B = \tan\alpha_i (x_i - x_0^B) \end{cases} \tag{6-27}$$

可见,定位模型是一个包含两个状态向量的参考方程。实际上,井下移动目标所收到的信号包括视距和非视距传播估计量,不妨令(α_i',d_i')为非视距传播路径估计量(图 6-8)。设巷道宽度固定为 l,移动目标在时刻 t_i 的位置为(x_i,y_i),在时刻 t_{i+1} 运动到(x_{i+1},y_{i+1})。对于单基站定位,移动目标只能和一个基站通信,为了提高定位精度,可利用目标的前后位置关系降低定位误差。

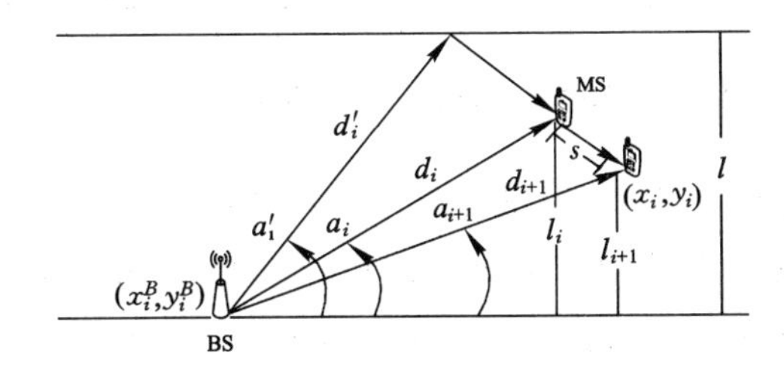

图 6-8 巷道单基站定位模型

考虑到非视距(NLOS)测量误差对 TOA 估计的影响[142],井下测距模型应为:

$$\hat{d} = d_i + d_i' + n = L_{toa}(\hat{\tau}_i) + NLOS(\hat{\tau}_i) + N(\hat{\tau}_i) \tag{6-28}$$

其中,$\hat{d}$ 表示估计距离,$\hat{\tau}_i$ 表示信号传播延时;$L_{toa}(\hat{\tau}_i)$表示视距路径;$NLOS(\hat{\tau}_i)$和 $N(\hat{\tau}_i)$分别表示非视距误差和测量误差;N 一般服从均值为 0、方差为 σ^2 的高斯分布。

仅仅从 α 的绝对大小考虑,未知节点可能位于基站的左边或右边,因此需要消除这种二义性。如图 6-9 所示,节点相对基站的移动,有趋近和远离两个状态。假定相邻基站之间距离为 d_{BS},未知节点的平均移动速度为 v。在基站缓存中设立一个字段 *state*,当基站开始收到节点发送的信号时,设置 *state* 为 1,经过一个时间 $t=d_{BS}/2v$ 后,将 *state* 置为 0。

基站将收到的 *privious* 信息、测量的信号到达角 α 和状态信息 *state* 一起组成数据包发送给地面管控系统;地面管控系统根据数据包中的 *privious* 信息和当前基站 ID 可以判断出当前节点的运动方向;根据 *state* 信息,可以判断节点当前相对该基站的运动状态,*state* 为 1 是趋近该基站,*state* 为 0 是远离该基

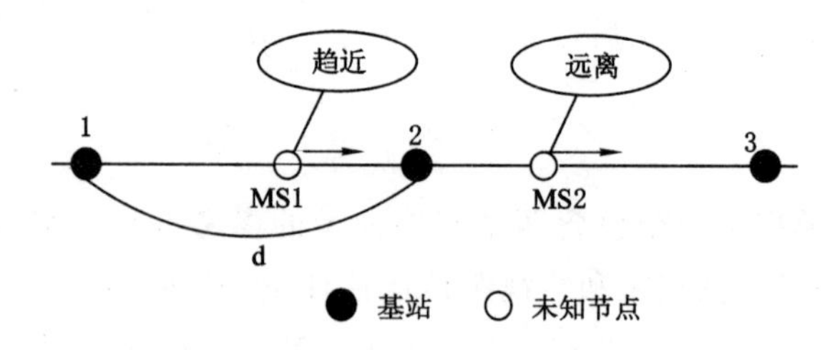

图 6-9　通过历史信息判断趋近/远离

站;这样就可以确定唯一的未知节点位置,消除定位结果的二义性。

6.2.2　基于角度变化率的 DOA+TOA 定位方法

由于移动目标相对基站在不断移动,要求智能天线的波达方向 DOA 估计能够实时调整主波束范围,使其对准移动目标。因此,可以利用智能天线 DOA 估计的方位角变化率对目标运动情景进行预测,并结合 TOA 测距信息实现目标的定位和跟踪。

在图 6-8 中,以基站为坐标原点,移动目标的方位角 $\alpha(t)$ 与坐标之间的关系为:

$$\begin{cases}\alpha(t)=\arctan\dfrac{x}{y}\\ \alpha'(t)=\dfrac{y\dfrac{\mathrm{d}x}{\mathrm{d}t}-x\dfrac{\mathrm{d}y}{\mathrm{d}t}}{x^2+y^2}\end{cases}\tag{6-29}$$

式中,$\alpha'(t)$ 表示角度随时间的变化率。令移动目标到基站的距离为 $r(t)$(即 $r(t)=\sqrt{x^2+y^2}$),移动目标相对基站的单位矢量(即径向单位矢量)为 $e_r(t)$,那么移动目标的极坐标形式为 $\rho(t)=r(t)e_r(t)$。定义径向矢量的垂直单位矢量 $e_\perp(t)$(切向单位矢量),它们可表示为:

$$\begin{cases}e_r(t)=\cos[\alpha(t)]+j\sin[\alpha(t)]\\ e_\perp(t)=\sin[\alpha(t)]-j\cos[\alpha(t)]\end{cases}\tag{6-30}$$

分别求它们的一阶和二阶导数:

$$\begin{cases}\dfrac{\mathrm{d}e_r(t)}{\mathrm{d}(t)}=\{-\sin[\alpha(t)]+j\cos[\alpha(t)]\}\alpha'(t)=e_\perp(t)\alpha'(t)\\ \dfrac{\mathrm{d}e_\perp(t)}{\mathrm{d}(t)}=\{-\cos[\alpha(t)]-j\sin[\alpha(t)]\}\alpha'(t)=-e_r(t)\alpha'(t)\end{cases}\tag{6-31}$$

$$\begin{cases}\dfrac{\mathrm{d}^2 e_r(t)}{\mathrm{d}t^2}=e_\perp(t)\alpha''(t)-e_r(t)[\alpha'(t)]^2\\ \dfrac{\mathrm{d}^2 e_\perp(t)}{\mathrm{d}t^2}=-e_r(t)\alpha''(t)-e_\perp(t)[\alpha'(t)]^2\end{cases}\tag{6-32}$$

对移动目标的位置矢量 $\rho(t)$进行求导,得到移动目标的速度 $v(t)$和加速度 $\mu(t)$为:

$$\begin{cases}v(t)=\dfrac{\mathrm{d}\rho(t)}{\mathrm{d}(t)}=r'(t)e_r(t)+r(t)\dfrac{\mathrm{d}e_r(t)}{\mathrm{d}t}\\ \mu(t)=\dfrac{\mathrm{d}^2\rho(t)}{\mathrm{d}(t)}=r''(t)e_r(t)+2r'(t)\dfrac{\mathrm{d}e_r(t)}{\mathrm{d}t}+r(t)\dfrac{\mathrm{d}^2 e_r(t)}{\mathrm{d}t^2}\end{cases}\tag{6-33}$$

将式(6-31)和式(6-32)代入,得:

$$\begin{cases}v(t)=r'(t)e_r(t)+r(t)e_\perp(t)\alpha'(t)\\ \mu(t)=[r''(t)-r(t)(\alpha'(t))^2]e_r(t)+[2r'(t)\alpha'(t)+\alpha''(t)r(t)]e_\perp(t)\end{cases}\tag{6-34}$$

因此,速度 $v(t)$可以分解为径向速度 $v_r(t)$和切向速度 $v_\perp(t)$,

$$\begin{cases}v_r(t)=r'(t)e_r(t)\\ v_\perp(t)=r(t)\alpha'(t)e_\perp(t)\end{cases}\tag{6-35}$$

令 $v_x=\dfrac{\mathrm{d}x}{\mathrm{d}t}$,$v_y=\dfrac{\mathrm{d}y}{\mathrm{d}t}$分别为移动目标在 x,y 方向上的移动速度,且有:

$$\begin{cases}v_x=\dfrac{r(t)\alpha'\cos\alpha-r'(t)\sin\alpha}{\cos 2\alpha}\\ v_y=\dfrac{r'(t)\cos\alpha-r(t)\alpha'\sin\alpha}{\cos 2\alpha}\end{cases}\tag{6-36}$$

那么径向和切向速度分别为:

$$\begin{cases}v_r=v_x\cos[\alpha(t)]+v_y\sin[\alpha(t)]=r'(t)\\ v_\perp=v_x\sin[\alpha(t)]+v_y\cos[\alpha(t)]=r(t)\alpha'(t)\end{cases}\tag{6-37}$$

于是,从式(6-29)中的 $\alpha'(t)$出发,求得:

$$\alpha'(t)=\frac{v_x y-v_y x}{r^2(t)}=\frac{v_x\sin\alpha-v_y\cos\alpha}{r(t)}\tag{6-38}$$

在图 6-8 中,移动节点到基站的距离 $d(t)=r(t)$,从式(6-38)转换可得:

$$\hat{d}(t)=\frac{v_x\cos\alpha-v_y\sin\alpha}{\alpha'(t)}\tag{6-39}$$

因此,通过测量移动目标在 x,y 方向的移动速度,就可以计算下一时刻的预测估计值。而 v_x、v_y 可通过测量 $r(t)$、$r'(t)$、$\alpha(t)$、$\alpha'(t)$求得。在实际估算中,先获得不同时刻的多个采样数据，将 $r(t)$ 的采样值设为 TOA 的测距估计值 d_i，变化率为 $r'=(d_{i+1}-d_i)/T$，$\alpha(t)$ 的采样值为智能天线的 DOA 估计值 α_i，其角度变化率 $\alpha'=(\alpha_{i+1}-\alpha_i)/T$。

由式(6-39)可得估计坐标为：

$$\begin{cases} x(t)=\hat{d}(t)\cos\alpha \\ y(t)=\hat{d}(t)\sin\alpha \end{cases} \tag{6-40}$$

因此，当目标处于运动状态的时候，可通过预测移动目标在 x，y 方向运动速度计算移动目标的坐标位置。由式(6-36)可知，移动目标的运动速度可通过径向速度和角度变化率获得，现将式(6-36)简化如下：

$$\begin{cases} v_x=f_x(r',\alpha') \\ v_y=f_y(r',\alpha') \end{cases} \tag{6-41}$$

不过，径向速度和角度变化率无法通过单个观测量获得，可通过以前的多个测量估计值采用卡尔曼滤波的方式获得。由式(6-29)建立基于角度变化率的单站定位跟踪系统的状态方程：

$$\boldsymbol{X}_{k+1}=\boldsymbol{A}\boldsymbol{X}_k+\boldsymbol{B}\boldsymbol{W}_k \tag{6-42}$$

式中，状态矢量 $\boldsymbol{X}_k=[v_k^x,v_k^y,d_k',\alpha_k']^{\mathrm{T}}$；$d'$ 表示径向速度；α' 表示角度变化率；$\boldsymbol{A}=\begin{bmatrix} \boldsymbol{I} & 0 & \Delta t\boldsymbol{I}\cos\alpha & \Delta t\boldsymbol{I}f_x \\ 0 & \boldsymbol{I} & \Delta t\boldsymbol{I}\sin\alpha & \Delta t\boldsymbol{I}f_y \\ 0 & 0 & \boldsymbol{I} & 0 \\ 0 & 0 & 0 & \boldsymbol{I} \end{bmatrix}$ 为状态转移矩阵；$\boldsymbol{B}=\begin{bmatrix} 0 & \Delta t\boldsymbol{I} \\ \Delta t\boldsymbol{I} & 0 \end{bmatrix}$ 为噪声输入矩阵；$\boldsymbol{W}_k$ 为扰动噪声向量，协方差矩阵为 $\sigma_w^2\boldsymbol{I}$。

观测方程为：

$$\boldsymbol{Z}_k=\boldsymbol{H}_k\boldsymbol{X}_k+\boldsymbol{V}_k \tag{6-43}$$

式中，$\boldsymbol{X}_k=[v_k^x,v_k^y,d_k,\alpha_k]^{\mathrm{T}}$ 称为观测数据向量；α_k 可由 DOA 估计测得；d_k 可由 TOA 估计测得；$\boldsymbol{V}_k$ 为观测噪声向量，协方差矩阵为 $\sigma_X^2\boldsymbol{I}$；$\boldsymbol{H}_k$ 为非线性观察矩阵，可表示为：

$$\boldsymbol{H}_k=\begin{bmatrix} 1 & 0 & 0 & 0 \\ 0 & 1 & 0 & 0 \\ 0 & 0 & \dfrac{1}{\Delta t} & 0 \\ 0 & 0 & 0 & \dfrac{1}{\Delta t} \end{bmatrix} \tag{6-44}$$

通过卡尔曼滤波获取在 x,y 方向的运动速度,可得移动目标的下一时刻坐标:

$$\begin{cases} x_{k+1}=x_k+v_k^x\cos(\alpha_{k+1}) \\ y_{k+1}=y_k+v_k^y\sin(\alpha_{k+1}) \end{cases} \tag{6-45}$$

通过对以前观测数据的统计特性分析,根据线性最小方差原理,预测当前时刻估计位置,并结合当前测量数据对估计值进行修正,从而获得最优估计。它能够更好地跟随目标状态变化,对定位坐标进行修正,使估计值更接近移动目标的真实坐标。

6.2.3 基于单次反射的 DOA+TOA 定位方法

6.2.2 所分析的移动节点其实并没有充分考虑巷道结构的独特性。此外,如果时间同步精度相对较低,将会导致 TOA 估计值严重偏离真实值,从而导致计算的基站到移动节点的距离误差较大,定位效果不佳。为了消除无线网络时间同步的影响[154],除了可以利用第 6 章的时间同步方法外,还可以利用多径传播中的多条反射传播路径所提供的更多测距信息,提高定位精度。

不失一般性,假设移动节点 M 发射的信号通过 3 条路径传播到基站 N(包含了一条视距路径、信号反射一次、两次反射路径),见图 6-10 所示。

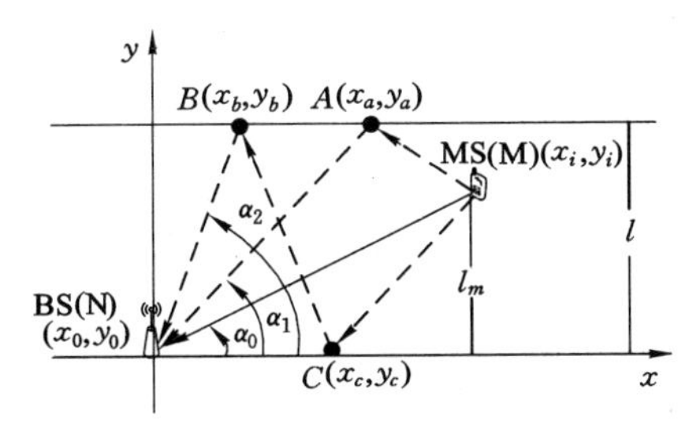

图 6-10 巷道反射路径图

现假设基站能够识别视距和单次反射信号,视距传播信号的 DOA 和 TOA 估计值为 α_0、t_0,过 A 点的单次反射信号的 DOA 和 TOA 估计值为 α_1、t_1。以基站为坐标原点,A 点坐标为:

$$\begin{cases} x_a=\dfrac{l}{\tan\alpha_1} \\ y_a=l \end{cases} \tag{6-46}$$

根据视距路径和一次反射路径的 TOA 估计值,结合图 6-10 的几何关系，得：

$$\sqrt{(x-x_a)^2+(y-y_a)^2}+\frac{l}{\sin\alpha_1}-\sqrt{x^2+y^2}=c\cdot(t_1-t_0) \tag{6-47}$$

式中，c 为电磁波的传播速度。稍作整理，得：

$$\sqrt{(x-x_a)^2+(y-y_a)^2}-\sqrt{x^2+y^2}=c\cdot t_{10}-\frac{l}{\sin\alpha_1} \tag{6-48}$$

式中，$t_{10}=t_1-t_0$。从式(6-48)可以看出，移动节点的轨迹可以表示为以基站和一次反射点为焦点、到两焦点的距离之差为常数的双曲线的右半支或左半支。而 DOA 估计值 $\tan\alpha_0=y/x$，令：

$$y=x\cdot\tan\alpha_0=kx \tag{6-49}$$

移动节点坐标估计值即为式(6-49)直线与式(6-48)双曲线的交点。

当接收到的单次反射路径含有多条时，式(6-48)将变成一个二元多次方程组，能够提供更多信息用来提高定位精度。假设可以检测到 $m(m\geqslant 1)$ 条单次反射路径，式(6-48)和式(6-49)可改写为：

$$\begin{cases}\sqrt{(x-x_i)^2+(y-y_i)^2}-\sqrt{x^2+y^2}=c\cdot t_{i0}-\dfrac{l}{\sin\alpha_i} \quad (i=1,2,\cdots,m)\\ y=kx\end{cases} \tag{6-50}$$

用矩阵形式改写为：

$$\boldsymbol{Ax}=\boldsymbol{B} \tag{6-51}$$

式中：

$$\boldsymbol{A}=\begin{bmatrix}2\left(c\cdot t_{10}-\dfrac{l}{\sin\alpha_1}\right)\sqrt{1+k^2}+2(x_1+ky_1)\\ 2\left(c\cdot t_{20}-\dfrac{l}{\sin\alpha_2}\right)\sqrt{1+k^2}+2(x_2+ky_2)\\ \vdots\\ 2\left(c\cdot t_{m0}-\dfrac{l}{\sin\alpha_m}\right)\sqrt{1+k^2}+2(x_m+ky_m)\end{bmatrix}_{m\times 1}$$

$$\boldsymbol{B}=\begin{bmatrix}x_1^2+y_1^2-\left(c\cdot t_{10}-\dfrac{l}{\sin\alpha_1}\right)^2\\ x_2^2+y_2^2-\left(c\cdot t_{20}-\dfrac{l}{\sin\alpha_2}\right)^2\\ \vdots\\ x_m^2+y_m^2-\left(c\cdot t_{m0}-\dfrac{l}{\sin\alpha_m}\right)^2\end{bmatrix}_{m\times 1}$$

利用最小二乘法可以求得式(6-51)的解,为:

$$x=(\boldsymbol{A}^H\boldsymbol{A})^{-1}\boldsymbol{A}^H\boldsymbol{B} \tag{6-52}$$

基于单次反射的 DOA+TOA 单基站定位方法利用了单次反射路径和视距路径之间的 TDOA 信息,因此降低了时间同步误差的影响。其 TDOA 信息并非由多个基站提供,而是由信号的多条单次反射路径提供。

6.2.4 定位性能分析

(1) 只考虑一条单次反射

仿真场景为一长直巷道,长 100 m,宽 5 m,高 5 m;基站沿巷道顶板中线布置,天线阵元数 8 个,阵元间相距半个波长,子阵列数 3 个,子阵元 5 个,采样点数 1 024 个,OFDM 载波频率 2.4G Hz,子载波数 1 024 个,FFT 的符号变化序列长度为 1 024,采样时钟 10 MHz,采样周期为 0.1 μs,信噪比为−10 dB。以单基站所在位置为原点,移动目标在时间 $t=0$ 开始,从坐标点(2,4)沿 x 轴正向以 2 m/s 做匀速直线运动。假定有 10 条非视距路径到达基站,但是只测量一条单次反射路径,视距与单次反射的 DOA 和 TOA 估值见表 6-1 和表 6-2。

表 6-1　只考虑一条单次反射的 DOA 估计数据(*SNR*=−10 dB)

估计时间/s	1	2	3	4	5	6	7	8	9	10
真实值 DOA/(°)	45.00	33.69	26.57	21.80	18.44	15.95	14.04	12.53	11.31	10.31
视距 DOA/(°)	45.08	33.75	26.78	21.63	18.27	15.87	14.17	12.73	11.50	10.48
单次反射 DOA/(°)	60.52	52.63	48.46	43.45	38.28	36.73	34.86	33.49	31.34	30.27
视距 DOA 误差/(°)	0.08	0.06	0.21	−0.17	−0.17	−0.08	0.13	0.20	0.19	0.17
视距角度变化率/(°/s)	18.35	11.33	6.97	5.15	3.36	2.40	1.70	1.44	1.23	1.02

表 6-2　只考虑一条单次反射的 TOA 估计数据(*SNR*=−10 dB)

估计时间/s	1	2	3	4	5	6	7	8	9	10
真实值 TOA/m	5.67	7.21	8.94	10.77	12.65	14.56	16.49	18.44	20.40	22.36
视距 TOA 测量/m	8.23	10.35	12.28	14.23	16.94	19.02	21.43	23.12	25.29	27.33
单次反射 TOA 测量/m	10.37	15.63	17.43	20.73	23.23	25.27	27.56	30.14	32.42	34.71
视距 TOA 误差/m	2.56	3.14	3.34	3.46	4.29	4.56	4.94	4.68	4.89	4.97
单次反射 TDOA 测量/m	2.14	5.28	5.15	6.50	6.29	6.25	6.13	7.02	7.13	7.38

将表 6-1 和表 6-2 的数据分别代入直接定位算法、角度变化率定位算法和单次反射定位算法中，计算 x 和 y 轴上的平均定位误差，见图 6-11 和图 6-12 所示。

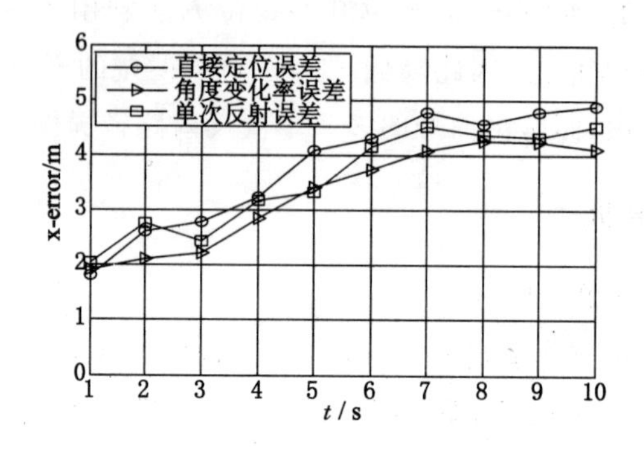

图 6-11　x 轴定位平均误差

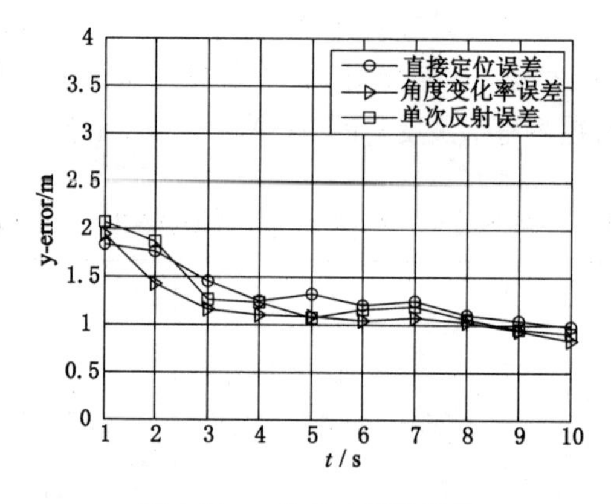

图 6-12　y 轴定位平均误差

由图 6-11 可知，随着运动距离的增加，x 轴定位误差逐渐变大，其原因在于：在移动节点沿 x 轴正向移动过程中，与基站的距离不断增大，视距 DOA 从 45°逐渐缩小到 10°左右，但是表 6-1 中的 DOA 估计误差基本保持不变，表 6-2 中的 TOA 估计误差逐渐变大，从而导致测距误差增大。

从图 6-11 还可以看出，基于角度变化率的定位方法的误差最小，因为它通过角度变化率和卡尔曼滤波对 x 和 y 方向进行了运动速度估计，预测下一时刻的节点坐标，可以减小由 TOA 估计带来的测距误差，从而提高定位精度；而基于单次反射的定位误差相比直接定位误差有所减小，但并不是很明显，可能与选择的单次反射路径或者条数有关，下文将对不同的反射角度和反射条数对定位的影响进行仿真分析。

在图 6-12 中，可看出 y 轴的定位误差比 x 轴的要小，一般在 2 m 以内，而且随着节点的不断远离，定位误差也逐渐变小，其原因是：从表 6-1 可知，视距估计 DOA 从 45°很快缩小到 10°左右，由 $y=c\cdot t_{TOA}\cdot\sin\alpha_{DOA}$ 可知，y 坐标受 t_{TOA} 和 $\sin\alpha_{DOA}$ 的影响，而 α_{DOA} 导致的 $\sin\alpha_{DOA}$ 变化率相比 t_{TOA} 误差的变化率要大，使得 y 轴坐标误差变小。在井下定位中，矿井宽度相对长度而言小得多，y 轴方向的位置可以忽略，将之视为一维定位。

(2) 考虑多条单次反射

上面实验只测量了一条单次反射路径的 DOA 和 TOA 值，为了获得更多的移动节点信息，可以测量多条单次反射路径信息，利用视距和多条单次反射的 TDOA 估计，消除时间同步的影响，提高定位精度。为此，保持上面实验的其他仿真参数不变，但是测量多条单次反射路径即可，测量结果见表 6-3 和表 6-4。

表 6-3　考虑多条单次反射的 DOA 估计数据(*SNR*=−10 dB)

估计时间/s	1	2	3	4	5	6	7	8	9	10
真实值 DOA/(°)	45.00	33.69	26.57	21.80	18.44	15.95	14.04	12.53	11.31	10.31
视距 DOA/(°)	45.08	33.75	26.78	21.63	18.27	15.87	14.17	12.73	11.50	10.48
第一条单次反射 DOA/(°)	60.52	52.63	48.46	43.45	38.28	36.73	34.86	33.49	31.34	30.27
第二条单次反射 DOA/(°)	56.23	49.2	33.02	25.21	25.05	20.07	24.37	30.86	24.08	12.51
第三条单次反射 DOA/(°)	52.90	34.84	36.81	30.26	38.22	32.10	23.88	30.62	14.25	18.28
第四条单次反射 DOA/(°)	63.63	52.10	41.05	34.00	25.14	34.59	16.67	27.34	24.43	27.14
第五条单次反射 DOA/(°)	53.05	48.75	43.48	28.08	29.32	35.45	25.16	19.34	23.89	17.69

表 6-4　考虑多条单次反射的 TDOA 估计数据(SNR=−10 dB)

估计时间/s	1	2	3	4	5	6	7	8	9	10
真实值 TOA/m	5.67	7.21	8.94	10.77	12.65	14.56	16.49	18.44	20.40	22.36
视距 TOA 估计/m	8.23	10.35	12.28	14.23	16.94	19.02	21.43	23.12	25.29	27.33
第一条单次反射 TDOA/m	2.14	5.28	5.15	6.50	6.29	6.25	6.13	7.02	7.13	7.38
第二条单次反射 TDOA/m	2.33	3.58	4.57	8.02	6.61	6.35	5.07	0.34	5.50	8.09
第三条单次反射 TDOA/m	2.80	3.17	4.24	5.49	4.98	6.6	5.28	1.07	7.42	5.61
第四条单次反射 TDOA/m	3.42	4.19	5.83	5.56	5.24	6.90	6.68	0.57	6.96	8.15
第五条单次反射 TDOA/m	2.41	3.53	5.09	7.31	6.7	4.87	4.38	0.29	7.10	5.47

将表 6-3 和表 6-4 中的数据分别代入直接定位算法、角度变化率定位算法和单次反射定位算法中，计算含有 1、3、5 个单次反射路径的 x 的平均定位误差，得到结果如图 6-13 所示，y 轴上的定位误差不再考虑。

从图 6-13 可知，随着移动目标逐渐远离定位基站，x 轴定位误差逐渐变大，因为当移动节点距离基站越远，DOA 和 TOA 估计的误差将会增大。同时，单次反射为 3 个和 5 个的定位误差比 1 条单次反射路径的定位误差小，定位精度提高了 2 m 左右；随着移动节点的远离，定位误差的变化率变小，定位误差保持在 3－5 m 之间，但是单次反射个数为 3 个和 5 个的定位误差相差很小，说明当单次反射个数增大到一定程度时，它们之间的定位误差相差很小，定位精度提高很小，基本保持不变。在井下基于单次反射的单基站 DOA＋TOA 定位中，可将单次反射个数设置为 5。

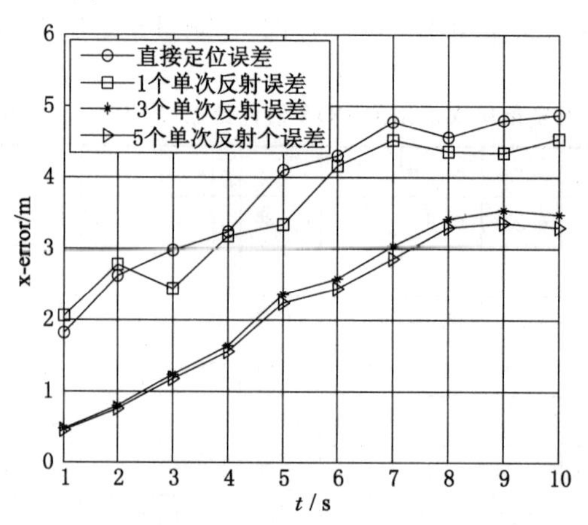

图 6-13　单次反射个数导致的定位误差比较

6.3　基于 DOA＋TDOA 的多基站定位

6.3.1　多基站定位基本原理

井下（特别是工作面）基于智能天线的网络中进行 TOA 估计受到系统测量误差、网络时间同步、非视距等因素影响较大[155]，可能使得估计值与真实值偏离较大。在 6.2 中，采用 DOA 和 TOA 估计数据联合进行定位，降低了系统对时间同步的要求。如果移动目标通信范围内具有多个定位基站，则可利用多个基站的 TOA、DOA 信息，进一步降低非视距估计导致的定位误差，提高定位精度。

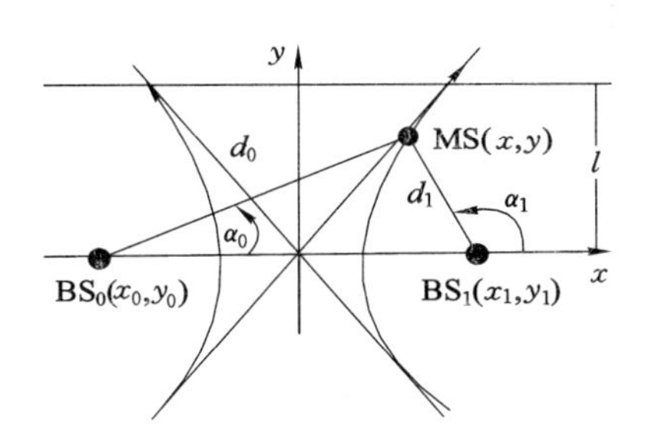

图 6-14　多基站联合 TDOA 和 DOA 的定位原理

假定巷道宽度为 l，其中有两个基站 BS_0，BS_1，移动节点 MS 在巷道内移动，它到两个基站的距离为分别为 d_0、d_1，DOA 估计到的方向角分别为 α_0、α_1，见图 6-14 所示。因此，移动节点与两个基站之间的测距误差为 $d_{10}=d_1-d_0=c\cdot t_{10}=c\cdot(\tau_{TOA}^1-\tau_{TOA}^0)$，$\tau_{TOA}^0$，$\tau_{TOA}^1$ 为两个基站的 TOA 估计值，c 为电磁波传播速度。

以两基站坐标 $BS_0(x_0,y_0)$，$BS_1(x_1,y_1)$ 为焦点、到两坐标点的距离差为 d_{10} 绘制双曲线，那么有：

$$\begin{cases}\alpha_0=\arctan\left(\dfrac{y-y_0}{x-x_0}\right)\\[2ex]\alpha_1=\arctan\left(\dfrac{y-y_1}{x-x_1}\right)\\[2ex]\sqrt{(x-x_1)^2+(y-y_1)^2}-\sqrt{(x-x_0)^2+(y-y_0)^2}=c\cdot t_{10}\end{cases}\tag{6-53}$$

当能够检测到移动目标的定位基站的个数大于 2 时，不妨设有 $m(m\geqslant 2)$ 个基站，若以基站 0 为参考点，并设：

$$\begin{cases}r_i=\sqrt{(x-x_i)^2+(y-y_i)^2}\\ y-y_i=\tan\alpha_i\cdot(x-x_i)=k_i(x-x_i)\end{cases}\tag{6-54}$$

其中，$k_i=\tan\alpha_i(i=1,2,\cdots,m-1)$。于是有：

$$r_{i0}=c\cdot t_{i0}=r_i-r_0=(x_i-x)\sqrt{1+k_i^2}-(x-x_0)\sqrt{1+k_0^2}\tag{6-55}$$

整理可得：

$$x\left(\sqrt{1+k_i^2}+\sqrt{1+k_0^2}\right)=-r_{i0}+x_i\sqrt{1+k_i^2}+x_0\sqrt{1+k_0^2}\tag{6-56}$$

令：

$$\boldsymbol{A}=\begin{bmatrix}\sqrt{1+k_1^2}+\sqrt{1+k_0^2}\\\sqrt{1+k_2^2}+\sqrt{1+k_0^2}\\\vdots\\\sqrt{1+k_{m-1}^2}+\sqrt{1+k_0^2}\end{bmatrix}_{(m-1)\times 1}$$

$$\boldsymbol{H}=\begin{bmatrix}-r_{10}+x_1\sqrt{1+k_1^2}+x_0\sqrt{1+k_0^2}\\-r_{20}+x_2\sqrt{1+k_2^2}+x_0\sqrt{1+k_0^2}\\\vdots\\-r_{(m-1)0}+x_{m-1}\sqrt{1+k_{m-1}^2}+x_0\sqrt{1+k_0^2}\end{bmatrix}_{(m-1)\times 1}$$

则式(6-56)可表示为：

$$\mathbf{A}x=\boldsymbol{H} \tag{6-57}$$

利用最小二乘法求解，得到：

$$x=(\mathbf{A}^H\mathbf{A})^{-1}\mathbf{A}^H\boldsymbol{H} \tag{6-58}$$

6.3.2 基于 DOA+TDOA 的改进 Chan 定位算法

6.3.1 的基本多基站定位算法没有考虑非视距和系统测量误差等因素的影响，本节考虑非视距和测量误差的影响。在双曲线定位模型中引入误差向量，通过矩阵变换，将 DOA 估计值代入误差向量的协方差矩阵中，不断缩小估计误差。

在图 6-14 中，若检测到移动信标的基站个数为 $m\geqslant 2$，第 i 个基站与移动节点的距离为 r_i，以基站 0 为参考，移动节点到第 i 个基站和基站 0 的距离之差为 r_{i0}，基站坐标的平方为 K_i，则：

$$\begin{cases}r_i=\sqrt{(x-x_i)^2+(y-y_i)^2}\\r_{i0}=c\cdot t_{i0}=r_i-r_0\\K_i=x_i^2+y_i^2\end{cases}\quad(i=1,2,\cdots,m-1) \tag{6-59}$$

于是：

$$\begin{cases}r_i^2=r_{i0}^2+2r_{i0}r_0+r_0^2=K_i-2x_ix-2y_iy+x^2+y^2\\r_0^2=K_0-2x_0x-2y_0y+x^2+y^2\end{cases} \tag{6-60}$$

将 r_i^2、r_0^2 相减，得：

$$r_{i0}^2+2r_{i0}r_0=K_i-K_0-2x(x_i-x_0)-2y(y_i-y_0) \tag{6-61}$$

令 $x_{i0}=x_i-x_0$，$y_{i0}=y_i-y_0$，得：

$$x_{i0}x+y_{i0}y+r_{i0}r_0=\frac{1}{2}(K_i-K_0-r_{i0}^2) \tag{6-62}$$

从式(6-54)可得：

$$\frac{1}{2}(k_0x-y)=\frac{1}{2}(k_0x_0-y_0) \tag{6-63}$$

综合式(6-62)和式(6-63)，将多个基站与基站 0 建立的计算关系写成矩阵的形式：

$$\boldsymbol{h}=\boldsymbol{G}\boldsymbol{z} \tag{6-64}$$

式中：

$$\boldsymbol{G}=\begin{bmatrix} x_{10} & y_{10} & r_{10} \\ x_{20} & y_{20} & r_{20} \\ \vdots & \vdots & \vdots \\ x_{(m-1)0} & y_{(m-1)0} & r_{(m-1)0} \\ 0.5k_0 & 0.5 & 0 \end{bmatrix}_{m\times 3},\boldsymbol{z}=\begin{bmatrix} x \\ y \\ r_0 \end{bmatrix}_{3\times 1},\boldsymbol{h}=\frac{1}{2}\begin{bmatrix} K_1-K_0-r_{10}^2 \\ K_2-K_0-r_{20}^2 \\ \vdots \\ K_{m-1}-K_0-r_{(m-1)0}^2 \\ k_0x_0-y_0 \end{bmatrix}_{m\times 1} \tag{6-65}$$

式(6-64)表示基于 TDOA 的双曲线定位模型，可利用 Chan 算法或者泰勒级数展开算法得到估计值：

$$\hat{\boldsymbol{z}}=\boldsymbol{G}^{-1}\boldsymbol{h} \tag{6-66}$$

定义移动节点的误差向量 $\boldsymbol{\eta}$ 和误差的协方差向量 $\boldsymbol{\varphi}$：

$$\boldsymbol{\eta}=\boldsymbol{h}-\boldsymbol{G}\boldsymbol{z}_0 \tag{6-67}$$

$$\boldsymbol{\varphi}=\boldsymbol{P}\boldsymbol{Q}\boldsymbol{P} \tag{6-68}$$

式中，$\boldsymbol{Q}=\mathrm{diag}(\sigma_{10}^2,\sigma_{20}^2,\cdots,\sigma_{(m-1)0}^2,\sigma_0^2)$ 为协方差矩阵；$R_i=r_0+r_{i0}$，$\sigma_0=R_0\cdot\mathrm{std}(a)$，$\mathrm{std}(a)$ 表示 DOA 误差标准差；$\boldsymbol{P}=\mathrm{diag}(R_1^2,R_2^2,\cdots,R_{m-1}^2,1)$。

利用加权最小二乘法得到 $\boldsymbol{z}$ 的第一次估计值：

$$\boldsymbol{z}'=(\boldsymbol{G}^{\mathrm{T}}\boldsymbol{\varphi}^{-1}\boldsymbol{G})^{-1}\boldsymbol{G}^{\mathrm{T}}\boldsymbol{\varphi}^{-1}\boldsymbol{h} \tag{6-69}$$

其协方差矩阵：

$$\mathrm{Cov}(\boldsymbol{z}')=(\boldsymbol{G}^{\mathrm{T}}\boldsymbol{\varphi}^{-1}\boldsymbol{G})^{-1}$$

对 $\boldsymbol{z}$ 进行相关化处理，利用加权最小二乘法得到第二次估计值：

$$\boldsymbol{z}''=[(\boldsymbol{G}')^{\mathrm{T}}(\boldsymbol{B}')^{-1}\mathrm{Cov}(\boldsymbol{z}')^{-1}(\boldsymbol{B}')^{-1}(\boldsymbol{G}')^{\mathrm{T}}]^{-1}(\boldsymbol{G}')^{\mathrm{T}}(\boldsymbol{B}')^{-1}\mathrm{Cov}(\boldsymbol{z}')^{-1}(\boldsymbol{B}')^{-1}\boldsymbol{h}' \tag{6-70}$$

式中：

$$G' = \begin{bmatrix} 1 & 0 \\ 0 & 1 \\ 1 & 1 \end{bmatrix}, \qquad h' = \begin{bmatrix} z^2(1) \\ z^2(2) \\ z^2(3) \end{bmatrix},$$

$$B' = \mathrm{diag}[z'(1) - x_0, z'(2) - y_0, \sqrt{(z'(1))^2 + (z'(2))^2}]$$

于是，得到移动节点的定位坐标为：

$$z = \hat{z} \pm \sqrt{z''} \tag{6-71}$$

其中，$\sqrt{z''}$前的正负符号由第一次估计z'的值确定。在引入误差向量以后，为了得到移动节点的坐标，将DOA估计误差和TDOA估计误差作为参考条件，通过对矩阵估计的相关处理，用两次估计来计算Chan算法带来的坐标误差。

6.3.3 基于加权修正的DOA+TDOA定位算法

下面针对井下巷道的特殊性，利用基站分布的几何关系[156]，结合DOA和TDOA信息提出一种加权修正的定位算法[157]。假定定位基站在巷道壁两侧平行间隔放置，如图6-15所示，其中A、B、C、D为基站，U为未知节点。

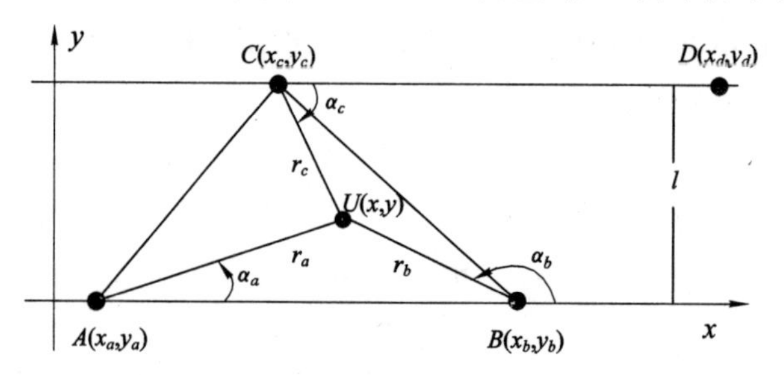

图6-15 基站部署在巷道侧壁

不妨以A、B基站进行二维定位模型分析。由直线AU和BU可以建立两个直线方程：

$$\begin{cases} y - y_a = \tan\alpha_a(x - x_a) \\ y - y_b = \tan\alpha_b(x - x_b) \end{cases} \tag{6-72}$$

这两条直线的交点即为移动节点坐标。将上式整理得：

$$\begin{cases} y - \tan\alpha_a \cdot x = y_a - \tan\alpha_a \cdot x_a \\ y - \tan\alpha_b \cdot x = y_b - \tan\alpha_b \cdot x_b \end{cases} \tag{6-73}$$

当含有多个基站时，上式可组成方程组，构成DOA定位模型。假设共有m个基站，将方程组写成矩阵方程的形式：

$$\boldsymbol{K}\boldsymbol{z}=\boldsymbol{J} \tag{6-74}$$

式中：

$$\boldsymbol{K}=\begin{bmatrix}1 & -\tan\alpha_1\\ 1 & -\tan\alpha_2\\ \vdots & \vdots\\ 1 & -\tan\alpha_m\end{bmatrix},\quad \boldsymbol{z}=\begin{bmatrix}y\\ x\end{bmatrix},\quad \boldsymbol{J}=\begin{bmatrix}y_1-\tan\alpha_1\cdot x_1\\ y_2-\tan\alpha_2\cdot x_2\\ \vdots\\ y_m-\tan\alpha_m\cdot x_m\end{bmatrix}$$

利用最小二乘法得到：

$$\boldsymbol{z}=(\boldsymbol{K}^H\boldsymbol{K})^{-1}\boldsymbol{K}^H\boldsymbol{J} \tag{6-75}$$

在图6-15所示的三角形$\triangle AUB$中，由正弦定理可得：

$$\begin{cases} r_a=\dfrac{\sin\alpha_b}{\sin(\alpha_b-\alpha_a)}\cdot l_{ab}\\ r_b=\dfrac{\sin\alpha_a}{\sin(\alpha_b-\alpha_a)}\cdot l_{ab}\end{cases} \tag{6-76}$$

因此：

$$R'=r_a-r_b=\frac{\sin(\alpha_b)-\sin(\alpha_a)}{\sin(\alpha_b-\alpha_a)}\cdot l_{ab} \tag{6-77}$$

而通过TDOA的测距公式为：

$$R''=r_a-r_b=c\cdot t_{ab} \tag{6-78}$$

式(6-76)和式(6-78)分别通过DOA和TDOA的方式获取距离差，必定存在一定的误差关系，将两式相除，得：

$$\varphi_{ab}=\frac{R'}{R''}=\frac{c\cdot t_{ab}}{r_a-r_b}=\frac{c\cdot t_{ab}\cdot\sin(\alpha_b-\alpha_a)}{l_{ab}\cdot(\sin\alpha_b-\sin\alpha_a)} \tag{6-79}$$

φ_{ab}称为TDOA相对DOA的测距比例系数，将它作为修正TDOA测距的加权系数：

$$r_{ab}=\frac{R''+\varphi_{ab}^k R'}{1+\varphi_{ab}^k} \tag{6-80}$$

当含多个基站时，把基站A作为参考基站0，第i基站的权值系数为φ_{i0}，得到移动节点到第i基站和基站A的TDOA测距值为：

$$r_{i0}=\frac{R_{i0}''+\varphi_{i0}^k R_{i0}'}{1+\varphi_{i0}^k} \tag{6-81}$$

将上式修正的TDOA测距值代入式(6-74)中，然后利用Chan算法或者泰勒级数展开算法得到目标的位置坐标。

6.3.4 定位性能分析

(1) 基于 DOA+TDOA 的改进 Chan 定位算法

仿真场景为一长直巷道，长 100 m，宽 5 m，高 5 m；在仿真区域部署 5 个基站，基站 1 坐标为(0,0)，基站 2 坐标为(0,80)，基站 3 坐标为(40,5)，基站 4 坐标为(-40,0)，基站 5 坐标为(100,5)，基站天线参数和 6.2.4 节的设置相同，未知节点真实坐标为(30,4)，与基站 1、2、3、4、5 的真实 DOA 分别为 7.59°、175.43°、-174.29°、3.27°、-179.18°，以最近的基站 1 为参考基站。信噪比从 -20 dB 开始，以 2 dB 的速度等差增长到 0 dB，估计到的 DOA 和 TDOA 值分别见表 6-5 和表 6-6。

表 6-5　5 个基站的 DOA 估计数据

SNR/dB	-20	-18	-16	-14	-12	-10	-8	-6	-4	-2	0
1 基站 DOA/(°)	8.85	8.67	8.51	8.34	8.21	8.07	7.94	7.86	7.64	7.71	7.62
2 基站 DOA/(°)	176.95	176.76	176.62	176.47	176.32	176.14	175.90	175.77	175.73	175.64	175.56
3 基站 DOA/(°)	-173.12	173.27	-173.37	-173.49	-173.54	-173.66	-173.82	-173.97	-174.22	-174.32	-173.26
4 基站 DOA/(°)	5.34	5.35	5.26	5.02	4.75	4.31	4.13	3.74	3.39	3.45	3.37
5 基站 DOA/(°)	-176.01	-176.34	-176.64	-176.95	-177.23	-177.52	-177.81	-178.06	-178.21	-178.14	-178.09

表 6-6　5 个基站的 TDOA 估计数据

SNR/dB	-20	-18	-16	-14	-12	-10	-8	-6	-4	-2	0
1-2 基站 TDOA/m	36.26	34.47	33.54	31.56	30.75	29.07	28.67	28.16	27.95	28.04	27.88
1-3 基站 TDOA/m	-30.12	-29.76	-28.45	-28.16	-27.87	-27.39	-26.67	-26.16	-25.82	-25.43	-25.67
1-4 基站 TDOA/m	58.45	56.27	55.59	54.56	52.85	51.01	50.13	49.26	48.34	48.96	48.16
1-5 基站 TDOA/m	59.67	57.32	56.44	53.26	53.76	52.45	51.07	49.75	49.13	48.52	49.28

将表 6-5 和表 6-6 的数据代入式(6-57)，分别用 2、3 和 5 个基站数据，通过 DOA+TDOA 算法计算移动节点 x 的平均定位误差，得到结果如图 6-16 所示。前文已经述及，矿井定位可视为一维定位，因此 y 轴上的定位误差不再考虑。

从图 6-16 可以看出，平均定位误差随着 SNR 增大而变小，原因很简单，因为随着 SNR 的增大，DOA 和 TOA 的估计精度较高，因而定位精度提高；同时，

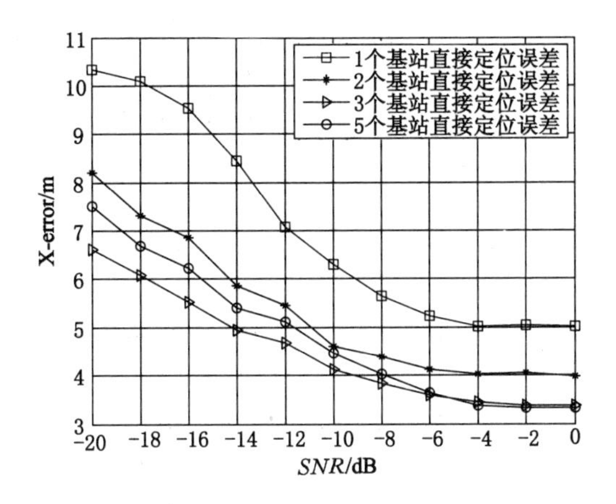

图 6-16　基站个数不同导致的平均误差随 *SNR* 变化曲线

3 个基站和 5 个基站相比 2 个基站的定位平均误差要小，说明多基站相比 2 个基站的定位效果要好。但是，从图中可看出，3 个基站的定位平均误差比 5 个基站在信噪比较低的区间要小很多，说明随着基站个数的增多，定位精度可能下降，主要原因是由于增加的基站（基站 4 和 5）距离移动节点较远，在巷道多径影响下，使得 DOA 和 TOA 的估计误差增大，因而增加的基站并不能提供更为精确估计信息，反而增大了初始计算误差，导致定位精度下降。因此，在井下无线定位中，并不是基站越多定位精度越高，应选择距离移动节点较近且估计精度较高的基站联合定位。

（2）不同 DOA＋TDOA 定位算法性能比较

利用表 6-5 和表 6-6 的基站 1、2 和 3 的数据进行定位，分别采用直接定位算法、改进 DOA＋TDOA 的 Chan 定位算法和加权修正的 DOA＋TDOA 定位算法进行仿真，如图 6-17 所示。

从图 6-17 可以看出，改进 Chan 算法的定位精度最高，*SNR* 在－20 dB 到－10 dB之间的时候，定位精度比加权修正算法提高了将近 2.5 m，因为改进 Chan 算法通过建立误差向量和误差的协方差向量函数，把 DOA 估计误差和 TDOA 估计误差作为参考条件，并将 DOA 估计值代入误差向量的协方差矩阵中，从而缩小估计误差，提高定位精度。加权修正定位算法在信噪比较小时，定位精度比直接定位较好，但与改进 Chan 算法相比并不理想，尤其信噪比大于－10 dB 时，和直接定位误差相同。

可见，针对井下多径环境形成的相干信源对 DOA 估计的影响，采用前后向平滑和 Toeplitz 算法比单纯的前向平滑具有更好的 DOA 分辨力。如果目标节

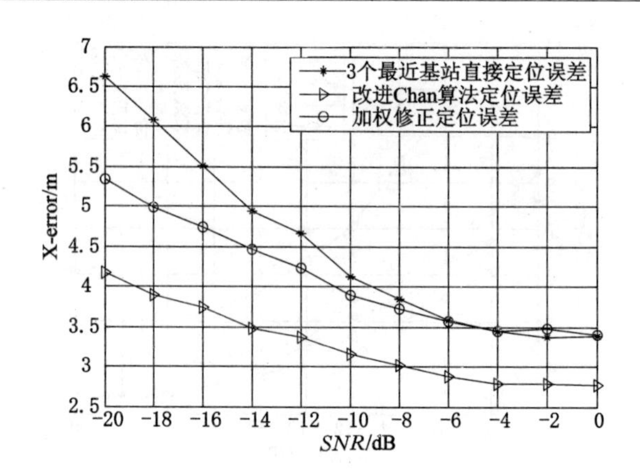

图 6-17　不同算法的定位平均误差随 *SNR* 的变化曲线

点周围只能找到一个定位基站，可使用基于角度变化率的 DOA＋TOA 定位算法以及基于单次反射的 DOA＋TOA 定位算法，它们比传统定位方式具有更高的定位精度。若目标节点周围有多个定位基站，可以使用改进的 Chan 算法和基于加权修正的 DOA＋TDOA 定位算法，以降低时钟同步带来的测量误差和多径影响，提高定位效果。

7 基于可见光通信的工作面目标定位

本章利用工作面得天独厚的照明优势，实现工作面目标的定位。本章将提出煤矿工作面可见光通信系统的一般结构，它能够与现有工作面照明电缆、煤矿通信线缆等系统有机结合，大大延长通信和定位系统的覆盖面；随后提出基于光指纹的定位方法，它包括离线阶段和在线阶段，离线阶段建立基于接收强度和角度的光指纹数据库，在线阶段则通过指纹匹配的方式进行目标的定位跟踪；最后分析基于 RSSR(Received Signal Strength Ratio)的可见光定位方法，对定位性能进行实验室测试，并对定位误差的影响因素进行探讨。

7.1 工作面可见光通信系统

7.1.1 工作面可见光通信系统模型

目前，尽管已有不少成熟或者新兴的有线与无线通信技术被用于煤矿井下，但是在工作面这种特殊场合下，却存在严重的通信手段匮乏的问题[158]，目前可用的仅有矿井广播通信系统以及扩音电话系统等，它们的扩展性较差。此外，现在虽然有可见光通信 (Visible Light Communication，VLC)、电力载波通信或者可见光通信与电力载波通信结合的方法，但是，如何将它们有效地运用到煤矿工作面这种大型设备多、干扰大、环境恶劣的条件下，还没有切实可行的方法见诸报道。

可见光通信具有许多其他通信方式没有的优势。首先可见光集照明与通信一体化，理论上而言，可见光覆盖区域即可完成通信[159]；同时，可见光通信使用的是白光作为通信的媒介和载体，对人体无电磁辐射，不会对人体健康造成隐患；其次，可见光使用无频谱资源管理限制的可见光频率范围，可与现有无线通信设备互不干扰的共存于同一个通信空间；最后，在可见光发送和接收设备响应时间允许的条件下，可见光通信将拥有更大的信道容量和更高的无线通信速度。

在煤矿工作面实现可见光通信具有得天独厚的优势。首先煤矿工作面本来就有照明灯具，并且没有太阳光等强背景噪声干扰，光源就是信号源。此外，黑色的煤壁对可见光的反射能力很弱，反射光能量约为入射光照度的5%左右，它的影响几乎可以忽略不计，因此可见光通信系统是解决煤矿井下无线通信一种有效通信技术。但是煤矿工作面通信空间不同于现有的室内方形通信空间（如文献[159,160]中通信空间是长宽高为5 m×5 m×3 m），它是狭长形的，宽度和高度通常在3～4 m范围内，长度可达几十米至几百米。

煤矿井下工作面可见光通信系统由安装于液压支架顶部LED（Light Emitting Diode）的光源（即照明灯具，在VLC中充当基站，承担语音、视频、数据等数字信号的信源[159]），经过空气（传输介质）的无线传输，PIN（Positive-Intrinsic-Negative）光电二极管作为接收端与前置放大和滤波放大以及解调电路组成接收部分安装于作业工人（移动节点）上，见图7-1所示。

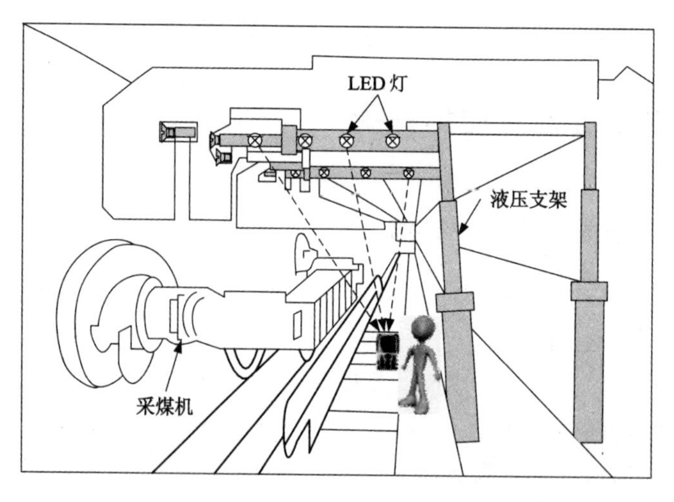

图7-1 煤矿工作面可见光通信系统收、发部分的部署

除了照明灯基站和移动节点，构成工作面可见光通信系统的设备还包括电力电缆和综保电力载波，如图7-2所示[158,162]。电力电缆为工作面原有的127 V低压照明电缆，因此不需要单独为本系统敷设通信线缆。照明灯基站和综保电力载波均连接在电力电缆上，移动节点与照明灯基站实现无线通讯，综保电力载波与井下环网交换机或分支交换机连接。每个工作面组成一个可见光通信局域网，由综保充当控制模块，实现基站的接入管理、数据转发和收发控制，综保具有所管辖工作面中各照明灯基站的全部信息和地面/井下工业以太网的信息。

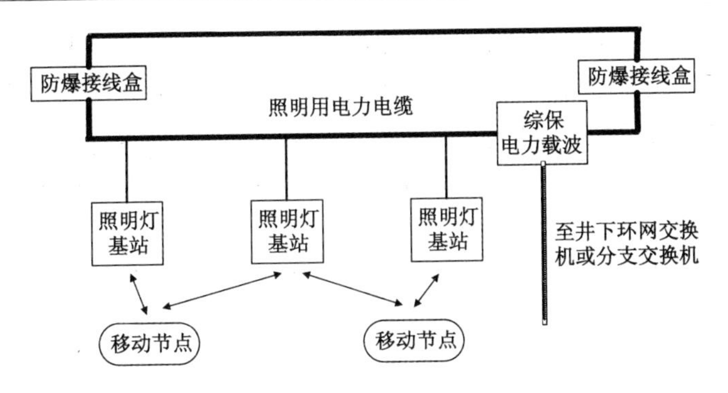

图 7-2　工作面可见光通信系统结构图

照明灯基站由 LED 支架灯的基础上外加光信息发射器和光信息接收器构成，它是信息基站，接受移动节点即智能通信矿灯无线接入。照明灯基站吊装在液压支架顶梁上，一般每隔 5～8 个支架(10 m 左右)安装一个基站。按照《煤矿安全规程》规定，综采工作面中的照明灯间距最大为 15 m，因此这种布置方法完全符合煤安和通信距离要求。照明灯基站的照明功能在 VLC 系统中得以保留，但是增加了光载波信息的发送和接收功能。

移动节点为煤矿工作面矿工所携带的智能 LED 终端，同时具有照明和通信功能，即移动节点除了传统的照明功能外，还用于信息的接收和发送。移动节点通过无线链路与基站连接，实现矿工和矿工之间的基于基础设施的通信，或者在基站不可用的情况下实现矿工与矿工之间的 Ad Hoc 方式通信。每个照明灯基站覆盖范围内可能存在多个移动节点，为了对不同的节点进行区分，可利用光的码分多址技术对各个移动台终端进行编码，上层通过解析相关的协议和信息格式来识别不同的用户信息。

所有照明灯基站的信息和地面/井下工业以太网的信息均经过综保，以便实现对综保所在工作面的照明灯基站的接入管理和信息收发控制，实现照明灯基站之间的协同工作，进而实现对工作面的全覆盖。综保原有的漏电保护、短路保护、快速断电、电缆绝缘监视等功能依然保留。

7.1.2　工作面可见光通信系统数据传输

光载波和电力载波构成煤矿工作面可见光通信系统的物理层，进行数据的物理传输。在数据链路层，照明灯基站利用光/电转换将光信号转换成电信号，并将信息封装成电力载波帧格式，组装成数据包发送到照明电缆上。在整个通信过程中，由于各层的数据格式不同，因此需要在各层设计相应的通信协议：物理层对数据进行编码,数据链路层需要光载波的点对点协议和移动节点的接入控制协议,网络层则需要特定的路由协议,在网络层以上则实现电力载波通信与 IP 通信的网关协议,以便与煤矿现有的工业以太网无缝对接。

现在结合图 7-2 和图 7-3 说明如何通过 VLC 系统实现工作面与地面之间的信息交互。

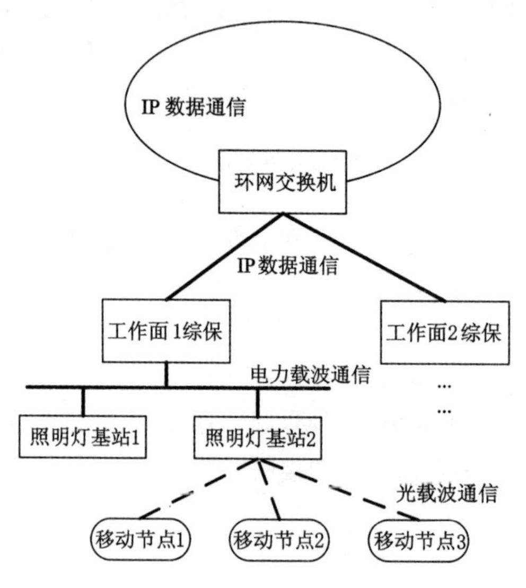

图 7-3　煤矿 VLC 系统的数据传输

① 设备安装:将照明灯基站每隔 5～8 个支架吊装在液压支架的顶梁上,具有通信和基站管理功能的综保安装在上顺槽中,照明灯基站之间、照明灯与综保之间利用照明电缆连接,综保通过 RJ45 电缆与工业以太网交换机或者分支交换机相连。

② 移动节点接入照明灯基站:在工作面内,如果在移动节点的周围有照明灯基站的信号覆盖,移动节点通过光的码分多址接入基站,实现矿工与基站的信息互通;如果在移动节点的周围没有照明灯基站信号的覆盖,通过限制泛洪的方式寻找邻近移动节点,若通讯成功,通过 RTS－CTS 握手的方式与其建立无线连接,通过邻居节点实现与照明灯基站的互通。

③ 照明灯基站与综保电力载波之间的连接:通过工作面 127 V 电力照明线将各照明灯基站连接在一起,并最终与综保电力载波相连,组成可见光双向通信链路;一个工作面组成一个可见光通信局域网,每个局域网内由综保电力载波充当控制模块和数据转发模块。

④ 上行数据传输：移动节点采集到工作面的现场数据之后，通过光载波通信传输给照明灯基站，接着通过电力载波的方式传输给综保电力载波，由综保电力载波以 IP 数据包的方式通过工业以太网传输到地面。通过这种方式，可以实现煤矿工作面的视频监控、重要数据的采集、数据上传，及时发现故障隐患，采取措施避免设备损坏，提高设备正常率和开机率；同时对相关数据进行存储、显示和分析，实现数据共享与远程管理，并通过计算机网络实现共享，达到生产管理的信息化。

⑤ 下行数据传输：地面产生查询或者控制指令等数据，经工业以太网传输到综保电力载波，随后通过综保电力载波的方式交付给照明灯基站，基站以光载波的方式传输给移动节点。通过这种方式，可以实现数据查询、远程指挥、诊断预警功能，为实现煤矿工作面的生产过程自动化提供通信基础。

7.1.3　可见光通信系统性能测试

(1) 模拟光发射机 Multisim 仿真

我们分别对模拟形式的可见光通信系统进行了仿真和实物测试，图 7-4 是模拟可见光发射机 Multisim 仿真原理图。发射端播放音频信号，接收端接收并解码播放。所用到的音频信号幅值为几十到几百毫伏，频率范围为 20 Hz～20 kHz，因此仿真时选择信号源的幅值为 0.7 V，频率为 1 kHz。

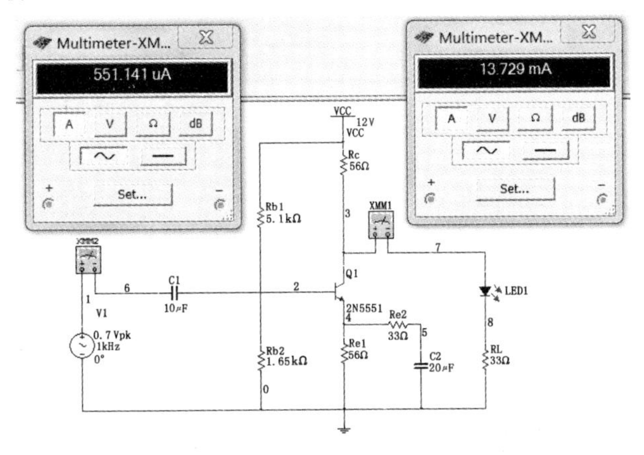

图 7-4　模拟可见光发射机 Multisim 仿真

仿真结果如下：

① 流过 LED 的直流电流：80.3 mA 能达到照明的目的，实际应用中可以

使用多个 LED 并联或串联连接,以使照度能达到要求。

② 通频带为 195 Hz～64 MHz,发射电路的低频特性主要受输入耦合电容的影响,语音信号频率范围为 20 Hz～20 kHz,基本能满足设计要求,实际应用中可以通过增大输入耦合电容的值来优化发射电路的低频特性。

③ 输出曲线没有失真,放大后的输出信号没有失真,在理想状态下,接收机接收到的信号和发射信号是一样的,实际应用中信号的失真是由背景光噪声等外部因素产生的。

(2) 模拟光发射机实物测试

我们实现了一套点对点的模拟光通信系统,可以实现音频信号的发送、接收和解码播放,见图 7-5 所示。

图 7-5 模拟光通信系统实物图

分别在强度为 2.61 lx 和 3.99 lx 的背景光噪声条件下测试光发射机的发射性能,测量不同距离所接收到的光照强度,分别见图 7-6 和图 7-7 所示。可以

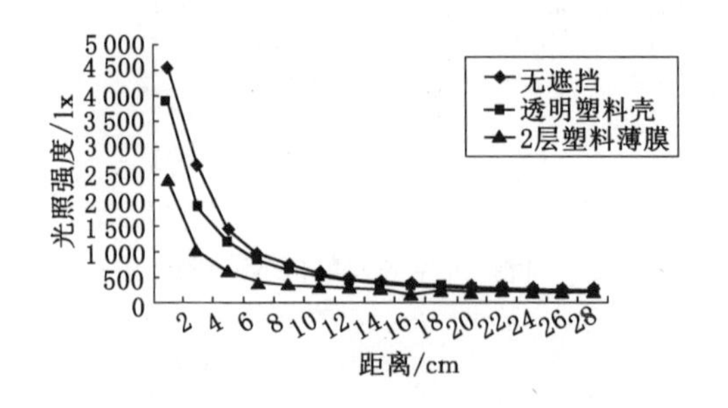

图 7-6 LED 光照强度测试(背景光噪声:2.61 lx)

看出，光照强度随着收/发信机距离的增加而快速降低；另外，背景噪声越强，同等距离情况下所能接收到的光照强度越小。不过，在相同的背景光噪声下，LED 可见光系统信道中若有其他介质性质的噪声，同样会对接收端所接收到的光照强度有所影响，介质的通透率越低，接收端的光照强度就越低。

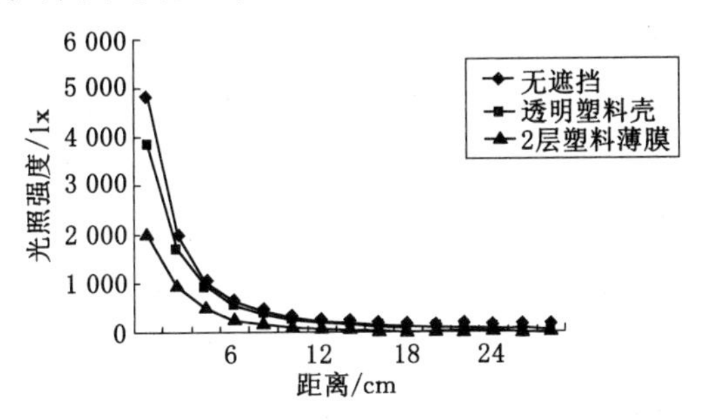

图 7-7 LED 光照强度测试(背景光噪声:3.99 lx)

7.2 基于光指纹的可见光目标定位

本节提出一种基于光指纹的井下移动目标定位跟踪方法，解决现有煤矿井下利用无线射频进行定位跟踪过程中系统复杂、不稳定、误差较大等问题[163]。本方法包括离线阶段和在线阶段，离线阶段建立基于接收强度和角度的光指纹数据库，在线阶段则通过指纹匹配的方式进行目标的定位跟踪。

7.2.1 光指纹定位跟踪流程

运动目标在煤矿工作面移动过程中，通过所携带的 LED 接收机检测照明灯基站的信号，随后将计算得到的光信号强度、目标 ID 等信息发送给照明灯基站。照明灯基站判断用户信息有效性，计算用户信号相对于基站的到达角信息，并将此到达角度信息、基站 ID 和移动目标光信号强度、目标 ID 组装成定位数据包传输到定位服务器，由定位服务器通过基于差值加权的模糊预测匹配方法计算出目标位置。同时，照明灯基站利用基于接收强度的盲自适应多光源检测算法实时追踪目标移动方位，把估计出的坐标通过粒子滤波算法加以滤波，便可得出目标的精确位置，实现定位跟踪。

基于 VLC 的光指纹定位跟踪首先要构建光指纹数据库。为此，将工作面每隔一定长度按照照明灯基站的覆盖范围划分为一个区域，该区域内将包含 5

~8个照明灯基站。在每个区域安装一个信标点采集基站的光信号数据(光信号强度和角度),称为光指纹。对照明灯基站、巷道分区和采集信标点进行编号,留待后续定位之用。由于每个照明灯基站的光线信号覆盖范围较广,为了获得更多的信标点光指纹信息,可在每个照明灯基站下面增设3~5个信标点,这样,每个区域将被信标点划分为3~5个子分区,每个子分区内包含一个信标点,用于采集光指纹数据。通过这种子分区的划分,在每个基站下,能够至少采集3个以上的光指纹信息。对每个光指纹数据库进行分区标识,并将它们存储到定位系统服务器中。

假定在时长t秒内,第M个照明灯基站的第i个信标点收到的光照平均功率为$\overline{P}_{(M,i)}$。若信标点无法接收某照明灯基站的光信号数据,就将其接收功率设置为0。信标点的坐标$(\theta_{(M,i)}, r_{(M,i)})$为已知条件,其中$\theta_{(M,i)}$、$r_{(M,i)}$分别表示信标点$i$相对于照明灯基站$M$的方位角和距离,据此构建信标点坐标数据表(表7-1)。同时,将光强度用于构建指纹数据表,见表7-2。在表7-1和表7-2中,"/"表示接收功率或信标点坐标为空。表7-2中的信号强度指纹数据与表7-1中的位置坐标是一一对应的,两个表共同构成可见光定位指纹库。

表7-1　信标点坐标数据

	基站1	基站2	基站3	…	基站i
信标点1光指纹坐标	$(\theta_{(1,1)}, r_{(1,1)})$	$(\theta_{(2,1)}, r_{(2,1)})$	$(\theta_{(3,1)}, r_{(3,1)})$	…	$(\theta_{(i,1)}, r_{(i,1)})$
信标点2光指纹坐标	$(\theta_{(1,2)}, r_{(1,2)})$	$(\theta_{(2,2)}, r_{(2,2)})$	$(\theta_{(3,2)}, r_{(3,2)})$	…	$(\theta_{(i,2)}, r_{(i,2)})$
…	…	…	…	…	…

表7-2　光信号指纹数据

	基站1	基站2	基站3	…	基站i
信标点1光指纹强度	$\overline{P}_{(1,1)}$	$\overline{P}_{(2,1)}$	$\overline{P}_{(3,1)}$	…	$\overline{P}_{(i,1)}$
信标点2光指纹强度	$\overline{P}_{(1,2)}$	$\overline{P}_{(2,2)}$	$\overline{P}_{(3,2)}$	…	$\overline{P}_{(i,2)}$
…	…	…	…	…	…

构建好光指纹数据库之后,便可进入在线定位跟踪阶段(图7-8),基本步骤如下:

步骤1:移动目标携带的光探测接收机接收到照明灯基站发射的光信号后,计算光信号强度$\overline{P}_k$,然后将光信号强度$\overline{P}_k$和目标标识ID一起组装成数据帧,

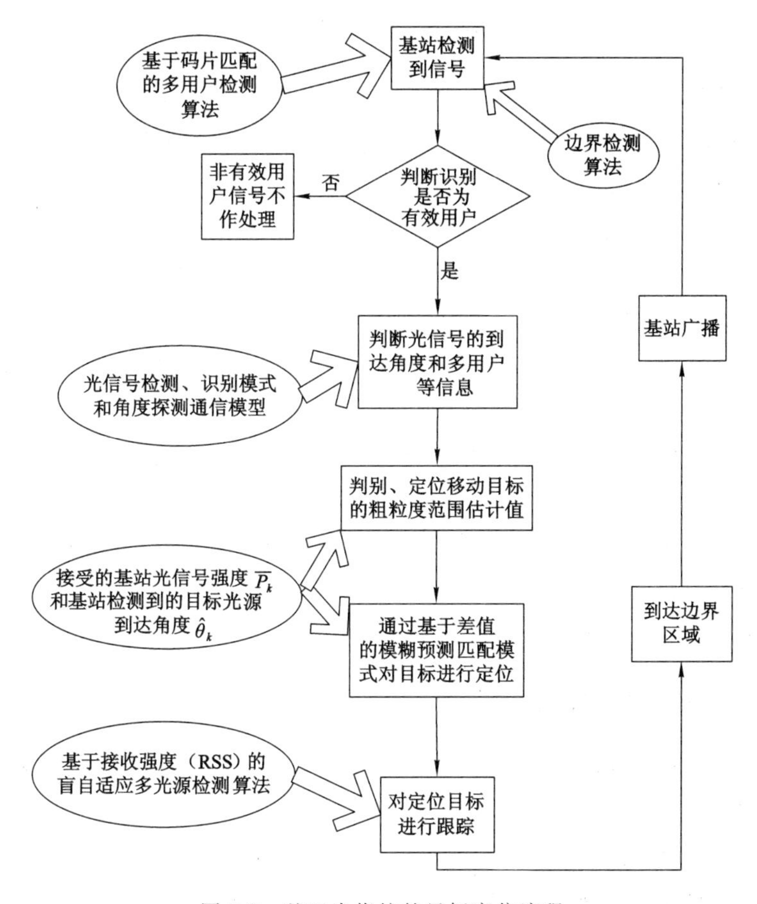

图 7-8　基于光指纹的目标定位流程

传输给照明灯基站。

步骤 2:照明灯基站检测到目标发射的光信号后,利用基于码片匹配的多用户检测算法对接收到的信息进行识别,判断用户是否有效,若为有效用户,则进入步骤 3,否则不进行任何处理。

步骤 3:基站利用角度探测通信模型计算用户信号相对于基站的方位信息(即到达角度 $\hat{\theta}_k$),随后将此到达角度 $\hat{\theta}_k$ 信息、基站自身的 ID 和目标发射传递来的光信号强度 $\overline{P}_k$、目标 ID 一起打包组装成一个定位数据包,通过可见光通信网络传输到定位系统服务器。

步骤 4:基站与用户之间利用光信号强度 $\overline{P}_k$ 和到达角度 $\hat{\theta}_k$ 信息进行光指纹分区匹配,识别出目标所在的基站下的信标点分区范围,据此得到目标位置的粗粒度范围估计值。

步骤5:定位系统服务器根据解包得到的光信号强度$\overline{P}_k$、到达角度$\hat{\theta}_k$,采用基于差值的模糊预测匹配模式与系统存储的光指纹数据库进行光指纹特性匹配,得出精确的目标位置。

步骤6:当照明灯基站与接收目标进行可见光通信时,基站采用基于接收光信号强度(RSSI)的盲自适应多光源检测算法,对信号的移动方位进行实时连续的追踪,并通过粒子滤波算法对估计到的坐标进行滤波,实时确定目标的精确位置,得出目标的移动轨迹。当目标移动到照明灯基站的覆盖边界区域时,进入步骤7,进行照明灯基站间的协同跟踪。

步骤7:照明灯基站向毗邻的基站广播检测到的目标信息,宣告目标即将离开本站的覆盖区域;毗邻基站收到信号后,马上启动边界检测算法,以探测是否有新的目标进入自己所覆盖的区域,从而完成边界状态的实时更新,实现基站间对目标的协同跟踪;如果毗邻基站需要对此目标重新进行定位,转到步骤1。

7.2.2 基于差值的模糊预测匹配

在光指纹定位的步骤5中,需要利用光信号强度和角度信息进行光指纹匹配,该步骤采用了基于差值的模糊预测匹配模式,这里对此方法单独予以探讨。

假定在步骤1中,目标K在两个连续相同的时间间隔t_1、t_2内接收到基站M的光信号的平均功率为$\overline{P}_{k_1}$、$\overline{P}_{k_2}$;在步骤4中,确定了目标所在的信标点分区,假设为第i个采样信标点。另外,假设此分区内的光强度指纹数据为$\overline{P}_{(M,i)}$,对应的坐标数据为($r_{(M,i)}$,$\theta_{(M,i)}$),于是可计算接收到基站的光信号强度差值:

$$\begin{cases}\Delta\overline{p}_k=\overline{p}_{k_1}-\overline{p}_{k_2}\\ E_{P_1}=\overline{p}_{k_1}-\overline{p}_{(M,i)}\\ E_{P_2}=\overline{p}_{k_2}-\overline{p}_{(M,i)}\end{cases} \tag{7-1}$$

式中,$\Delta\overline{p}_k$表示第K个目标接收到基站M的光信号功率变化差值;E_{P_1}表示第K个目标在t_1内接收到基站M的光信号功率与信标点光指纹的差值;E_{P_2}表示第K个目标在t_2内接收到基站M的光信号功率与信标点光指纹的差值。

接下来,将得到的光信号强度差值变量$\Delta\overline{p}_k$、E_{P_1}、E_{P_2}输入到模糊匹配指纹图中,进行光指纹匹配。模糊匹配指纹图由二维指纹等势差变化图形坐标(图

7-9)和模糊预测匹配模式构成，二维指纹等势差变化图形坐标以信标点采集的光指纹信息为坐标原点(0,0)，以远离采集点的基站光强度的变化趋势作为特征光指纹信息($\bar{\theta}_{\rho}$，$\rho_{(\Delta\bar{p}_k,E_P)}$)，其中 $\bar{\theta}_{\rho}$ 表示偏移角度，$\rho_{(\Delta\bar{p}_k,E_P)}$ 表示光指纹变化趋势所对应的远离原点坐标的距离。模糊预测匹配模式通过利用光信号强度差值变量数据 $\Delta\bar{p}_k$、E_{P_1}、E_{P_2} 与模糊匹配指纹图中的等势差数据一一相减，差值最小的即是最相近的光指纹估计极坐标($\bar{\theta}_{\rho}$，$\rho_{(\Delta\bar{p}_k,E_{P_2})}$)。

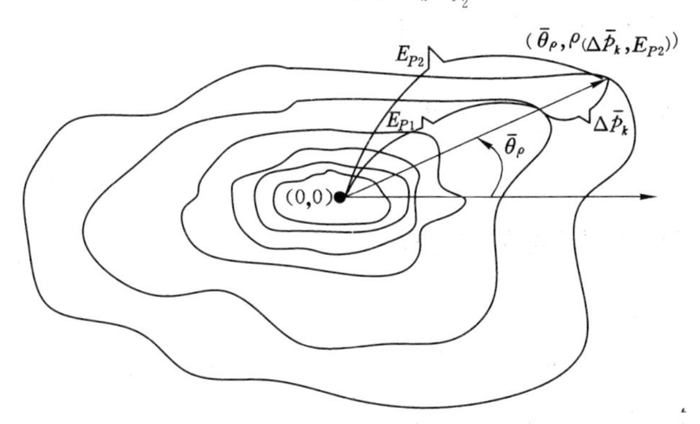

图 7-9　二维指纹等势差变化坐标图

由于模糊匹配指纹图定位估计的移动目标位置可能并不真实，还需进一步对其估计位置进行判别和预测。为此，将光指纹估计极坐标转换成直角坐标，判断目标位置的真实性。

在采集信标点 i 的坐标已知的情况下，通过模糊预测匹配模式得到了目标相对于采样信标点的极坐标($\bar{\theta}_{\rho}$，$\rho_{(\Delta\bar{p}_k,E_{P_2})}$)，据此可以计算目标的实际直角坐标值：

$$\begin{cases} X_K=\rho_{(\Delta\bar{p}_k,E_{P_2})}\cdot\cos\bar{\theta}_{\rho} \\ Y_K=\rho_{(\Delta\bar{p}_k,E_{P_2})}\cdot\sin\bar{\theta}_{\rho} \end{cases} \tag{7-2}$$

其中，X_K、Y_K 分别表示在以信标点为直角坐标原点的目标 K 的估计坐标。

在以基站为坐标原点的极坐标系下，信标点坐标为($\theta_{(M,i)}$，$r_{(M,i)}$)。若以信标点为坐标原点，则基站的极坐标为($180°+\theta_{(M,i)}$，$r_{(M,i)}$)，其直角坐标值为：

$$\begin{cases} X_M=r_{(M,i)}\cdot\cos(180°+\theta_{(M,i)})=r_{(M,i)}\cdot\cos\theta_{(M,i)} \\ Y_M=r_{(M,i)}\cdot\sin(180°+\theta_{(M,i)})=-r_{(M,i)}\cdot\sin\theta_{(M,i)} \end{cases} \tag{7-3}$$

其中，X_M、Y_M 分别表示在以信标点为直角坐标原点的基站位置的横、纵坐标。

那么，目标相对于基站的直角坐标为：

$$\begin{cases} x_K = X_K - X_M \\ y_K = Y_K - Y_M \end{cases} \tag{7-4}$$

其中，x_K、y_K 分别表示目标 K 相对于基站在 x、y 轴方向的坐标值。

目标 K 相对于基站的方位为：

$$\theta_k = \arctan \frac{y_K}{x_K} = \arctan \frac{Y_K - Y_M}{X_K - X_M} \tag{7-5}$$

其中，θ_k 表示目标 K 相对于基站的估计方位。

7.3 基于 RSSR 的可见光目标定位

7.3.1 基于 RSSR 可见光定位的基本原理

RSSR 即 Received Signal Strength Ratio，指的是在各个 LED 与光接收器上检测到的光功率的相对比例[164,165]。采用 4 个固定在同一平面内的 LED 灯作为光源，在另一平面内设置接收点（待定位目标），见图 7-10 所示。图 7-11 是其中一个 LED 灯发射出的光信号到达目标节点所形成的几何关系图[164]，其中 FOV 表示 Field of View。假定 4 个 LED 按照时分复用的方式发送光信号，每个 LED 的发光过程近似为朗伯发射光源。

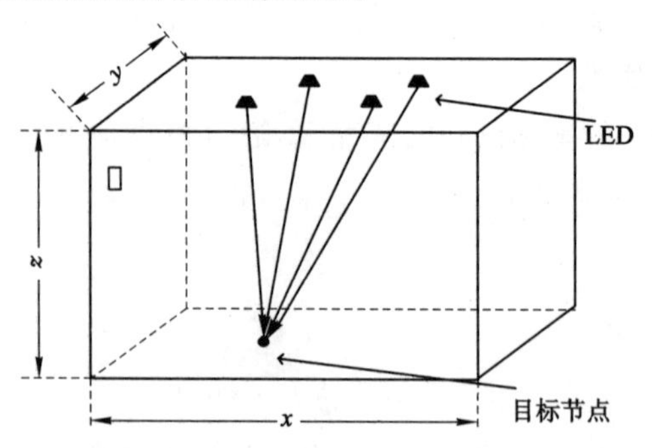

图 7-10　LED 灯立体分布图

令 θ 为光信号到达目标节点时候的入射角，LED 灯所在平面与目标节点所在平面的距离（高度）为 h，那么 $\cos\theta = h/d$。待测点的接收功率为：

$$P_R = \frac{n+1}{2\pi d^2} P_T A_R \cdot \cos^{n+1}\theta = K \frac{1}{d^{n+3}} \tag{7-6}$$

式中，P_T、P_R 分别为发射功率和接收功率；d 为 LED 与目标节点之间的距离；

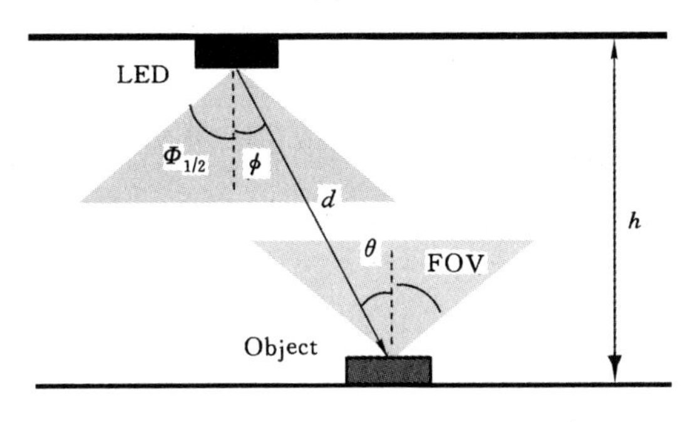

图 7-11 光发射与接收的几何关系

A_R 为光检测器的有效面积；n 为辐射瓣的模数，它由 $n=-\ln 2/\ln(\cos \Phi_{1/2})$ 确定[165]，其中 $\Phi_{1/2}$ 为视角宽度，见图 7-11 所示；$K=(n+1)A_R h^{n+1} P_T/2\pi$。可见，目标节点所接收到的光功率是与 LED 等距离的函数。

假定 LED1、LED2、LED3 和 LED4 单独发光时在目标节点处的探测器接收到的功率分别为 P_{R1}、P_{R2}、P_{R3}、P_{R4}，那么 LED1 与 LED2 之间的 RSSR 为：

$$RSSR_{1,2}=\frac{P_{R1}}{P_{R2}}=\left(\frac{d_2}{d_1}\right)^{n+3} \tag{7-7}$$

图 7-12 是满足 $\mathrm{RSSR}_{1,2}$ 要求的目标节点位置轨迹[164]。若待测点坐标为 (x,y,z)，d_1 为待测点到 LED1 的距离，d_2 为待测点到 LED2 的距离，d_3 为待测点到 LED3 的距离，d_4 为待测点到 LED4 的距离，即：

$$d_i^2=(x-x_i)^2+(y-x_i)^2+z^2 \quad (i=1,2,3,4) \tag{7-8}$$

通过式(7-7)和式(7-8)可以得到关于接收平面坐标的三条直线或者圆形曲线，通过求交可以确定目标节点的位置。

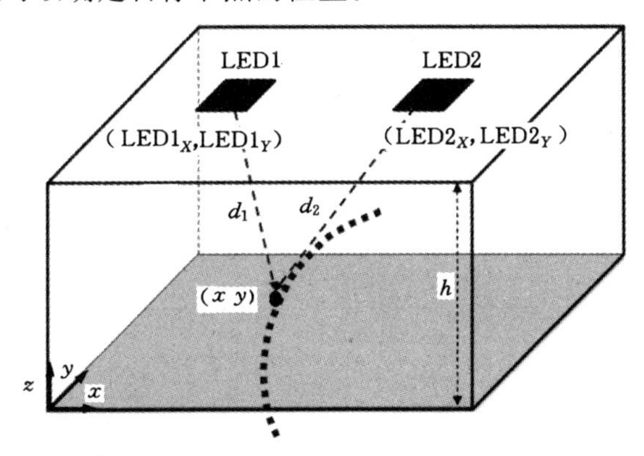

图 7-12 满足 RSSR 要求的目标节点轨迹

7.3.2 RSSR 可见光定位实验测试

将 4 个型号为 LXHL－LW3C 的 LED 固定在光源的发射平面上，相邻两个 LED 之间的距离为 16 cm，在接收平面上制作 5×5 网格，因此有 25 个测量点。以发射平面的中心为坐标原点，则 4 个 LED 的 $x-y$ 平面上的位置坐标分别为 1 号灯(0.08，－0.08)，2 号灯(－0.08，－0.08)，3 号灯(0.08，0.08)，4 号灯(－0.08，0.08)。

实验系统所用到的参数设置如表 7-3 所示。

表 7-3　　　　实验系统参数设置

LED 灯功率	3 W
半功率角	60°
FOV 视场	70°
探测区域	1 cm×1 cm
LED 数量	4 个
光电检测仪响应	0.45 A/W
LED 间隔	0.16 m

实验在黑暗环境下进行，LED 发光时电流均为 1 A，电压为 5 V，环境噪声 $n=0.16$ lux(勒克斯)，LED 设置平面距测量处平面高度 $h=0.68$ m。控制 LED 的电源开关依次点亮 LED。使用型号为 Fluke941 的照度计作为探测器测量接收点的照度值，并记录每个 LED 亮时照度计的示数，将照度值作为该点的光接收功率，结果见表 7-4。以点(－0.08，－0.16)为例，当 LED1、2、3、4 依次单独点亮时，各个值分别为 41 lux、47.2 lux、33.4 lux、36.1 lux。从表 7-4 可知，LED 的半功率角为 60°，朗伯系数 $n=1$。照度计高度 $H=0.024$ m。$z=0.68-0.024=0.656$ m。

表 7-4　　　　接收光强结果数据

坐标/m	LED1/lux	LED2/lux	LED3/lux	LED4/lux
－0.16，－0.16	36.1	45.3	27.1	34.3
－0.16，－0.08	37.0	47.1	31.3	40.9
－0.16，0	35.6	45.3	33.8	45.8

续表 7-4

坐标/m	LED1/lux	LED2/lux	LED3/lux	LED4/lux
−0.16,0.08	31.9	40.8	35.4	47.8
−0.16,0.16	27.5	35.0	34.3	46.4
−0.08,0.16	31.7	36.3	41.0	47.8
−0.08,0.08	36.8	42.3	43.1	49.6
−0.08,0	41.0	47.1	41.3	47.8
−0.08,−0.08	42.8	49.4	38.8	42.7
−0.08,−0.16	41.0	47.2	33.4	36.1
0,−0.16	46.0	46.2	35.2	35.0
0,−0.08	47.6	47.6	41.3	41.5
0,0	45.5	45.8	46.4	46.4
0,0.08	40.8	41.4	48.2	47.6
0,0.16	34.4	35.3	46.4	46.1
0.08,0.16	35.8	32.6	48.2	41.5
0.08,0.08	42.8	37.0	49.8	42.7
0.08,0	48.0	41.6	48.0	41.6
0.08,−0.08	64.31	44.2	43.5	37.4
0.08,−0.16	61.53	41.3	36.3	32.2
0.16,−0.16	47.1	35.4	35.3	27.4
0.16,−0.08	48.5	36.1	41.5	31.7
0.16,0	46.1	35.6	46.1	34.7
0.16,0.08	41.0	32.7	47.8	35.6
0.16,0.16	34.5	28.7	46.9	34.2

利用 Matlab 对各 LED 照度值进行可视化，得到各 LED 单独点亮时的照度分布图，结果如图 7-13 所示。

由图 7-13 可知，LED1 单独点亮时，在(0.08，−0.08)处有最大照度值，为 49.9 lux，在(−0.24，0.24)处有最小照度值，为 20.3 lux；LED2 单独点亮时，在(−0.08，−0.08)处有最大照度值，为 49.4 lux，在(0.24，0.24)处有最小照度值，为 20.0 lux；LED3 单独点亮时，在(0.08，0.08)处有最大照度值，为 49.8 lux，在(−0.24，−0.24)处有最小照度值，为 20.1 lux；LED4 单独点亮时，在(−0.08，0.08)处有最大照度值，为 49.6 lux，在(0.24，−0.24)处有最小照度

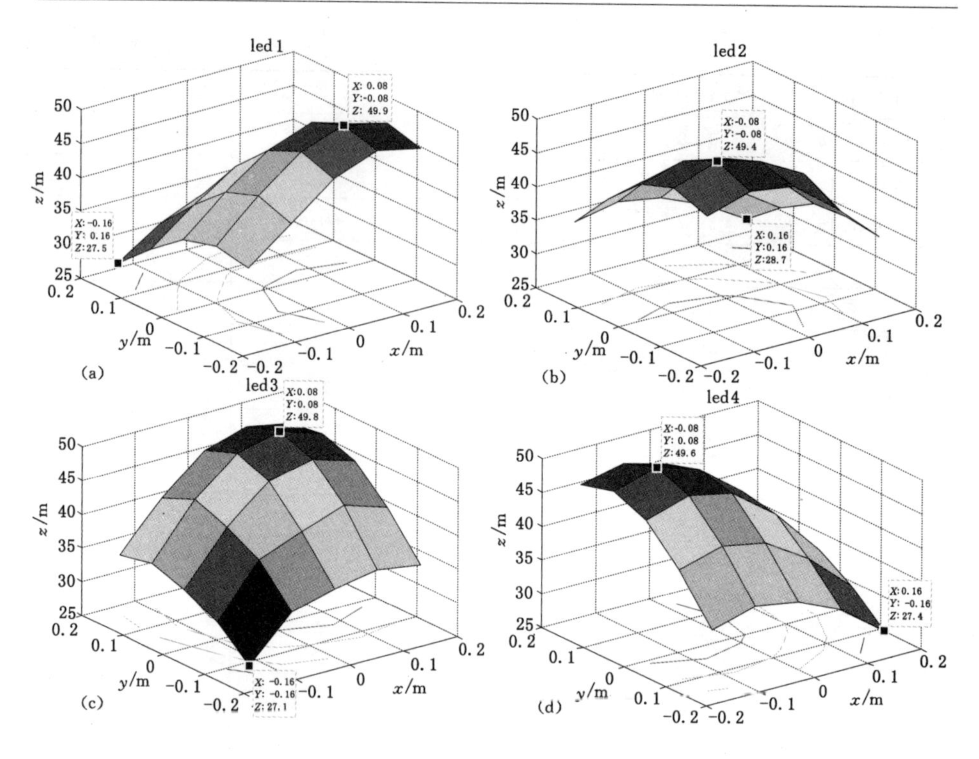

图 7-13　各 LED 单独点亮时的照度分布

值，为 20.1 lux。

实验中所使用的 LED 灯的 $\Phi_{1/2}=60°$，因此 n 为 -1，于是式(7-7)可以化简为：

$$RSSR_{1,2}=\frac{P_{R1}}{P_{R2}}=\left(\frac{d_2}{d_1}\right)^{n+3}=\left(\frac{d_2}{d_1}\right)^2=k_1 \tag{7-9}$$

同理，可得：

$$RSSR_{1,3}=\frac{P_{R1}}{P_{R3}}=\left(\frac{d_3}{d_1}\right)^{n+3}=\left(\frac{d_2}{d_1}\right)^2=k_2 \tag{7-10}$$

$$RSSR_{1,4}=\frac{P_{R1}}{P_{R4}}=\left(\frac{d_4}{d_1}\right)^{n+3}=\left(\frac{d_4}{d_1}\right)^2=k_3 \tag{7-11}$$

以点(-0.08，-0.16)点为例，从表 7-4 可知，当 LED1、2、3、4 依次单独点亮时，各个值分别为 41 lux、47.2 lux、33.4 lux、36.1 lux。由式(7-9)可得：

$$\frac{(x-0.08)^2+(y+0.08)^2+z^2}{(x+0.08)^2+(y+0.08)^2+z^2}=k_1$$

当 $k_1\neq 1$ 时，有：

$$x^2-\frac{1+k_1}{1-k_1}\times 0.16x+y^2+0.16y+0.0128+z^2=0 \tag{7-12}$$

它是一个以(a,b)为圆心、r为半径的圆，其中，$a=\frac{1+k_1}{1-k_1}\times 0.08$，$b=-0.08$，$r=\sqrt{a^2+b^2-0.0128-z^2}$。

当$k_1=1$时，是一条以方程$x=0$表示的直线：

$$x=0 \tag{7-13}$$

将测量值分别代入式(7-10)和式(7-11)，对k_2、k_3做类似k_1的处理，可在$k_2\neq1$和$k_3\neq1$分别得到一个圆；而在$k_2=1$和$k_3=1$的时候，则分别是一条直线。对于$k_1\neq1$、$k_2\neq1$和$k_3\neq1$的时候，绘制三个圆，求它们的交点，即是目标节点位置。同理，对于、$k_1=1k_2=1$和$k_3=1$的时候，绘制三条直线，求它们的交点，即是目标节点位置。若三个圆或者三条直线有多个交点，则以它们的质心作为目标未知，见图7-14所示。

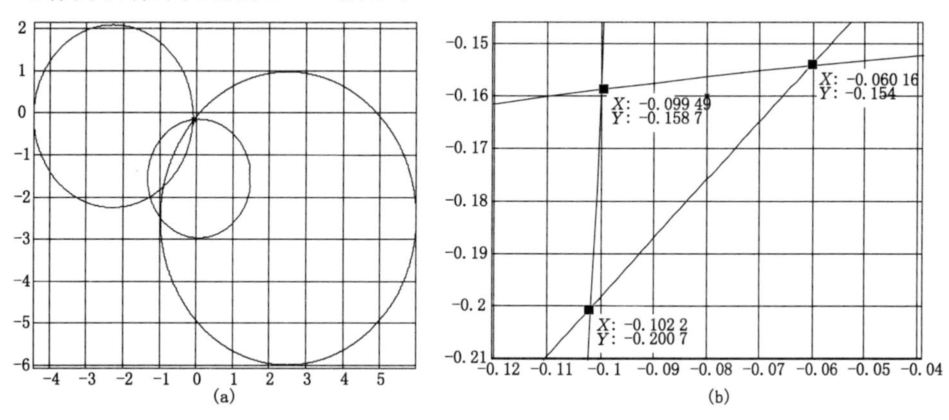

图7-14　三线求交求解目标位置

使用Matlab分别对25个测试点的位置进行估计，所得结果如表7-5所示。

表7-5　RSSR定位结果

实际位置/m	交点1/m	交点2/m	交点3/m	估计位置/m
−0.16,−0.16	−0.168 9,−0.210 3	−0.175 8,−0.254 7	−0.229 9,−0.275 8	−0.191 5,−0.246 9
−0.16,−0.08	−0.174 5,−0.098 57	−0.225 5,−0.144 6	−0.178 3,−0.137	−0.192 8,−0.126 7
−0.16,0	−0.242 4,−0.043 71	−0.180 4,0.007 214	−0.179 1,−0.041 14	−0.200 6,−0.025 9
−0.16,0.08	−0.193 0,0.085 1	−0.197 9,0.115 3	−0.229 9,0.088 47	−0.206 9,0.096 3

续表 7-5

实际位置/m	交点 1/m	交点 2/m	交点 3/m	估计位置/m
−0.16,0.16	−0.217 2,0.223 5	−0.241 2,0.200 5	−0.203 4.0.191 8	−0.220 6,0.205 3
−0.08,0.16	−0.113 2,0.208 7	−0.111 5,0.208 7	−0.113 5,0.206 4	−0.112 7,0.207 9
−0.08,0.08	−0.108 2,0.120 5	−0.098 9,0.119 2	−0.105 9,0.112 1	−0.104 3,0.117 3
−0.08,0	−0.098 78,0.010 1	−0.103 8,0.005 32	−0.099 53,0.005 36	−0.100 7,0.006 9
−0.08,−0.08	−0.103 8,−0.073 17	−0.069 93,−0.071 6	−0.099 93,−0.101 6	−0.091 2,−0.082 1
−0.08,−0.16	−0.099 49,−0.158 7	−0.060 16,−0.154	−0.102 2,−0.200 7	−0.087 3,−0.171 1
0,−0.16	0.004 8,−0.202 3	−0.000 23,−0.208 3	−0.000 2,−0.202 8	0.001 5,−0.204 5
0,−0.08	−0.000 5,−0.098 33	−0.004 057,−0.101 5	0.000 51,−0.100 8,	−0.001 3,−0.100 2
0,0	−0.004 609,0.013 91	0.000 273 1,0.013 88	−0.004 727,0.008 877	−0.003 0,0.012 2
0,0.08	0.008 328,0.118 7	−0.010 67,0.098 7	−0.011 02,0.119 8	−0.004 5,0.112 4
0,0.16	−0.018 82,0.235 2	−0.021 03,0.200 6	0.004 87,0.232 8	−0.011 7,0.222 9
0.08,0.16	0.077 3,0.227 3	0.110 8,0.228 3	0.074 8,0.186 8	0.087 6,0.214 1
0.08,0.08	0.111 1,0.108 3	0.110 5,0.107 0	0.108 7,0.106 5	0.110 1,0.107 3
0.08,0	0.101 7,0.000 42	0.101 7,0.000 01	0.101 6,0.000 01	0.101 7,0.000 15
0.08,−0.08	0.084 54,−0.095 43	0.085 29,−0.124 9	0.114 3,−0.095 64	0.094 7,−0.105 3
0.08,−0.16	0.117 3,−0.200 8	0.101 3,−0.219 7	0.118,−0.220 7	0.112 2,−0.213 7
0.16,−0.16	0.228 5,−0.231 2	0.229 5,−0.236 2	0.233 7,−0.232 0	0.230 6,−0.233 1
0.16,−0.08	0.225 9,−0.110 4	0.226 0,−0.115 1	0.220 9,−0.114 5	0.224 3,−0.113 3
0.16,0	0.195,0	0.218 1,−0.000 02	0.193 1,−0.020 64	0.202 1,−0.006 9
0.16,0.08	0.177 5,0.110 2	0.173 4,0.067 6	0.225 4,0.113 2	0.192 1,0.097 0
0.16,0.16	0.165 9,0.241 3	0.268,0.26	0.146,0.139 4	0.193 3,0.213 6

根据表 7-5，将估计位置与实际位置绘制在图 7-15 中，并对实际位置和估计位置的数据进行误差对比，绘制在图 7-16 中。

由图 7-15 和图 7-16 可知，接近中心位置的误差较小，远离中心位置的误差较大；25 个点中，在点(−0.16,0.16)处有最大误差为 0.101 6 m，在点(0.08,−0.08)处有最小误差为 0.011 4 m，平均误差为 0.046 84 m。这些结果说明被灯覆盖较充分的中部区域定位精度最高，而边缘部分由于光源覆盖差，定位精度也较低。

实验结果的误差主要包括两个方面：一是 LED 可见光通信定位实验系统本身的误差，另一方面是测量误差，下面分别予以探讨。

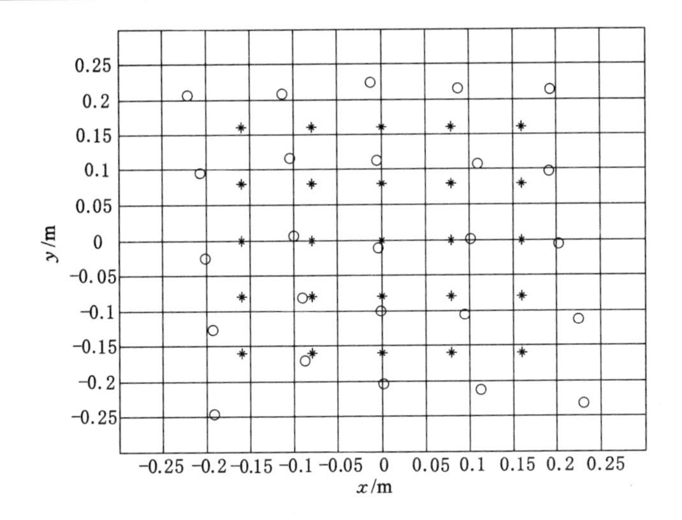

图 7-15 实际点与估计点分布图(＊为实际位置,◦为估计位置)

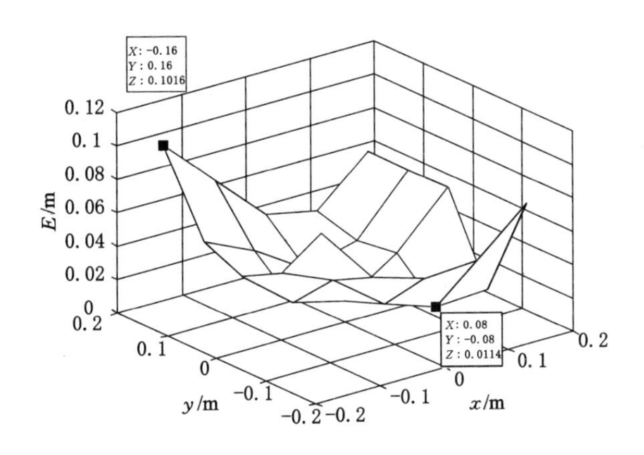

图 7-16 RSSR 定位误差分布图

实验系统误差来源有以下三点:

① 在实验环境中存在环境光噪声,而且在实际实验过程中进行了两次,每次的环境噪声不同。此外,每次实验从上午进行到下午的整个过程中,实验室内的环境噪声也不同,在上午 9 时的环境噪声为 0.13 lux,而在中午时环境噪声为 0.20 lux。在进行数据处理时,我们对于不同的环境噪声并没有进行完全统计。

② 在测试点接收的光线有从上方 LED 直接入射的光线,同时也有来自其他物体反射的光线。在实际的实验过程中,我们的实验平台的右侧为一平滑的

木质平面，当光线从 LED 射出后，经木质平面反射到待测平面上，影响了待测点的照度值。

③ 实验中我们测量所得的最大照度值为 49.9 lux，最小照度值为 20.0 lux。对于数据的区分度较小，不利于实验数据的处理和测量。根据国际标准，普通办公室照明大于 500 lux，而会议室和电脑工作室则要求光照度在 300～500 lux 之间，而此次我们实验使用的额定功率为 1 W 的 LED 不足以提供足够的光照度。

测量误差来源有以下两点：

① 实验中我们使用的数字照度计为福禄克 Fluke941，精度为±3%、±6%。余弦角度偏离特征：30°时±2%，60°时±6%，80°时±25%。可见该照度计对于不同的余弦角度偏离存在不同程度上的测量误差，因此对于一些远离中心位置的待测点，其余弦角度偏离较大时，测量得到的数据存在误差。

② 在实验过程中，LED 光源的发光强度随着时间的流逝存在着变化，在最初的一段时间里发光强度不断增大随后趋于稳定，经过一段时间后 LED 光源的发光强度出现衰减。我们在实际测量的过程中，每次单独点亮 LED 时经过固定的时间记录实验数据，而此时 LED 光源的光照强度可能还在增大，造成了实验数据的误差。

办公环境与工作面环境有很大差异，要将研究结果应用到工作面环境，还需要进行深入的理论探讨和模拟实验或现场实验。

8　致谢

经年研究，数月伏案，今朝付梓。掩卷思量，饮水思源，肺腑感激难以言表。

研究室矿井动目标研究团队孜孜不倦的努力是本书成册的最大能量源泉。数年来，一起攻关的博士研究生、硕士研究生和本科同学废寝忘食，与我们一起在矿井定位方面做了大量基础性和开拓性工作。在此，请允许我诚挚地写出对本书具有直接贡献的优秀“战友”的名字，博士研究生——游春霞、翟彦蓉、张然、宋泊明，硕士生研究生——刘伟、马秀萍、耿飞、曹灿、丁一珊、闫玉萍、朱梦影、龙佳、张震，本科生——傅海莹、黄婧洁。

感谢恩师们的谆谆教诲，带领我走上正确的科研和人生道路。他们是：长江学者、杰出青年基金获得者、中南大学吴立新教授，中国矿业大学物联网研究中心教授委员会主席、本书合著者张申教授，中国矿业大学信息与电气工程学院钱建生教授，同济大学电子与信息工程学院刘富强教授，中国矿业大学资源与地球科学学院副院长董守华教授，徐州医科大学医学信息学院原院长赵强教授，徐州医科大学医学信息学院院长胡俊峰教授，东南大学信息科学与工程学院吴乐南教授。

感谢中国矿业大学物联网研究中心常务副主任丁恩杰教授、副主任赵小虎教授以及王刚副教授、胡延军副教授、马洪宇副研究员、张炜副研究员、孟磊助理研究员、赵志凯助理研究员和其他同事，你们的关心和帮助令我的工作倍感轻松。

感谢中国矿业大学信息与电气工程学院李世银教授、王艳芬教授、华钢教授、孙彦景教授、程德强教授、尹洪胜教授以及中国矿业大学图文信息中心主任李明教授，你们为我的科研与教学水平的提高提供了一如既往的无私帮助。

感谢龙岩学院资源工程学院党委书记陈绍杰教授、东北大学资源与土木工程学院王植副教授、中国矿业大学信息与电气工程学院徐永刚副教授、中南大学资源与安全工程学院毕林副教授、中国矿业大学环境与测绘学院秦凯副教授和余接情副教授、北京奇点国际标准化部安颖经理(现供职于北京小米科技有限责任公司)和吴永彤经理、中国电子学会余文科博士、上海爱启企业服务有限公司杨德朝总经理、徐州博林高新技术有限公司马方清总经理、龙矿集团青岛龙发热电有限公司曲忠剑总经理、兖矿集团兴隆庄选煤厂刘卫东总工、徐矿集团技术中心樊银辉教授级高工、徐州格利尔数码科技有限公司朱从利董事长和张艳娟总监提供的帮助。

感谢国家自然科学基金“煤矿工作面动目标精确定位关键技术研究(资助号51204177)”、国家科技支撑计划“矿井动目标监测技术及在用设备智能管控技术平台与装备(基于物联网管控技术)(资助号2013BAK06B05)”、江苏省自然科学基金“煤矿巷道自适应环境认知机制与机会通信方法研究(资助号BK20151148)”以及中央高校基本科研业务费专项资金“煤矿区环境损伤遥感监测与智能识别(资助号2015XKMS097,2014ZDPY14)”的资助。

感谢敬爱的父母、亲爱的妻子和可爱的儿子,你们给了我温馨的家庭和无私的关爱,毫无怨言地支持着我日陪故纸、夜伴枯灯的写作,我愿用尽吾生,换取与你们的永远相伴;用我的身躯,为你们肩挑幸福背负平安。

感谢本书所引文献的作者和单位,你们的艰苦付出和卓越贡献使本书得以站在巨人的肩膀上开始研究和写作。

感谢所有关心我和我所关心的人。

参考文献

[1] WANG Y,HUANG L,YANG W. A Novel Real-Time Coal Miner Localization and Tracking System Based on Self-Organized Sensor Networks[J]. EURASIP Journal on Wireless Communication and Networking,2010,2010(142092): 1-14.

[2] 单志龙,兰丽. 无线自组织网络中的 AOA 定位算法[J]. 华南师范大学学报(自然科学版),2009(2):38-43.

[3] 乔钢柱,曾建潮. 信标节点链式部署的井下无线传感器网络定位算法[J]. 煤炭学报,2010,35(7):1229-1233.

[4] 胡青松,吴立新,张申,等. 煤矿工作面定位 WSN 的部署与能耗分析[J]. 中国矿业大学学报,2014,43(2):351-355.

[5] 胡青松,张申,吴立新,等. 矿井动目标定位:挑战、现状与趋势[J]. 煤炭学报,2016,41(5):1059-1068.

[6] 张长森,李赓,王筱超,等. 基于 RFID 的矿井人员定位系统设计[J]. 河南理工大学学报(自然科学版),2009,28(6):742-746.

[7] 刘林. 非视距环境下的无线定位算法及其性能分析[D]. 成都:西南交通大学,2007.

[8] 高群,刘江霞. 基于 CAN 总线和 RFID 技术的矿井定位系统设计[J]. 煤矿安全,2008,39(9):74-77.

[9] 柯建华. 基于 RFID 与 CAN 的煤矿井下人员定位系统研究[D]. 北京:北京交通大学,2006.

[10] 孙继平. 矿井移动通信的现状及关键科学技术问题[J]. 工矿自动化,2009,35(7):110-114.

[11] 彭继慎,李明明,霍丽敏. 基于 RFID 的煤矿井下人员跟踪定位系统[J]. 煤矿安全,2009,40(5):59-61.

[12] 王仁兴. 基于 RFID 技术的矿井人员定位系统研究与实现[D]. 湘潭:湘潭大学,2013.

[13] 于波. 基于参数扰动超混沌的井下定位通信防碰撞方案[D]. 烟台:烟

台大学,2010.

[14] 孟祥瑞,徐雪战,赵光明,等.基于三维可视化与ZigBee技术的真三维煤矿人员定位[J].煤炭学报,2014(S2):603-608.

[15] 贾迪.基于无线传感器网络的井下人员定位系统的设计与实现[D].长春:吉林大学,2009.

[16] 周伟.基于无线传感器网络的定位跟踪技术研究[D].重庆:重庆大学,2012.

[17] 胡青松.煤矿认知无线电网络的路由协议研究[D].徐州:中国矿业大学,2011.

[18] ZHANG D,PORTMANN M,TAN A,et al. Indoor Positioning System Using Beacon Devices for Practical Pedestrian Navigation on Mobile Phone[C]. International Conference on Ubiquitous Intelligence and Computing, Springer Berlin Heidelberg,2009:251-265.

[19] MUTHUKRISHNAN K, LIJDING M, HAVINGA P. Towards smart surroundings: Enabling techniques and technologies for localization[C]// Location-and Context-Awareness. STRANG T,LINNHOFF-POPIEN C, Springer Berlin Heidelberg,2005:209-227.

[20] 张贤达,保铮.通信信号处理[M].北京:国防工业出版社,2000.

[21] 张裕峰.多径传播条件下的波达方向估计算法研究[D].合肥:中国科学技术大学,2010.

[22] 李克,张尔扬,邬书跃.智能天线技术的抗多径干扰性能分析[J].吉林大学学报(信息科学版),2001(1):12-17.

[23] 秦大威.多目标定位与监测系统的研究[D].杭州:浙江大学,2002.

[24] 秦义,付小宁,黄峰.三维空间三坐标角度测量单点被动定位算法[J].西安科技大学学报,2007,27(4):628-631.

[25] YAN L, WAYNERT J A, SUNDERMAN C. Measurements and Modeling of Through-the-Earth Communications for Coal Mines[J]. IEEE Transactions on Industry Applications, 2013, 49(5): 1979-1983.

[26] LI J, WHISNER B, WAYNERT J A. Measurements of Medium-Frequency Propagation Characteristics of a Transmission Line in an Underground Coal Mine[J]. IEEE Transactions on Industry

Applications,2013,49(5):1984-1991.

[27] LI M, LIU Y. Underground coal mine monitoring with wireless sensor networks [J]. ACM Transactions on Sensor Networks (TOSN),2009,5(2):1-31.

[28] CHENG B,CHENG X,ZHAI Z,et al. Web of Things-Based Remote Monitoring System for Coal Mine Safety Using Wireless Sensor Network[J]. International Journal of Distributed Sensor Networks,, 2014(2014):1-15.

[29] 华钢,周磊,任凯. 地下煤矿人员定位跟踪系统发展综述[J]. 矿山机械,2008(6):36-40.

[30] 李永斌. KJ133 型矿用人员定位安全管理系统在煤矿安全生产中的应用[J]. 科技致富向导,2012(2):322.

[31] 齐稳. KJ139 人员定位考勤系统在新桥煤矿的应用[J]. 机电信息,2011(9):120-121.

[32] 黄强,鲁远祥,孙中闰,等. KJ90 矿井人员跟踪定位及考勤管理系统的研制[J]. 矿业安全与环保,2004,31(5):13-14,17.

[33] 马建伟. KJ222(A)人员定位系统在石壕煤矿中的应用[J]. 河南科技,2012(14):69.

[34] 王保民. KJ222 型矿用人员定位安全管理系统在孟津煤矿的应用[J]. 科技促进发展,2011(12):184-186.

[35] 王伯辰,陈俊智. KJ236 井下人员定位系统在煤矿的应用研究[J]. 煤矿机械,2015,36(2):223-226.

[36] 刘洪涛. KJ69 型人员定位系统在煤矿的应用[J]. 内蒙古民族大学学报,2009,15(2):54-55.

[37] HU Q,ZHANG D,LIU W. Precise positioning of moving objects in coal face: Challenges and solutions [J]. International Journal of Digital Content Technology and its Applications, 2013, 7 (1): 213-222.

[38] OU C. A Localization Scheme for Wireless Sensor Networks Using Mobile Anchors With Directional Antennas [J]. IEEE Sensors Journal,2011,11(7):1607-1616.

[39] DAVIS J G, SLOAN R, PEYTON A J, et al. A Positioning

Algorithm for Wireless Sensors in Rich Multipath Environments [J]. IEEE Microwave and Wireless Components Letters, 2008, 18 (9):644-646.

[40] CUI HUAN-QING, WANG YING-LONG. A Survey of Localization Schemes in Wireless Sensor Networks with Mobile Beacon [J]. Engergy Procedia, 2011, 4(11):356-361.

[41] 肖竹,黑永强,于全,等. 脉冲超宽带定位技术综述[J]. 中国科学(F辑:信息科学),2009,39(10):1112-1124.

[42] SAHU P K, WU E H, SAHOO J. DuRT: Dual RSSI Trend Based Localization for Wireless Sensor Networks [J]. IEEE Sensors Journal, 2013, 13(8):3115-3123.

[43] COTA-RUIZ J, ROSILES J, RIVAS-PEREA P, et al. A Distributed Localization Algorithm for Wireless Sensor Networks Based on the Solutions of Spatially-Constrained Local Problems[J]. IEEE Sensors Journal, 2013, 13(6):2181-2191.

[44] TREVISAN L M, PELLENZ M E, PENNA M C, et al. A simple iterative positioning algorithm for client node localization in WLANs [J]. EURASIP Journal on Wireless Communications and Networking, 2013, 2013(1):1-11.

[45] ZHOU G, HE T, KRISHNAMURTHY S, et al. Impact of Radio Irregularity on Wireless Sensor Networks [C]//The second international conference on mobile systems, applications, and services. Boston, MA, USA: ACM Press, 2004.

[46] 孙继平,王帅. 改进型能量传递测距模型在矿井定位中的应用[J]. 中国矿业大学学报,2014,43(1):94-98.

[47] ZHANG Q, YANG H, WEI Y. Selection of Destination Ports of Inland-Port-Transferring RHCTS Based on Sea-Rail Combined Container Transportation[C]//The Third International Symposium on Innovation & Sustainability of Modern Railway. Nanchang, 2012.

[48] 陈奎. 井下移动目标精确定位理论与技术的研究[D]. 徐州:中国矿业大学,2009.

[49] 王赛伟. 基于位置指纹的 WLAN 室内定位方法研究[D]. 哈尔滨:哈

尔滨工业大学,2009.

[50] 孙继平,李晨鑫.基于WiFi和计时误差抑制的TOA煤矿井下目标定位方法[J].煤炭学报,2014,39(1):192-197.

[51] 张志良,孙棣华,张星霞.TDOA定位中到达时间及时间差误差的统计模型[J].重庆大学学报(自然科学版),2006,29(1):85-88.

[52] 黄婧洁.基于TDOA的无线传感器网络定位算法研究[D].徐州:中国矿业大学,2013.

[53] 王玥.基于智能天线的定位算法的研究[D].沈阳:东北大学,2008.

[54] 耿飞.矿井无线传感器网络定位技术研究[D].徐州:中国矿业大学,2015.

[55] KUCUK K,KAVAK A. Scalable location estimation using smart antennas in wireless sensor networks[J]. Ad Hoc Networks,2010,8(8):889-903.

[56] 谢涛.智能天线定位系统实验平台的设计[D].沈阳:东北大学,2008.

[57] 王峰,尚超,籍锦程,等.基于TDOA和AOA的煤矿井下三维定位算法[J].工矿自动化,2015,41(5):78-82.

[58] WANG J,GHOSH R K,DAS S K. A survey on sensor localization [J].控制理论与应用(英文版),2010,8(1):2-11.

[59] 张明华.基于WLAN的室内定位技术研究[D].上海:上海交通大学,2009.

[60] YANG T,WU X. Accurate location estimation of sensor node using received signal strength measurements[J]. International Journal of Electronics and Communications,2015,69(4):765-770.

[61] JI X,ZHA H. Sensor positioning in wireless ad-hoc sensor networks using multidimensional scaling [C]//INFOCOM, 2004, Hong Kong,2004.

[62] 裴忠民,邓志东,巫天华,等.矿井无线传感器网络三阶段定位方法[J].中国矿业大学学报,2010,39(1):87-92.

[63] 诸燕平.无线传感器网络节点定位算法研究[D].南京:南京航空航天大学,2009.

[64] 张健.基于时间测量的无线传感器网络定位技术研究与实现[D].郑州:解放军信息工程大学,2009.

[65] 刘晓阳,李宗伟,方轲,等.基于距离约束的井下目标定位方法[J].煤炭学报,2014,39(4):789-794.

[66] 郭继坤,马鹏飞,赵肖东.煤矿井下救援定位系统研究[J].吉林大学学报(信息科学版),2015,33(2):168-172.

[67] 田子建,李宗伟,刘晓阳,等.基于电磁波及超声波联合测距的井下定位方法[J].北京理工大学学报,2014,34(5):490-494.

[68] 孙继平,李晨鑫.基于卡尔曼滤波和指纹定位的矿井 TOA 定位方法[J].中国矿业大学学报,2014,43(6):1127-1133.

[69] CHEN X,EDELSTEIN A,LI Y,et al. Sequential Monte Carlo for simultaneous passive device-free tracking and sensor localization using received signal strength measurements [C]//International Conference on Information Sensor Networks. Chicago,2011.

[70] NANNURU S,LI Y,ZENG Y,et al. Radio-Frequency Tomography for Passive Indoor Multitarget Tracking[J]. IEEE Transactions on Mobile Computing,2013,12(12):2322-2333.

[71] GUO Y,HUANG K,JIANG N,et al. An Exponential-Rayleigh Model for RSS-Based Device-Free Localization and Tracking[J]. IEEE Transactions on Mobile Computing,2015,14(3):484-494.

[72] 田子建,王宝宝,张向阳.一种基于非视距鉴别加权拟合的矿井超宽带定位方法[J].煤炭学报,2013,38(3):512-516.

[73] 韩东升,杨维,刘洋,等.煤矿井下基于 RSSI 的加权质心定位算法[J].煤炭学报,2013,38(3):522-528.

[74] 崔丽珍,李蕾,赫佳星,等.煤矿井下基于虚拟 Radio-map 及 Markov 链的定位算法[J].解放军理工大学学报(自然科学版),2014(6):527-533.

[75] 陈远.复杂场景中视觉运动目标检测与跟踪[D].武汉:华中科技大学,2008.

[76] 何富君.卡尔曼滤波的学习及应用[EB/OL]. http://wenku. baidu. com,2015-10-5.

[77] 崔丽珍,李蕾,员曼曼,等.基于核函数法及粒子滤波的煤矿井下定位算法研究[J].传感技术学报,2013(12):1728-1733.

[78] 百度文库.粒子滤波——后验概率密度的采样递推[EB/OL]. http://

wenku. baidu. com,2015-10-5.

[79] 常坤. 无线传感器网络定位及目标跟踪的研究[D]. 上海:华东理工大学,2012.

[80] 田丰,郭巍,王传云,等. 基于 ZigBee 技术的煤矿井下 GIS 辅助定位算法[J]. 煤炭学报,2008,33(12):1442-1446.

[81] 刘志高,李春文,丁青青,等. 煤矿人员定位系统拓扑优化模型[J]. 煤炭学报,2010,35(2):3219-3332.

[82] 刘志高,李春文,耿少博,等. 带盲区巷道网络人员全局定位系统[J]. 煤炭学报,2010,35(S1):236-242.

[83] 杨海,李威,罗成名,等. 基于捷联惯导的采煤机定位定姿技术实验研究[J]. 煤炭学报,2014,39(12):2550-2556.

[84] 蔡利梅. 基于视频的煤矿井下人员目标检测与跟踪研究[D]. 徐州:中国矿业大学,2010.

[85] 张传雷,张善文,田子建. 基于监督局部保持映射算法的井下人员定位技术[J]. 煤炭科学技术,2013,41(2):67-70.

[86] 钱建生,厉丹. 基于 PSO 优化改进的 Snake 模型煤矿环境目标检测[J]. 煤炭学报,2011,36(11):1949-1954.

[87] 王猛,李玉良,王庆飞. 视频测速技术在煤矿井下机车定位中的应用[J]. 工矿自动化,2011,37(4):104-106.

[88] HU Q, WU L, CAO C, et al. An Event-Driven Object Localization Method Assisted by Beacon Mobility and Directional Antennas[J]. International Journal of Distributed Sensor Networks, 2015, 2015 (134964):1-12.

[89] 陈娟,李长庚,宁新鲜. 基于移动信标的无线传感器网络节点定位[J]. 传感技术学报,2009,22(1):121-125.

[90] LEE S, KIM E, KIM C, et al. Localization with a mobile beacon based on geometric constraints in wireless sensor networks[J]. IEEE Transactions on Wireless Communications,2009,8(12):5801-5805.

[91] SSU K, OU C, JIAU H C. Localization With Mobile Anchor Points in Wireless Sensor Networks[J]. IEEE Transactions on Vehicular Technology,2005,54(3):1187-1197.

[92] KOUTSONIKOLAS D, DAS S M, HU Y C. Path planning of mobile

landmarks for localization in wireless sensor networks[J]. Computer Communications,2007,30(13):2577-2592.

[93] 魏叶华. 无线传感器网络中定位问题研究[D]. 长沙:湖南大学,2008.

[94] ASPLUND M, NADJM-TEHRANI S, SIGHOLM J. Emerging information infrastructures: Cooperation in disasters [M]. Critical Information Infrastructure Security, New York: Springer, 2009: 258-270.

[95] ASCHENBRUCK N, GERHARDS-PADILLA E, GERHARZ M, et al. Modelling mobility in disaster area scenarios [C]//10th International Symposium on Modeling Analysis and Simulation of Wireless and Mobil Systems. Crete Island,2007.

[96] SEKIN Y, UCHIDA N, SHIBATA Y, et al. Disaster Information Network Based on Software Defined Network Framework[C]//27th International Conference on Advanced Information Networking and Applications Workshops. Barcelona,2013.

[97] MARTÍN-CAMPILLO A, CROWCROFT J, YONEKI E, et al. Evaluating opportunistic networks in disaster scenarios[J]. Journal of Network and Computer Applications,2013,36(2):870-880.

[98] 李石坚,徐从富,杨旸,等. 面向传感器节点定位的移动信标路径获取[J]. 软件学报,2008,19(2):455-467.

[99] 胡青松,吴立新,张申,等. 基于智能天线和动态虚拟簇的均衡节能路由[J]. 通信学报,2013,34(8):169-176.

[100] KIM E. Distance Estimation With Weighted Least Squares for Mobile Beacon-Based Localization in Wireless Sensor Networks[J]. IEEE Signal Processing Letters,2010,17(6):559.

[101] CHEUNG K W, SO H C, MA W K, et al. Least Squares Algorithms for Time-of-Arrival-Based Mobile Location[J]. IEEE Transactions on Signal Processing,2004,52(4):1121-1128.

[102] DOMINGO M C. An overview of the Internet of Things for people with disabilities [J]. Journal of Network and Computer Applications,2012,35(2):584-596.

[103] MITTON N, SIMPLOT-RYL D. From the Internet of things to the

Internet of the physical world[J]. Comptes Rendus Physique,2011,12(7):669-674.

[104] NIE B,CHEN W,WANG L,et al. Internet of Things－Based Positioning of Coalmine Personnel and Monitoring of Emergency State[C]//International Conference on Digital Manufacturing & Automation. ZhangJiaJie,China: 2011.

[105] 张申,丁恩杰,徐钊,等. 物联网与感知矿山专题讲座之三——感知矿山物联网的特征与关键技术[J]. 工矿自动化,2010,36(12):117-121.

[106] 韩建国. 神华智能矿山建设关键技术研发与示范[J]. 煤炭学报,2016,41(12):3181-3189.

[107] 吴立新,汪云甲,丁恩杰,等. 三论数字矿山——借力物联网保障矿山安全与智能采矿[J]. 煤炭学报,2012,37(3):357-365.

[108] 胡青松,曹灿,丁一珊,等. 一种非专门节点辅助的矿井移动目标定位精度增强方法[P]. CN201510005656. 7. 2015-5-20.

[109] JIANG J,CHUANG C,LIN T,et al. Collaborative Localization in Wireless Sensor Networks via Pattern Recognition in Radio Irregularity Using Omnidirectional Antennas[J]. SENSORS,2010,10(1):400-427.

[110] G Z,T H,S K,et al. Models and solutions for radio irregularity in wireless sensor networks [J]. ACM Transactions on Sensor Networks,2006,2(02):221-226.

[111] YONG M,YU Y,YAN W,et al. Optimization design of coal mine wireless body sensor network based on Genetic Algorithm[C]// International Conference on Networks Security, Wireless Communications and Trusted Computing. Wuhan,2009.

[112] GHASEMZADEH H,PANUCCIO P,TROVATO S,et al. Power-Aware Activity Monitoring Using Distributed Wearable Sensors [J]. IEEE TRANSACTIONS ON HUMAN-MACHINE SYSTEMS,2014,44(4):537-544.

[113] HU Q,DING Y,WU L,et al. An Enhanced Localization Method for Moving Targets in Coal Mines Based on Witness Nodes [J].

International Journal of Distributed Sensor Networks,2015,2015(876721):1-10.

[114] 方新秋,何杰,郭敏江,等.煤矿无人工作面开采技术研究[J].科技导报,2008,26(9):56-61.

[115] 胡青松,曹灿,吴立新,等.面向矿井目标的双标签高精度定位方法[J].中国矿业大学学报,2017,46(2):录用.

[116] 王泉夫.基于WSN的工作面监控及瓦斯浓度预测关键技术研究[D].徐州:中国矿业大学,2009.

[117] YOUNIS M, AKKAYA K. Strategies and techniques for node placement in wireless sensor networks: A survey[J]. Ad Hoc Networks,2008,6(4):621-655.

[118] BHARDWAJ M,GARNETT T,CHANDRAKASAN A P. Upper bounds on the lifetime of sensor networks[C]//IEEE International Conference on Communications,Helsinki,2001.

[119] 李菲菲.WSN煤矿瓦斯浓度监测系统时间同步技术研究[D].徐州:中国矿业大学,2015.

[120] 赵建军.低开销无线传感器网络时间同步研究[D].西安:西安电子科技大学,2007.

[121] 胡青松,耿飞,曹灿,等.矿井目标定位中移动信标辅助的距离估计新方法[J].中南大学学报(自然科学版),已录用.

[122] IEEE. IEEE Standard for a Precision Clock Synchronization Protocol for Networked Measurement and Control Systems(V2)[S]. Sensor T C O,2008.

[123] CHAUDHARI Q M. A Simple and Robust Clock Synchronization Scheme[J]. IEEE Transactions on Communications,2012,60(2):328-332.

[124] AHMAD A, SERPEDIN E, NOUNOU H, et al. Joint Node Localization and Time-Varying Clock Synchronization in Wireless Sensor Networks[J]. IEEE Transactions on Wireless Communications,2013,12(10):5322-5333.

[125] 井实,黄琦,甄威,等.面向智能变电站全场景试验的无线时钟同步方法[J].电力系统自动化,2013,37(9):103-109.

[126] 丁业平,刘胜,文玉梅,等.时间同步在管道泄漏检测中的应用研究[J].计算机工程,2013,39(5):273-276.

[127] 吴立新,余接情,胡青松,等.数字矿山与智能感控的统一空间框架与精确时间同步问题[J].煤炭学报,2014,39(8):1584-1592.

[128] 张然,李菲菲,张申,等.一种矿震监测的 WSNs 按需分层时间同步算法[J].中国矿业大学学报,2014,43(6):1046-1050.

[129] 任丰原,董思颖,何滔,等.基于锁相环的时间同步机制与算法[J].软件学报,2007,18(2):372-380.

[130] 全渝娟,刘桂雄,刘波,等.具有漂移补偿的 RCR 时钟同步模型[J].华南理工大学学报(自然科学版),2010,38(5):76-79,85.

[131] 王洋,袁慎芳,董晨华,等.一种无线传感器网络分布式连续数据采集系统的同步方法[J].东南大学学报(自然科学版),2011,41(1):25-30.

[132] 李勤.PTN 时钟同步技术及应用[J].中兴通讯技术,2010,16(3):26-30.

[133] 胡青松,龙佳,吴立新,等.矿山物联网中的时间同步影响因素研究与实测[J].煤矿机械,2015,36(9):284-288.

[134] 何海莹.最佳主时钟算法及其精度研究[D].徐州:中国矿业大学,2012.

[135] 闫玉萍,胡青松,韩丽娜,等.矿井电网故障检测 WSNs 分层时间同步算法[J].工矿自动化,2015,41(7):72-77.

[136] 齐华,王恒,刘军.可变周期的基于贝叶斯估计的 TPSN 改进算法[J].传感技术学报,2013,26(3):407-410.

[137] 陶志勇,胡明.基于等级层次结构的 TPSN 算法改进[J].传感技术学报,2012,25(5):691-695.

[138] ELSON J, GIROD L, ESTRIN D. Fine-grained network time synchronization using reference broadcasts [J]. ACM SIGOPS Operating Systems Review,2002,36(SI):147-163.

[139] 陈伊卿.无线传感器网络时间同步算法研究[D].西安:西安电子科技大学,2011.

[140] CHAUDHARI Q M, SERPEDIN E. Maximum Likelihood Estimation of clock parameters for synchronization of wireless

sensor networks[C]//IEEE International Conference on Acoustics Speech and Signal Processing. Las Vegas,2008.

[141] 史昕. 面向交通监测的无线传感器网络时间同步方法研究[D]. 西安:长安大学,2014.

[142] 王义君,钱志鸿,王桂琴,等. 无线传感器网络能量有效时间同步算法研究[J]. 电子与信息学报,2012,34(9):2174-2179.

[143] 苗永刚. 无线传感器网络时间同步中数学方法应用的研究[D]. 杭州:浙江工业大学,2009.

[144] 封红霞. 无线传感器网络中时间同步的分析研究[D]. 北京:北京邮电大学,2007.

[145] POTTIE G J,KAISER W J. Wireless integrated network sensors [J]. Communications of the ACM,2000,43(5):51-58.

[146] 刘伟. 井下移动目标无线定位技术研究[D]. 徐州:中国矿业大学,2014.

[147] 殷作亮. 基于麦克风阵列的 MUSIC 声源定位算法研究[D]. 哈尔滨:哈尔滨工业大学,2008.

[148] 伍逸枫,杨俊东,路通. 相干信源 DOA 估计算法研究[J]. 电子测量技术,2008,31(11):41-43.

[149] 魏小丽,陈建,林琳. 基于空间平滑算法的二维相干源 DOA 估计[J]. 吉林大学学报(工学版),2008,38(5):1160-1164.

[150] 李海森,周天,朱志德,等. 前后向空间平滑对相关信号源的 DOA 估计性能[J]. 哈尔滨工业大学学报,2007,39(3):416-419.

[151] 李晶. 井下巷道超高频无线电波传播及定位算法的研究[D]. 天津:天津大学,2006.

[152] 胡青松,曹灿,丁一珊,等. 一种煤矿巷道中基于到达角的定位方法[P]. CN201410730230. 3. 2015. 2. 18[2015-02-18].

[153] 田孝华,周义建. 无线电定位理论与技术[M]. 北京:国防工业出版社,2011.

[154] 刘翔,宋常建,胡磊,等. 基于无迹卡尔曼滤波的单站混合定位跟踪算法[J]. 探测与控制学报,2012,34(3):71-75.

[155] 郁亮. 单站无源定位跟踪技术研究[D]. 成都:电子科技大学,2006.

[156] HO K C. Bias Reduction for an Explicit Solution of Source

Localization Using TDOA [J]. IEEE Transactions on Signal Processing,2012,60(5):2101-2114.

[157] 刘琚,李静. 一种在非视距环境中的TDOA/AOA混合定位方法[J]. 通信学报,2005,26(5):63-68.

[158] 胡青松,张申,马秀萍,等. 一种基于可见光通信的煤矿工作面通信系统及其方法[P]. CN201310112392.6. 2013-07-10[2013-07-10].

[159] 游春霞,张申,翟彦蓉,等. 煤矿工作面可见光通信光源优化设计新方法[J]. 中国矿业大学学报,2014,43(2):333-338.

[160] WANG Z, YU C, ZHONG W, et al. Performance improvement by tilting receiver plane in M-QAM OFDM visible light communications[J]. Optics express,2011,19(14):13418-13427.

[161] 臧景峰,朴燕,宋正勋,等. 基于白光LED照明光源的室内VLC系统[J]. 发光学报,2009,30(6):877-881.

[162] 马秀萍. 煤矿工作面可见光通信系统关键技术研究[D]. 徐州:中国矿业大学,2014.

[163] 胡青松,刘伟,张申,等. 一种基于可见光通信的井下移动目标光指纹定位跟踪方法[P]. CN201310140087.8. 2013-07-10[2013-07-10].

[164] JUNG S, LEE S R, PARK C. Indoor location awareness based on received signal strength ratio and time division multiplexing using light-emitting diode light [J]. Optical Engineering, 2014, 53 (0161061).

[165] JUNG S, PARK C. Lighting LEDs based Indoor Positioning System using Received Signal Strength Ratio[C]//3D Systems and Application, Osaka,2013.